人民交通出版社“十三五”
高职高专土建类专业规划教材

U0863007

建筑工程预算（第三版）

主　编　王小薇　罗淑兰
副主编　吴　锐　王存芳
主　审　袁建新　杜浐阳

人民交通出版社股份有限公司
China Communications Press Co.,Ltd.

内 容 提 要

本书从工程概预算基础理论入手，按照学生的认知规律组织内容。主要包括：建筑工程的相关知识，建筑工程定额的原理和应用，建筑面积及工程量的计算方法，建筑工程的费用构成及计算方法，建筑工程预算的编制方法、编制程序，工程结算和工程量清单计价的相关知识。教材后附有一套完整的小型框架结构图纸，以满足教师授课和读者练习的需要。

本教材可作为高等职业技术院校工程造价、建筑工程管理、工程监理、建筑工程技术等专业的教学用书，还可作为概预算人员培训用教材。

图书在版编目(CIP)数据

建筑工程预算 / 王小薇，罗淑兰主编. — 3版. — 北京 ：人民交通出版社股份有限公司，2016.11

ISBN 978-7-114-13311-4

Ⅰ. ①建… Ⅱ. ①王… ②罗… Ⅲ. ①建筑预算定额—教材 Ⅳ. ①TU723.3

中国版本图书馆CIP数据核字(2016)第215655号

书　　名：建筑工程预算(第三版)
著 作 者：王小薇　罗淑兰
责任编辑：陈力维　邵　江
出版发行：人民交通出版社股份有限公司
地　　址：(100011)北京市朝阳区安定门外外馆斜街3号
网　　址：http://www.ccpcl.com.cn
销售电话：(010)59757973
总 经 销：人民交通出版社股份有限公司发行部
经　　销：各地新华书店
印　　刷：北京武英文博科技有限公司
开　　本：787×1092　1/16
印　　张：17.75
字　　数：428千
版　　次：2007年2月　第1版
2011年11月　第2版
2016年11月　第3版
印　　次：2020年9月　第3版　第2次印刷　累计第19次印刷
书　　号：ISBN 978-7-114-13311-4
定　　价：38.00元

高职高专土建类专业规划教材编审委员会

高职高专土建类专业规划教材出版说明

近年来我国职业教育蓬勃发展，教育教学改革不断深化，国家对职业教育的重视达到前所未有的高度。为了贯彻落实《国务院关于大力发展职业教育的决定》的精神，提高我国建设工程领域的职业教育水平，培训出适应新时期职业要求的高素质人才，人民交通出版社股份有限公司深入调研，周密组织，在全国高职高专教育土建类专业教学指导委员会的热情鼓励和悉心指导下，发起并组织了全国四十余所院校一大批骨干教师，编写出版本系列教材。

本套教材以《高等职业教育土建类专业教育标准和培养方案》为纲，结合专业建设、课程建设和教育教学改革成果，在广泛调查和研讨的基础上进行规划和展开编写工作，重点突出企业参与和实践能力、职业技能的培养，推进教材立体化开发，鼓励教材创新，教材组委会、编审委员会、编写与审稿人员全力以赴，为打造特色鲜明的优质教材做出了不懈努力，希望能够以此推动高职土建类专业的教材建设。

本系列教材已先后推出建筑工程技术、工程监理和工程造价三个土建类专业共计六十余种主辅教材，随后将在全面推出土建大类中七类方向的全部专业教材的同时，对已出版的教材进行优化、修订，并开发相关数字资源。最终出版一套体系完整、特色鲜明、资源丰富的优秀高职高专土建类专业教材。

本系列教材适用于高职高专院校、成人高校、继续教育学院和民办高校的土建类各专业使用，也可作为相关从业人员的培训教材。

人民交通出版社股份有限公司

2015 年 7 月

前言

PREFACE

本书第一版自2007年2月出版以来，承蒙广大院校工程造价等相关专业教师与学生们的厚爱，已经连续印刷十多次，目前已到第三版。本次修订是本着“实用、管用、够用”的原则，基本保持教材的原版特色、组织结构和内容体系不变。本教材特点是理论与实际结合、注重实际操作，在阐述基本概念和基本原理时，以应用为重点，深入浅出，结合插图，增强学生的理解力，做到通俗易懂。本次修订的主要内容有：把《建设工程工程量清单计价规范》《建筑工程建筑面积计算规范》与行业接轨，修改为现行版本；建筑工程计价修改营业税改增值税的相关内容等。

本书由王小薇、罗淑兰任主编，吴锐、王存芳任副主编，全书由王小薇统稿。本书第一章、第二章、第五章、第七章、第八章由陕西铁路工程职业技术学院罗淑兰编写，第三章由河北建材职业技术学院王小薇、杨明编写（一～七、十三节由王小薇编写，八～十二、十四、十五节由杨明编写），第四章、第六章由陕西铁路工程职业技术学院程颢编写。附图及部分例题图纸由江西建设职业技术学院王存芳老师和湖北城建职业技术学院吴锐老师制作。本书由四川建筑职业技术学院袁建新教授和陕西省建设工程造价总站杜浐阳高工担任主审。

目前我国工程造价仍在不断的发展，相关的法律、法规、规章、制度不断完善，本书中尽可能做到与之同步，如有个别内容不匹配将在重印时及时更新；另外，由于编者学术水平和实践经验有限，书中谬误和缺点难免存在，恳请读者批评指正。

编者

2016年8月

目　录

CONTENTS

第一章　建筑工程预算概述 …… 1

第一节　建设项目与建设程序 …… 1

第二节　建筑工程预算 …… 7

第三节　建设项目费用构成 …… 9

第四节　工程造价管理的发展趋势 …… 10

第二章　建筑工程定额 …… 15

第一节　建筑工程定额概述 …… 15

第二节　施工定额 …… 19

第三节　预算定额 …… 31

第三章　建筑工程量计算 …… 44

第一节　工程量计算概述 …… 44

第二节　建筑面积计算 …… 47

第三节　土石方工程工程量计算 …… 60

第四节　桩基础工程工程量计算 …… 70

第五节　脚手架工程量计算 …… 75

第六节　砌筑工程工程量计算 …… 80

第七节　混凝土及钢筋混凝土工程工程量计算 …… 93

第八节　构件运输及安装工程量计算 …… 120

第九节　门窗及木结构工程工程量计算 …… 122

第十节　楼地面工程工程量计算 …… 129

第十一节　屋面及防水工程工程量计算 …… 133

第十二节　防腐、保温、隔热工程工程量计算 …… 140

第十三节　装饰工程工程量计算 …… 143

第十四节　金属结构工程工程量计算 …… 156

第十五节　建筑工程垂直运输工程工程量计算 …… 162

第十六节　建筑物超高增加人工、机械工程量计算 …… 164

第四章　建筑工程费用构成……………………………………………………………… 167
第一节　建筑安装工程费用组成…………………………………………………… 167
第二节　建筑工程计价程序………………………………………………………… 176
第五章　施工图预算………………………………………………………………… 181
第一节　施工图预算编制…………………………………………………………… 181
第二节　施工图预算的审核………………………………………………………… 186
第三节　施工图预算实例…………………………………………………………… 189
第六章　施工预算…………………………………………………………………… 197
第一节　施工预算概述……………………………………………………………… 197
第二节　施工预算的编制…………………………………………………………… 198
第七章　工程结算…………………………………………………………………… 204
第一节　工程结算概述……………………………………………………………… 204
第二节　工程备料款………………………………………………………………… 208
第八章　工程量清单计价原理……………………………………………………… 213
第一节　工程量清单计价规范……………………………………………………… 213
第二节　工程量清单的编制………………………………………………………… 215
第三节　工程量清单报价的编制…………………………………………………… 240
附录　框架结构办公楼土建图纸…………………………………………………… 253
参考文献……………………………………………………………………………… 275

第一章 建筑工程预算概述

【职业能力目标】

通过本章内容的学习，使学生正确认识建筑工程预算在工程造价的确定和控制中的重要性；使学生具备对建设项目各类费用构成的认识能力，从而对工程建设中的三级建筑工程造价文件的类型和内容有一个初步认识。

【学习要求】

熟悉建设程序的概念和建设程序中各个阶段的主要工作内容；掌握建设项目的概念、组成及其相关概念，掌握建设工程项目总费用构成，熟悉建设项目的分类；掌握建筑工程预算的分类、概念、作用。熟悉建筑工程预算与建设程序、建设项目之间的关系；了解工程造价管理知识和工程造价管理的发展趋势。

第一节 建设项目与建设程序

一 建设项目

建设项目是指按照一个总体设计进行施工，经济上实行统一核算，管理上有独立组织形式的建设工程。

(一)建设项目的分类

按照不同的标准，从不同的角度，可将建设项目分类如下。

1. 按照建设项目的性质不同分类

按照性质不同，建设项目分为

(1)新建项目。即原来没有、现在开始建设的项目，或对原有的规模较小的项目扩大建设规模，其新增固定资产价值超过原有固定资产价值3倍以上的建设项目。

(2)扩建项目。即原有企事业单位，为了扩大原有主要产品的生产能力、效益或增加新产品生产能力，在原有固定资产基础上，兴建一些主要车间或工程的项目。

(3)改建项目。即原有企事业单位为了改进产品质量或改进产品方向,对原有固定资产进行整体性技术改造的项目。此外,为提高综合生产能力,增加一些附属辅助车间或非生产性工程,也属改建项目。

(4)恢复项目。即对因重大自然灾害或战争而遭受破坏的固定资产,按原来规模重新建设或在重建的同时进行扩建的项目。

(5)迁建项目。即为改变生产力布局或由于其他原因,将原有单位迁至异地重建的项目,不论其是否维持原来规模,均称为迁建项目。

2.按照建设项目的用途不同分类

按照用途不同,建设项目分为:

(1)生产性建设项目。即直接用于物质生产或满足物质生产需要的建设项目,它包括工业、农业、林业、水利、气象、交通运输、邮电通信、商业和物资供应设施建设、地质资源勘探建设等。

(2)非生产性建设项目。即用于满足人们物质和文化生活需要的建设项目,包括住宅建设、文教卫生设施建设、公用事业设施建设、科学实验研究以及其他非生产性建设项目。

3.按建设项目建设过程的不同分类

按建设过程不同,建设项目分为:

(1)筹建项目。即在计划年度内,只做准备,还未开工的项目。

(2)在建项目。即正在施工中的项目。

(3)投产项目。即全部竣工并已投产或交付使用的项目。

4.按建设项目的投资规模不同分类

按投资规模不同,建设项目分为:

(1)大型项目。

(2)中型项目。

(3)小型项目。

5.按建设项目投资来源渠道不同分类

按投资来源渠道不同,建设项目分为:

(1)国家投资或国有资金为主的建设项目。即国家预算投资建设的项目。

(2)银行信用筹资的建设项目。即通过银行信用方式进行贷款建设的项目。

(3)自筹资金建设的项目。即各地区、各部门、各企事业单位按照财政制度提留、管理和自行分配用于固定资产再生产的资金进行建设的项目。

(4)引进外资建设的项目。即利用外资进行建设的项目。外资的来源有借用国外资金和吸引外国资本直接投资。

(5)资金市场筹资建设的项目。即利用国家债券筹资和社会集资而建设的项目。

(二)建设项目的组成

为了实行建设工程的分级管理,统一建设过程中各项管理工作,尤其是为满足工程设计和营造活动中的计划、统计、技术、质量和器材供应等具体工作的要求,就需要对建设工程的内容进行科学的划分。国家统计部门统一规定将建设工程分为建设项目、单项工程、单位工程、分部分项工程四个等级,这个规定适用于任何部门的建设工程。

1.建设项目的组成

一个建设项目可以是一个单项工程，例如一个大型体育场馆，也可以是包括很多单项工程的建设工程，例如，在工业建设中，一座工厂即是一个建设项目，它包括组成该工厂的生产车间、办公楼、餐饮楼、职工宿舍楼等单项工程；在民用建设中，一所学校便是一个建设项目，它包括组成该学校的教学楼、实验楼、图书馆、学生公寓等单项工程。

2.单项工程的组成

单项工程是建设项目的组成部分，一般是指在一个建设项目中，具有独立的设计文件，可独立组织施工，建成后能够独立发挥生产能力或效益的工程。

单位工程是单项工程的组成部分，民用建设单项工程的单位工程较容易划分。例如一幢教学楼的土建工程、装饰工程、给排水设备安装、暖通设备安装、电气安装等单位工程都具有独立的设计文件，可独立组织施工，但是完成其中任何一个单位工程的建设是不具备使用条件的，是不能独立发挥生产能力或使用效益的。工业建设单项工程由于工程内容复杂，且有时出现交叉，因此单位工程的划分比较困难。以一个车间为例，其中土建工程、工艺设备安装、工业管道安装，给排水设备安装、暖通设备安装、电气安装、自控仪表安装等各为一个单位工程。一个单位工程由若干个分部工程组成。

3.单位工程的组成

单位工程是单项工程的组成部分，单位工程是指具有独立的设计文件，可独立组织施工，但建成后不能独立发挥生产或效益的工程。

分部工程是单位工程的组成部分，例如一般土建工程可以划分为土石方工程，桩基础工程，脚手架工程，砌筑工程，混凝土及钢筋混凝土工程，门窗及木结构工程，楼地面工程，屋面及防水工程，防腐、保温、隔热工程，装饰工程等分部工程。

4.分部工程的组成

分部工程是单位工程的组成部分，一般是指按单位工程的结构部位，使用的材料、工种或设备种类和型号等的不同而划分的工程。

分项工程是分部工程的组成部分，如土方分部工程，可以分为人工平整场地、人工挖土方、人工挖地槽（地坑）等分项工程。

5.分项工程

分项工程是指按照不同的施工方法、不同的材料及构件规格，将分部工程分解为一些简单的施工过程，它是建设工程中最基本的工程单元，即通常所指的各种工程实体。

综上所述，一个建设项目是由若干个单项工程组成的，一个单项工程是由若干个单位工程组成的，一个单位工程又是由若干个分部工程组成的，一个分部工程可以划分为若干个分项工程。

二 建设程序

建设程序是指建设项目在整个建设过程中，各项工作必须遵循的先后顺序。建设程序是对建设工作的科学总结，是建设过程所固有的客观规律性的集中体现。我国建设项目的建设程序可以分为以下七个阶段：项目建议书阶段、可行性研究阶段（一般也将项目建议书阶段和可行性研究阶段合并称为决策阶段）、设计阶段、建设准备阶段、建设实施阶段、竣工验收阶段、建设项目后评价阶段。

(一)项目建议书阶段

项目建议书是建设单位向国家提出建设某一项目的建议性文件,是对拟建项目的初步设想。对于政府投资的项目实行审批制,项目建议书按要求编制完成后,应根据限额划分和建设规模分别报送有关部门审批。对于企业不使用政府资金投资建设的项目,政府不再进行投资决策性质的审批,项目实行核准制或备案制,企业不需要编制项目建议书而可直接编制可行性研究报告。

核准制是指企业投资建设《政府核准的投资项目目录》中的项目时,仅需向政府提交项目申请报告,不再经过批准项目建议书、可行性研究报告和开工报告的程序。

备案制是指对于《政府核准的投资项目目录》以外的企业投资项目,除国家另有规定外,由企业按照属地原则向地方政府投资主管部门备案。

项目建议书的主要作用在于建设单位根据国民经济和社会发展的长远规划,根据项目建设总规模、资源优化配置、现有生产力总布局状况和市场预测等信息,在广泛调查、收集资料、勘察场址及基本确定项目建设的技术、经济条件后,通过论述拟建项目的建设必要性、可行性,以及获利、获益的可能性,以项目建议书的形式向国家推荐项目,供国家选择并确定是否进行下一步工作。它是确定建设项目和建设方案的重要文件,也是编制设计文件的依据。项目建议书通常包括以下内容:

(1)拟建项目的必要性和依据。

(2)建设规模、产品方案、建设地点的初步设想。

(3)建设条件和协作关系初步分析。

(4)建设项目的投资估算和资金筹措设想。

(5)项目进度初步安排。

(6)要求达到的技术水平和生产能力、经济效益和社会效益估计。

(7)环境影响的初步评价。

按照国家有关部门的规定,由政府投资的新建、扩建和改建项目,列入国家中长期计划的重点建设项目以及技术改造项目,均应向有关部门提交项目建议书,经批准后,才可进行下一步的可行性研究工作。对于政府投资数额巨大的项目,应该由国家发展和改革委员会核报国务院核准或审批,并且由国务院审批可行性研究报告。

(二)可行性研究阶段

可行性研究是指在项目决策之前,对与拟建项目有关的社会、技术、经济、工程等方面进行深入细致的调查研究,对可能的多种方案进行比较论证,同时对项目建成后的经济、社会效益进行预测和评价的一种投资决策分析研究方法和科学分析活动。

1. 可行性研究的内容

可行性研究的内容,应能满足作为项目投资决策的基础和重要依据的要求,可行性研究的基本内容和研究深度应符合国家规定,可以根据不同行业的建设项目,有不同的侧重点。其内容可概括为市场研究、技术研究和效益研究三大部分内容。

2. 可行性研究报告的编制程序

根据我国现行的工程项目建设程序和国家颁布的《关于建设项目进行可行性研究试行管理办法》，可行性研究的工作程序如下：

(1)建设单位提出项目建议书和初步可行性研究报告。

(2)项目业主、承办单位委托有资格的单位进行可行性研究。

(3)设计或咨询单位进行可行性研究工作，编制完整可行性研究报告。

3. 可行性研究报告的编制与审批

具有资质的单位与委托单位签订合同后，即可按下列步骤开展可行性研究工作：

(1)了解有关部门及委托单位对建设项目的意图，建立工作组，制订工作计划。

(2)调查研究与资料收集。

(3)方案设计和优选。

(4)经济分析与评价。

(5)编写可行性研究报告。

(6)与委托单位交换意见。

所有建设项目都要在可行性研究通过后，选择经济效益最好的方案，编制可行性研究报告。可行性研究报告是项目最终决策立项的重要文件，也是初步设计的重要依据。可行性研究报告均要按规定报相关职能部门审批。可行性研究报告经批准后，不得随意修改和变更。如果在建设规模、产品方案、主要协作关系等方面有变动以及突破投资控制限额时，应经原批准部门同意。经过批准的可行性研究报告，作为初步设计的依据。可行性研究报告批准后，工程建设进入设计阶段。

(三)设计阶段

我国大中型建设项目的设计阶段，一般是采用两阶段设计，即初步设计和施工图设计。对于技术复杂且缺乏经验的建设项目，经主管部门指定采用三阶段设计，即初步设计、技术设计和施工图设计。小型项目一般可直接进行施工图设计。

1. 初步设计

初步设计是根据批准的可行性研究报告和必要的设计基础资料，拟定工程建设实施的初步方案，阐明工程在指定的时间、地点和投资控制额内，拟建工程在技术上的可行性和经济上的合理性，并编制项目的总概算。建设项目的初步设计文件由设计说明书、设计图纸、主要设备原料表和工程概算书四部分组成。初步设计必须报送有关部门审批，经审查批准的初步设计，一般不得随意修改。凡涉及总平面布置、主要工艺流程、主要设备、建筑面积、建筑标准、总定员和总概算等方面的修改，需报经原设计审批机构批准。

2. 技术设计

为了进一步解决初步设计中的重大问题，如工艺流程、建筑结构、设备选型等，根据初步设计和进一步的调查研究资料进行技术设计。这样做可以使建设工程更具体、更完善，技术指标更合理。

3. 施工图设计

施工图设计是把初步设计中确定的设计原则和设计方案，根据建筑安装工程或非标准设备制作的需要，进一步具体化、明确化，把工程和设备各构成部分的尺寸、布置和主要施工方法，以图样及文字的形式加以确定的设计文件。施工图设计根据批准的初步设计文件编制。

(四)建设准备阶段

建设准备阶段要进行工程开工的各项准备工作，其内容如下：

(1)征地和拆迁。征用土地工作是根据我国的土地管理法规和城市规划进行的。通常由征地单位支付一定的土地补偿费和安置补助费。

(2)五通一平。即工程施工现场的路通、水通、电通、通信通、气通和场地平整工作。

(3)选择施工单位。组织建设工程施工招投标工作，择优选择施工单位。

(4)建造建设工程临时设施。

(5)办理工程开工手续。

(6)施工单位的进场准备。

(五)建设实施阶段

建设实施阶段是设计意图的实现，也是整个投资意图的实现阶段。这是项目决策的实施、建成投产发挥效益的关键环节。新开工项目建设时间是指，建设项目计划文件中规定的任何一项永久性工程第一次破土开槽开始施工的日期。不需要开槽的工程，以建筑物的基础打桩作为正式开工时间。铁路、公路、水利等需要大量土石方工程的工程，以开始进行土、石方工程日起作为正式开工时间。分期建设的项目，分别按各期工程开工的日期计算。施工活动应按设计要求、合同条款、预算投资、施工程序和顺序、施工组织设计，在保证质量、工期、成本计划等目标的前提下进行，达到竣工标准要求，经过竣工验收后，移交给建设单位。

(六)竣工验收阶段

项目竣工验收是建设项目建设全过程的最后一个程序，它是全面考核建设工作，检查工程是否合乎设计要求和质量好坏的重要环节，是投资成果转入生产或使用的标志。竣工验收对促进建设项目及时投产、发挥投资效果、总结建设经验等都有着重要作用。国家对建设项目竣工验收的组织工作，一般按隶属关系和建设项目的重要性而定。大中型项目，由各部门、各地区组织验收；特别重要的项目，由国务院批准组织国家验收委员会验收；小型项目，由主管单位组织验收。竣工验收可以是单项工程验收，也可以是全部工程验收。经验收合格的项目，写出工程验收报告，办理移交固定资产手续后，交付生产使用，标志着工程建设项目的建设过程结束。

(七)建设项目后评价阶段

建设项目后评价是在建设项目投入生产或使用之后对项目的执行过程、项目的效益、作用和影响进行系统的、客观的分析、总结和评价的一项技术经济活动，是基本建设投资管理的一项内容，也是基本建设投资管理的最后一个环节。通过建设项目后评价可以总结经验教训，为将来新的建设项目决策提供指导与借鉴。

第二节　建筑工程预算

一 建筑工程预算的分类及作用

在工程建设程序的不同阶段需对建设工程中所支出的各项费用进行准确合理的计算和确定,各种建筑工程预算的主要内容和作用如下所列。

(一)投资估算

投资估算是指在整个投资决策过程中,依据现有的资料和一定的方法,对建设项目的投资数额进行估计计算的费用文件。由于投资决策过程可进一步划分为项目建议书阶段、可行性研究阶段,所以投资估算工作也相应分为上述几个阶段。不同阶段所具备的条件和掌握的资料不同,投资估算的准确程度不同,进而每个阶段投资估算所起的作用也不同。项目建议书阶段编制的初步投资估算,作为相关权力职能部门审批项目建议书的依据之一,经相关部门批准后,作为拟建项目列入国家中长期计划和开展项目前期工作中控制工程预算的依据;可行性研究阶段的投资估算可作为对项目是否真正可行做出最后决策的依据之一,经相关职能部门批准后,是编制投资计划、进行资金筹措及申请贷款的主要依据,也是控制初步设计概算的依据。

(二)设计概算

设计概算是指在初步设计或扩大初步设计阶段,由设计单位根据初步设计图纸、概算定额或概算指标、设备价格、各项费用定额或取费标准、建设地区的技术经济条件等资料,对工程建设项目费用进行的概略计算的文件,它是设计文件的组成部分。其内容包括建设项目从筹建到竣工验收的全部建设费用。设计概算是确定和控制建设项目总投资的依据,是编制基本建设计划的依据,是实行投资包干和办理工程拨款、贷款的依据,是评价设计方案的经济合理性、选择最优设计方案的重要尺度,同时也是控制施工图预算、考核建设成本和投资效果的依据。

(三)修正概算

当采用三阶段设计时,在技术设计阶段,随着对初步设计内容的深化,对建设规模、结构性质、设备类型等方面可能进行必要的修改和变动,此时,对初步设计概算也应做相应的修改和变动,即形成修正概算。一般情况下,修正概算不能超过已经批准的概算投资额。修正概算的作用与设计概算的作用基本相同。

(四)施工图预算

施工图预算是指根据施工图纸、预算定额、取费标准、建设地区技术经济条件以及相关规定等资料编制的,用来确定建筑安装工程全部建设费用的文件。施工图预算主要是作为确定建安工程预算造价和承发包合同价的依据,同时也是建设单位与施工单位签订施工合同,办理工程价款结算的依据,是落实和调整年度基本建设投资计划的依据,是设计单位评价设计方案的经济尺度,是发包单位编制标底的依据,是施工单位加强经营管理、实行经济核算、考核工程成本以及进行施工准备、编制投标报价的依据。

(五)施工预算

施工预算是在施工前,根据施工图纸、施工定额,结合施工组织设计中的平面布置、施工方案、技术组织措施以及现场实际情况等,由施工单位编制的、反映完成一个单位工程所需费用的经济文件。施工预算是施工企业内部的一种技术经济文件,主要是计算工程施工中人工、材料及施工机械台班所需要的数量。施工预算是施工企业进行施工准备、编制施工作业计划、加强内部经济核算的依据,是向班组签发施工任务单、考核单位用工、限额领料的依据,也是企业开展经济活动分析、进行"两算"对比、控制工程成本的主要依据。

(六)工程结算

工程结算是指对建设工程的承发包合同价款进行约定,并依据合同约定支付工程预付款、支付工程进度款、进行工程竣工结算的活动。按工程施工进度的不同,工程结算有中间结算与竣工结算之分。

所谓中间结算就是在工程的施工过程中,由施工单位按月度或按施工进度划分不同阶段进行工程量的统计,经建设单位核定认可,办理工程进度价款的一种工程结算方式。待将来整个工程竣工后,再做全面的、最终的工程价款结算。

所谓竣工结算是在施工单位完成它所承包的工程项目,并经建设单位和有关部门验收合格后,施工企业根据施工时现场实际情况记录、工程变更通知书、现场签证、定额等资料,在原有合同价款的基础上编制的、向建设单位办理最后应收取工程价款的文件。工程竣工结算是施工单位核算工程成本、分析各类资源消耗情况的依据,是施工企业取得最终收入的依据,也是建设单位编制工程竣工决算的主要依据之一。

(七)竣工决算

工程竣工决算是在整个建设项目或单项工程完工并经验收合格后,由建设单位根据竣工结算等资料,编制的反映整个建设项目或单项工程从筹建到竣工交付使用全过程实际支付的建设费用的文件。竣工决算是基本建设经济效果的全面反映,是核定新增固定资产价值和办理固定资产交付使用的依据,是考核竣工项目概预算与基建计划执行水平的基础资料。

二 建筑工程预算与建设程序的关系

建设工程周期长、规模大、造价高,因此按建设程序要求要分阶段进行,相应的也要在不同阶段分别计算建筑工程预算,以保证工程造价确定与控制的科学性和合理性。建筑工程预算与建设程序的各个的阶段对应关系见表1-1。

建筑工程预算与建设程序的各个阶段对应关系表　　表 1-1

序号	建设程序各个阶段	建筑工程预算	编 制 主 体
1	项目建议书阶段	投资估算	建设单位
2	可行性研究阶段		
3	设计阶段	设计概算、修正概算、施工图预算	设计单位
4	建设准备阶段	施工图预算	建设单位、施工单位
5	实施阶段	施工预算、工程结算	施工单位
6	竣工验收阶段	竣工结算	施工单位
7	建设项目后评价阶段	竣工决算	建设单位

第三节　建设项目费用构成

一　建设项目价格的形成过程

由于建设项目建设的周期长、规模大、投资额高等特点，决定了建设项目的建设过程要分阶段进行，相应地也要在不同阶段多次性计价，以保证工程预算确定与控制的正确、合理，并与工程建设同步。建设项目多次性计价是个逐步深化、逐步细化和逐步接近实际工程价格的过程，如图 1-1 所示。

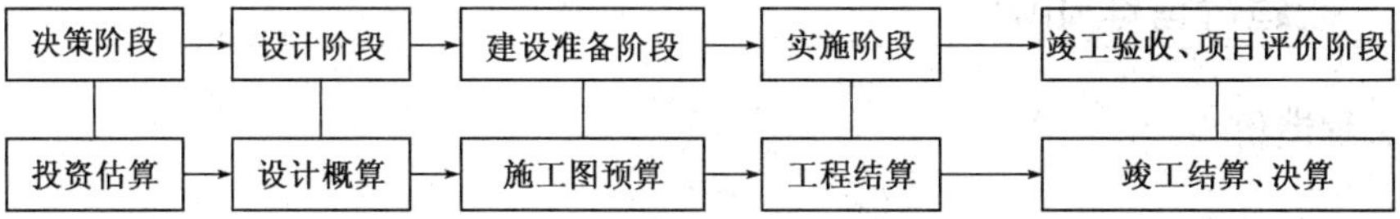

图 1-1　建设项目价格形成的过程

二　建设项目费用构成

现行建设工程项目总费用(即工程建设总投资)由工程费用、工程建设其他费用、预备费及专项费用四部分构成。其中，工程费用由建筑安装工程费、设备及工器具购置费构成。专项费用包括建设期的贷款利息、固定资产投资方向调节税和铺底流动资金。建设工程项目总费用构成如图 1-2 所示。

三　建设项目预算费用文件的形成

我国工程预算文件分为三级：建设项目总预算文件、单项工程综合预算文件、单位工程预算文件。因为建设项目是分层次组成的，所以建设项目预算文件在形成过程中层次性非常突出。

建设项目预算文件的编制：首先，由分部分项工程的工程数量、综合单价、规定的计价程序确定单位工程造价，编制单位工程预算文件；其次，由若干个单位工程预算文件汇总形成单项工程综合预算文件;最后,由若干个单项工程综合预算文件汇总形成建设项目总预算文件。所以,学习建筑工程预算的重难点是单位工程预算文件的编制,本教材在相关的章节中以此为主线展开课程内容的组织。

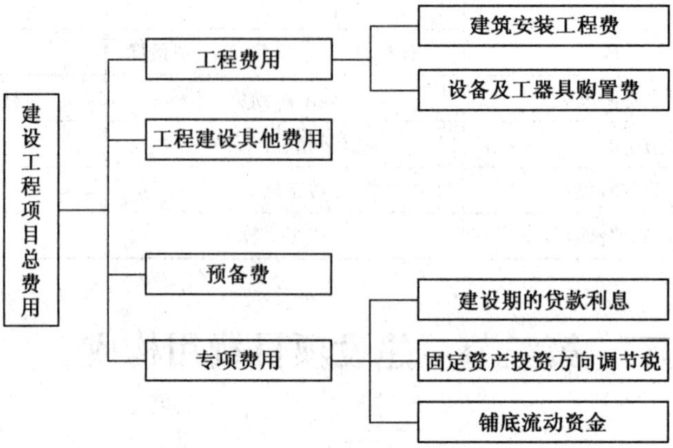

图 1-2　建设工程项目总费用构成

第四节　工程造价管理的发展趋势

一　工程造价管理知识

(一)工程造价

1. 工程造价的含义

工程造价通常指工程的建造价格,其含义有两种:第一种含义,工程造价是指建设项目预期开支或实际开支的全部固定资产投资的费用,是从投资者角度定义的;第二种含义,工程造价是指为建成一项工程,预计或实际在土地市场、设备市场、技术劳务市场及工程承发包市场等交易活动中所形成的建筑安装工程价格和建设工程总价,即工程承发包价格,是从市场交易角度定义的。

2. 工程造价的特点

1)大额性

与一般商品相比较,能够发挥投资效益的任何一项工程,由于工程项目体型庞大,其造价都非常高。尤其是特大型工程项目,其造价可达百亿、千亿元人民币。这就决定了工程造价的特殊地位,也说明了工程造价管理的重要性。

2)个别性

任何一项工程都有特定的功能、用途、规模,而每一项工程的结构、造型、空间分割、设备配置、内外装饰等有所不同,产品的个别性决定了工程造价的个别性,由于每一项工程所处的地理位置和工程周边环境不同,使得工程造价的个别性更加突出。

3)动态性

任何一项工程从项目建议书到竣工交付使用，都有一个较长的建设期间，在此期间，常常出现影响工程造价的各种因素，如工程变更、人工单价及材料单价变化、利率和汇率变化等，这些变化都会导致工程造价变动。因此，工程造价在整个建设期内处于不确定状态，直到竣工决算后工程的实际造价才能确定。

4)层次性

由于建设项目组成的层次性，决定了工程造价形成的层次性。

5)兼容性

工程造价的兼容性：首先，表现在它具有两种含义；其次，表现在工程造价构成因素的广泛性和复杂性。此外，盈利的构成也较为复杂，资金成本较大。

(二)工程计价的特征

1.计价的单件性

建筑产品的单件性决定了每项工程都必须单独计算工程造价。

2.计价的多次性

建设工程周期长、规模大、造价高，需要严格按照建设程序决策和实施，工程计价也需要在不同阶段多次进行，以保证工程造价计算的准确性和控制的有效性。

3.计价的组合性

建设项目的组合性决定了工程造价形成过程的组合性，从而决定了工程造价计价的组合性。

4.计价方法的多样性

工程的多次计价各有其不同的计价依据，每次计价的精确度要求也不同，因此，决定了计价方法的多样性。

5.计价依据的复杂性

由于影响工程造价的因素较多，决定了计价依据的复杂性，从而使工程造价计算过程复杂化，因此，需要工程计价人员熟悉各类依据，并且能准确应用。

(三)工程造价管理

工程造价管理有两种含义：一是建设工程投资费用管理，即为了实现投资的预期目标，在拟订的规划、设计方案的条件下，预测、确定、监控工程造价及其变动的系统活动。二是建设工程价格管理，分为两个层次，在微观层次上，是指生产企业在掌握市场价格信息的基础上，为实现管理目标而进行的成本控制、计价、定价和竞价的系统活动；在宏观层次上，是指政府根据社会经济发展的要求，利用法律、经济和行政的手段对价格进行管理和调控，以及通过市场管理，规范市场主体价格行为的系统活动。

二 我国工程造价管理现状

目前，我国工程造价管理已经进入全面深化改革的阶段，走过了由政府定价到市场形成价格、从量价合一到量价分离、从政府保护到公平竞争、从行政管理到依法监督、由定额计价模式向工程量清单计价模式等一系列的转变。2003 年 2 月 17 日建设部颁布第 119 号公告,批准国家标准《建设工程工程量清单计价规范》(GB 50500—2003),自 2003 年 7 月 1 日起实施,制定了“控制量、指导价、竞争费”的工程造价管理模式。《建设工程工程量清单计价规范》(GB 50500—2003)经历了 5 年多的实践,在总结经验教训的基础上,住房和城乡建设部于 2008 年 7 月 9 日颁布了新的《建设工程工程量清单计价规范》(GB 50500—2008),自 2008 年 12 月 1 日起实施,制定了“政府宏观调控、企业自主报价、市场形成价格、社会全面监督”的工程造价管理模式,进一步完善了工程量清单计价模式,同时又全面推进了工程管理体制改革。

经过 5 年的实践与探索,住房和城乡建设部于 2012 年 12 月 25 日颁布《建筑工程工程量清单计价规范》(GB 50500—2013),并于 2013 年 7 月 1 日实施。《建筑工程工程量清单计价规范》(GB 50500—2013)突出工程造价管理的精细化、科学化的特色,将原来的六个专业调整为九个专业,专业划分更加科学合理;对原来诸多责任不够明确的内容做了责任界定,责任划分更加明确;对原来内容不够明确的地方做了精确的量化说明和修改补充,对争议的处理更加明确,提高了工程造价管理的可操作性,为推进工程量清单计价模式提供了更好的运行环境。

三 工程造价管理的发展趋势

(一)有效的政府间接调控

政府管理部门对工程造价采取不直接干预的方式,而是对工程造价实行宏观管理和间接调控。政府管理部门通过制定保证建设市场经济正常运行的各种建设法律、建设法规和颁发统一的工程量清单计价规范等手段进行宏观管理。政府管理部门通过税收、信贷、价格、信息指导、城市规划等手段引导和约束投资方向和区域分布,进行间接调控。

(二)工程量清单计价模式将逐步取代定额计价模式

定额计价模式是计划经济行之有效的工程造价管理模式,但是定额计价模式很难适应市场经济的发展要求,很难提供一个更加透明、更加开放、更加规范、公平有序竞争的工程建设投资和经营环境,随着我国市场经济的高速发展,我国的工程造价管理模式也要和国际接轨,工程量清单计价模式必将逐步取代定额计价模式。

(三)计价依据将由地区统一定额逐步过渡到企业定额

要更准确、更灵活地实现施工企业自主报价,施工企业要量身制定施工企业用于生产经营管理的定额标准,即企业定额。

(四)形成完整的工程造价信息系统

政府管理部门和各地市的工程造价管理协会,充分利用网络和通信等现代化的信息系统发布造价指数、价格指数等信息,形成及时、准确、实用的工程造价动态信息系统,满足市场经济条件下对造价信息准确、高效、快速查阅的需求,为工程造价管理提供更完善的服务平台。

本章小结

建筑工程预算是工程建设项目投资预测、成本控制的重要手段。建筑工程预算应与工程建设的内在规律对照来学习，注意两者之间“时间和空间一致”的关系。

建筑工程预算文件的编制，归结为三个问题：一是根据工程建设项目的建设程序和建设项目分类，明确所编制的建筑工程预算的种类、内容和作用；二是依据国家的有关规定，确定建设项目费用的构成及工程量计算；三是结合工程所在地的地方性法规和标准，合理计价与汇总。

为了便于理解建筑工程预算，本章采用对照的方法，分别阐述了工程项目建设程序的内容和作用以及建筑工程预算的分类和作用，并给出了两者的对应关系，见表1-1和图1-1。

在进行建设工程项目投资分析和成本控制时，应明确以下几点：

(1)必须明确建设工程项目的工程预算形成过程，即建设项目多次性计价是个逐步深化、逐步细化和逐步接近实际工程价格的过程。

(2)建设项目预算文件的编制要从分部分项工程逐步汇总而成，编制的重点和难点是单位工程预算文件。

(3)建设项目因分级管理的需要，应对建设工程的内容进行科学合理的划分，即建设项目、单项工程、单位工程、分部分项工程。

(4)明确不同目的、不同阶段、不同计价模式下建设项目的费用构成内容。

工程造价管理的发展趋势：

(1)有效的政府间接调控。

(2)工程量清单计价模式将逐步取代定额计价模式。

(3)计价依据将由地区统一定额逐步过渡到企业定额。

(4)形成完整的工程造价信息系统。

小知识

一、限额设计

按照设计任务书批准的投资估算额进行初步设计，按照初步设计概算限额进行施工图设计，按照施工图预算对施工图设计的各个专业设计文件做出决策。故限额设计是建设项目投资控制系统中的一个重要环节。

二、《政府核准的投资项目目录》

按照《国务院关于投资体制改革的决定》(国发〔2004〕20号)规定，以下固定资产投资项目，由国家发展和改革委员会报国务院核准或审批。

(一)企业投资项目

(1)核电站项目。

(2)新建机场项目。

(3)城市快速轨道交通项目。

(4)大型主题公园项目。

(5)库容10亿m^3及以上的国际及跨省(区、市)河流上的水库项目和总投资10亿元及以上的需中央政府协调的水资源配置调整项目。

(6)总装机容量100万kW及以上的水电站、抽水蓄能电站项目。

(7)总装机容量120万kW及以上的火电站项目。

(8)国家规划矿区内年产500万t及以上的煤炭开发项目。

(9)年产100万t及以上的煤炭液化项目。

(10)年产200万t及以上的新油田开发项目。

(11)年产30亿m^3及以上的新气田开发项目。

(12)进口液化天然气接收、储运设施项目。

(13)国家原油存储设施项目。

(14)总投资50亿元及以上的跨省(区、市)输油(气)管道干线项目。

(15)跨境、跨海湾公路桥梁、隧道项目。

(16)300km及以上的新建铁路项目。

(17)新建集装箱、煤炭、矿石、油气港区项目。

(18)总投资50亿元及以上的钢铁、有色、稀土矿山开发项目。

(19)年加工原油500万t及以上的炼油项目,年产量60万t及以上的乙烯项目。

(20)总投资50亿元及以上的造船基础设施项目。

(21)总投资50亿元及以上的《政府核准的投资项目目录》(2004年本)中的社会事业项目。

(22)中方投资2亿美元及以上的资源开发类境外投资项目,中方投资用汇额5000万美元及以上的非资源类的境外投资项目。

(23)《外商投资产业指导目录》中总投资5亿美元及以上的鼓励类、允许类项目和总投资1亿美元及以上的限制类项目。

(二)政府投资项目

(1)使用中央预算内投资、中央专项建设基金、中央统还国外贷款5亿元及以上的项目。

(2)使用中央预算内投资、中央专项建设基金、统借自还国外贷款的总投资50亿元及以上的项目。

(3)国务院专项规定或经国务院批准的专项规定,按专项规定执行。

第二章
建筑工程定额

【职业能力目标】

通过本章的学习，培养学生正确使用预算定额的技能，为学生熟练应用建筑工程预算定额进行建筑工程计量与计价工作奠定理论知识基础；培养学生正确理解、准确执行建筑工程预算定额标准的基本专业技能。

【学习要求】

掌握建筑工程定额的特点；掌握定额按其编制程序和用途的分类；熟悉建筑工程定额的概念和作用；掌握施工定额的概念和施工定额各项指标的表现形式；熟悉施工定额使用方法；熟悉施工定额编制原则和编制方法；熟悉企业定额原理；掌握预算定额的概念、作用、组成和各项指标确定的方法；掌握预算定额的使用方法；熟悉预算定额相关的概念。

第一节　建筑工程定额概述

一　定额的产生

定额是规定的限额，是社会物质生产部门在生产经营活动中，根据一定的技术组织条件，在一定的时间内，为完成一定数量的合格产品所规定的人工、材料、机械台班消耗的数量标准。

据《缉古算经》等书记载，我国唐代就已有夯筑城台的用工定额——功。公元 1103 年，宋代《营造法式》一书，包括释名、工作制度、功限、料例、图样等五部分。其中，“功限”就是现在所说的劳动定额，“料例”就是材料消耗限额。该书实际上是官府颁布的建筑规范和定额，它汇集了北宋以前的技术精华，吸取了历代工匠的经验，对控制工料消耗，加强设计监督和施工管理起了很大作用，并一直沿用到明清。清代管辖官府建筑的工部所编著的《工程做法》则一直流传至今。

19 世纪末和 20 世纪初，资本主义社会化大生产的发展，使共同劳动的规模日益扩大，对生产的消费进行科学管理的要求也更加迫切。当时在美、法、俄等国家中都有企业科学管理这类活动开展，并形成了系统的经济管理理论。泰勒就是被称为“古典管理理论”的代表人物之一。

企业管理成为科学是从泰勒制开始的。为提高工人劳动效率，泰勒把对工作时间的研究放在首位，他把工作时间分为若干组成部分，测定每一操作过程的时间消耗，制定出工时定额，作为衡量工人工作效率的尺度。他还重视研究工人劳动中的操作和动作，并分析研究其合理性，制订出最节约工作时间的所谓标准操作方法，从而在此基础上制定出较高的工时定额。制定工时定额、实行标准操作手法、采用有差别的计件工资构成泰勒制的主体。

继泰勒制之后，一方面，管理科学从操作方法、作业水平的研究向科学组织的研究上扩展；另一方面，它也利用现代自然科学和技术科学的新成果——运筹学、系统工程、电子计算机技术等科学技术作为管理的手段。尤其是行为科学的产生和发展，使得管理科学从事物的整体出发进行研究，通过对企业中的人、物、环境等要素进行系统全面的分析研究，以实现管理的最优化。

总之，定额伴随着管理科学的产生而产生，定额伴随着管理科学的发展而发展，定额是管理科学中的一门学问。

二 建筑工程定额的概念

建筑工程定额是指在正常施工条件下，完成单位合格建筑产品所必须消耗的人工、材料、机械台班的数量标准。

例如：每砌筑 10m^3 砖基础消耗人工综合工日数 12.18 工日，红砖 5.236 千块，M5 水泥砂浆 2.360m^3，水 1.05m^3，200L 灰浆搅拌机 0.39 台班。

建筑工程定额是质与量的统一体。不同的产品有不同的质量要求，因此，建筑工程定额除规定各种资源消耗的数量标准外，还要规定应完成的产品规格、工作内容以及应达到的质量标准和安全要求。

三 建筑工程定额水平的概念

建筑工程定额水平就是为完成单位合格产品由建筑工程定额规定的各种资源消耗应达到的数量标准，它是衡量建筑工程定额消耗量高低的指标。

建筑工程定额水平是一定时期社会生产力水平的反映，它与一定时期生产的机械化程度、操作人员的技术水平、生产管理水平、新材料新工艺和新技术的应用程度以及全体人员的劳动积极性有关，所以，它不是一成不变的，而是随着社会生产力水平的变化而变化的。但是，在一定时期内，建筑工程定额水平又必须是相对稳定的。

建筑工程定额水平是制定建筑工程定额的基础和前提，建筑工程定额水平不同，建筑工程定额所规定的资源消耗量也就不同。在确定建筑工程定额水平时，应综合考虑建筑工程定额的用途，生产力发展水平，技术经济合理性等因素。目前，建筑工程定额水平有平均先进水平和社会平均水平两类。采用社会平均水平编制的建筑工程定额比较常见，主要用于分析计算工程预算费用。

四 建筑工程定额的特性

建筑工程定额的特性体现在以下五个方面。

(一)建筑工程定额的科学性

建筑工程定额的科学性，首先，表现在用科学的方法制定建筑工程定额，在研究客观规律的基础上，采用可靠的数据，用科学的方法编制建筑工程定额；其次，表现在制订建筑工程定额的技术方法上，利用现代科学管理的成就，形成一套行之有效的、完整的方法；第三，表现在建筑工程定额制定与贯彻的一体化上。

(二)建筑工程定额的权威性

建筑工程定额的法令性是指定额一经国家或授权机关制定颁发，在其执行范围内必须严格遵守和执行，不得随意变更建筑工程定额内容与水平，以保证全国或某一地区范围有一个统一的核算尺度，从而使比较、考核经济效果和有效地监督管理有了统一的依据。

(三)建筑工程定额的群众性和先进性

建筑工程定额的群众性是指建筑工程定额的制定和执行都是建立在广大生产者和管理者基础上的。首先，群众是生产消费的直接参加者，他们了解生产消耗的实际水平，所以通过管理科学的方法和手段对群众中的先进生产经验和操作方法，进行系统的分析、测定和整理，充分听取群众的意见，并邀请专家及技术熟练的工人代表直接参加建筑工程定额的制定活动；其次，建筑工程定额要依靠广大生产者和管理者积极贯彻执行，并在生产消费活动中检验建筑工程定额水平，分析建筑工程定额执行情况，为建筑工程定额的调整与修订提供新的基础资料。

建筑工程定额的先进性是指在建筑工程定额水平的确定上，应当既反映先进的生产经验和操作方法，又要从实际出发，区别对待，认真分析各种有利与不利因素，做到先进合理；在建筑工程定额项目的确定上，要体现已成熟推广的新技术、新工艺和新材料。

(四)建筑工程定额的相对稳定性和时效性

任何一种建筑工程定额都是一定时期社会生产力发展水平的反映，在一段时期内应是稳定的。保持建筑工程定额的稳定性，是建筑工程定额的法令性所必需的，同时也是更有效地执行建筑工程定额所必需的。如果建筑工程定额处于经常修改的变动状态中，势必造成执行中的困难与混乱，使人们对建筑工程定额的科学性与法令性产生怀疑。此外，由于建筑工程定额的修改与编制是一项十分繁重的工作，它需要动用和组织大量的人力和物力，而且需要收集大量资料、数据，以及反复地研究、试验、论证等，这些工作的完成周期很长，所以也不可能经常性地修改建筑工程定额。

然而，建筑工程定额的稳定性又是相对的，任何一种建筑工程定额仅能反映一定时期的生产力水平，生产力始终处在不断地发展变化之中，当生产力向前发展了许多，建筑工程定额水平就会与之不相适应,建筑工程定额就无法再发挥出其作用,此时就需要有更高水平的建筑工程定额问世,以适应新生产力水平下企业生产管理的需要。所以,从一个长期的过程来看,建筑工程定额又是不断变动的,具有时效性。

(五)建筑工程定额的统一性

建筑工程定额的统一性主要是由国家对经济发展有计划的宏观调控职能决定的。为了使国家经济能按照既定的目标发展,需要借助于建筑工程定额,对生产进行组织、协调和控制,于是建筑工程定额在全国或一定的区域范围内必须是统一的,只有这样,才能用一个统一的标准对决策与经济活动做出科学合理的分析与评价。

五 建筑工程定额分类

(一)建筑工程定额按生产要素分类

按生产要素,建筑工程定额分为:

(1)劳动定额。主要用于确定人工消耗指标。

(2)材料消耗定额。主要用于确定各种材料的消耗指标。

(3)机械台班使用定额。主要用于确定各类机械台班的消耗指标。

(二)建筑工程定额按定额编制程序和用途分类

按编制的程序和用途,建筑工程定额分为:

(1)施工定额。主要用于编制施工预算。

(2)预算定额。主要用于编制施工图预算。

(3)概算定额。主要用于编制设计概算。

(4)概算指标。主要用于编制设计概算、投资估算。

(三)建筑工程定额按管理层次和执行范围分类

按管理层次和执行范围,建筑工程定额分为:

(1)全国统一定额。由国家主管部门或授权单位综合全国工程建设在施工技术、组织管理等方面的一般情况编制,并在全国范围内执行。

(2)主管部颁定额。根据国民经济各主管部门施工生产的技术特点和管理水平,以国家颁发的标准、规范和定额水平为基础编制,仅在本部门或本行业范围内执行。

(3)地方定额。根据统一领导、分级管理的原则,由省、自治区和直辖市根据本地区的物资供应、资源条件、交通、气候及施工技术和管理水平等条件编制,仅在规定的地区范围内执行。

(4)企业定额。由企业根据本身的技术和经济条件,按照国家和地方颁发的标准、规范编制,仅在企业内部使用。

第二节 施工定额

一 施工定额的概念与作用

(一)施工定额的概念

施工定额是以同一性质的施工过程或工序为对象，确定完成一定计量单位的某一施工过程或工序所需人工、材料和机械台班消耗的数量标准。

这个标准，一方面反映国家对建筑安装企业在增收节约和提高劳动生产率的要求下，为完成一定的合格产品必须遵守和达到的最高限额；另一方面也是衡量建筑安装企业工人或班组完成施工任务多少和取得个人劳动报酬多少的重要尺度。因此，施工定额是建筑行业和基本建设管理中最重要的定额之一。

(二)施工定额的作用

施工定额的作用如下：

(1)施工定额是企业编制施工组织设计和施工作业计划的依据。

(2)施工定额是施工队向施工班组签发施工任务单和限额领料单的基本依据。

(3)施工定额是计算工人劳动报酬的依据。

(4)施工定额是提高生产率的手段。

(5)施工定额有利于推广先进技术。

(6)施工定额是编制施工预算，加强企业成本管理和经济核算的基础。

(7)施工定额是编制预算定额的基础。

二 施工定额的编制

(一)施工定额的编制原则

1. 平均先进性原则

所谓平均先进水平，就是在正常的施工条件下，大多数施工队组和大多数生产者经过努力能够达到或超过的水平。一般来说，它应低于先进水平，而略高于平均水平。

2. 简明适用性原则

简明适用性原则，要求施工定额内容要具有多方面的适应性，能满足组织施工生产和计算工人劳动报酬等各种需要，同时，又要简单明了，容易为使用者所掌握，便于查阅、计算、携带。

3. 贯彻专群结合，以专为主的原则

施工定额的编制工作量大，工作周期长。这项工作又具有很强的技术性和政策性，这就要求有一支经验丰富、技术与管理知识全面、有一定政策水平的、稳定的专家队伍，负责组织协调，掌握政策，制订编制定额工作方案，系统地积累和分析整理定额资料，调查现行定额的执行情况以及新编定额的试点和征求各方面意见等工作。贯彻以专家为主编制施工定额的原则，必须注意走群众路线。因为广大建筑安装工人，既是施工生产的实践者，又是定额的执行者。

(二)施工定额编制依据的收集

施工定额的编制原则确定后，确定定额的编制依据是关系到定额编制质量和贯彻定额编制原则的重要问题。其主要编制依据有以下几个方面。

1. 经济政策和劳动制度方面的依据

(1)建筑安装工人技术等级标准。

(2)建筑安装工人及管理人员的工资标准。

(3)工资奖励制度。

(4)用工制度及劳动保护制度等。

2. 技术方面的依据

技术依据主要是指各类技术规范、规程、标准和技术测定数据、统计资料等。

3. 经济方面的依据

经济依据主要是指各类定额，特别是现行的施工定额、劳动定额及各省(自治区、直辖市)乃至企业的有关现行和历史的定额资料、数据。另外，还要依据日常积累的有关材料、机械台班、能源消耗等资料、数据。

(三)施工定额的编制程序

由于编制施工定额是一项政策性强、专业技术要求高、内容繁杂的细致工作，为了保证编制质量和计算的方便，必须采取各种有效的措施、方法，拟订合理的编制程序。

1. 拟订编制方案

(1)明确编制施工定额的原则、基本方法和主要依据。

(2)确定所编制定额项目综合程度，也就是确定出定额项目。这种综合要以劳动定额项目划分为基础，并适当考虑材料消耗定额和机械台班定额。

(3)选择定额计量单位。定额计量单位包括定额产品的计量单位和定额消耗量中的人工、材料、机械台班的计量单位。定额产品的计量单位和人工、材料、机械消耗的计量单位，都可能使用几种不同的单位。计量要能够准确、形象地反映出定额产品的形态特点。为了便于定额的综合，施工过程各组成部分的计量单位，应尽可能相同。计量单位的大小要切合实际，既要方便使用，又要保证定额应用的精度；计量单位的选择要便于组织施工，便于统计和核算，便于使用者掌握，还应该便于计算或验收工程量；选择计量单位必须以国家规定的国际标准计量为准，需要扩大单位时，必须以基本单位的十、百、千等整数倍扩大；计量单位在正常条件下应尽量使劳动定额与材料消耗定额的计量单位相一致。

(4)确定定额制表方案。定额制表方案是施工定额的表格设计。设计表格时，主要是确定表格所应包括的要素以及定额的表格形式和表格内容。一个正确的表格，在内容上应能够满足施工生产和企业管理方面的需要，在形式上要明了易懂，便于掌握和执行。

2. 拟订定额的适用范围

为使施工定额水平与本地区、本企业一定时期内的生产力水平相适应，只有明确规定定额的适用范围，才能编制出与生产力水平相适应的施工定额。范围的限定是编制定额不可忽略的一个重要步骤。施工定额适用范围的拟订，首先应明确定额适用于何种经济体制的施工企业，不适用于何种经济体制的施工企业，并给予明确的划定和说明，使编制定额有所依据；其次，应结合施工定额的作用和一般工业民用建筑安装施工的技术经济特点，在定额项目划分的基础上，拟订出各类施工过程或工序定额的适用范围。

3. 拟订定额的结构形式

(1)定额结构主要是指施工定额中各个组成部分的配合组织方式和内容构造。定额结构形式必须贯彻简明适用性原则，适合计划、施工和定额管理的需要，并应便于施工班组的执行。

(2)定额结构形式的内容主要包括：定额表格形式式样，定额中的册、章、节的安排，项目划分，文字说明，计算单位的选定和附录等内容。

4. 确定人工、材料、机械台班消耗标准

5. 定额水平的测算

在新编定额或修订单项定额工作完成之后，均需进行定额水平的测算对比，为上级职能部门及时了解新定额的编制过程，反映新编定额水平或降低的幅度等变化情况，做出分析和说明。只有经过新编定额与现行旧定额可比项目的水平测算对比，才能对新编定额的质量和可行性做出评价，决定可否颁布执行。

三 劳动定额

(一)劳动定额的概念

劳动定额也称人工定额，它是建筑安装工人在正常的施工技术组织条件下，在平均先进水平上制定的，完成单位合格产品所必须消耗的活劳动的数量标准。劳动定额按其表现形式和用途不同，可分为时间定额和产量定额。

1. 时间定额

时间定额是指某种专业、某种技术等级的工人班组或个人，在合理的劳动组织、合理的使用材料和合理的施工机械配合条件下，完成某单位合格产品所必需的工作时间。包括准备与结束时间、基本生产时间、辅助生产时间、不可避免的中断时间以及工人必要的休息时间。

时间定额的计量单位，一般以完成单位产品（如 m^3、m^2、t 等）所消耗的工日来表示，每工日按 8h 计算。其计算公式如下：

$$单位产品时间定额(工日)=\frac{需要消耗的工日数}{生产的产品数量} \tag{2-1}$$

2. 产量定额

产量定额是指在合理的使用材料和合理的施工机械配合条件下，某一工种、某一等级的工人在单位工日内完成的合格产品的数量。

产量定额的单位，通常以自然单位或物理单位来表示。如 m^3、m^2、m、台、套、块、根等。其计算公式如下：

$$单位产品产量定额=\frac{生产的产品数量}{消耗的工日数} \tag{2-2}$$

3.时间定额与产量定额的关系

时间定额与产量定额互为倒数,即:

$$产量定额=\frac{1}{时间定额} \tag{2-3}$$

或

$$时间定额=\frac{1}{产量定额} \tag{2-4}$$

(二)劳动定额的工作时间

劳动定额中将工人的工作时间分为定额时间和非定额时间,如图 2-1 所示。

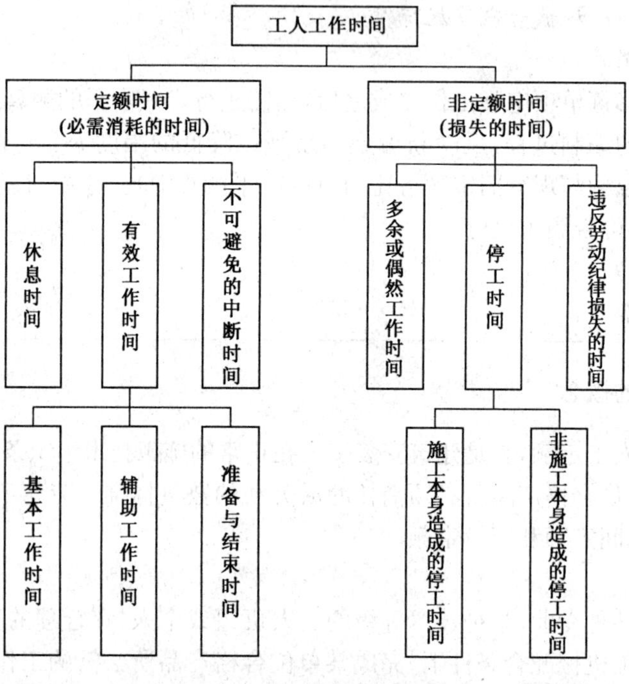

图 2-1 工人工作时间分类

1.定额时间(即必需消耗时间)

定额时间即必需消耗时间,是作业者在正常施工条件下,为完成一定产品(或工作任务)所必须消耗的时间。这是制定定额的主要根据,包括有效工作时间、休息时间和不可避免的中断时间。

1)有效工作时间

从生产效果来看,有效工作时间是与产品生产直接有关的工作时间消耗,包括基本工作时间、辅助工作时间、准备与结束时间。

(1)基本工作时间。即在施工过程中,工人完成基本工作所消耗的时间,也就是完成能生产一定产品的施工工艺过程所消耗的时间,是直接与施工过程的技术作业发生关系的时间消耗。基本工作时间的消耗与生产工艺、操作方法、工人的技术熟练程度有关,并与任务的大小成正比。

(2)辅助工作时间。即与施工过程的技术作业没有直接关系，而是为保证基本工作的顺利进行而做的辅助性工作所需消耗的时间。辅助工作不能使产品的形状、性质、结构位置等发生变化。如：工作过程中工具的校正和小修、搭设小型的脚手架等所消耗的时间，均为辅助工作时间。

(3)准备与结束时间。即基本工作开始前或完成后进行准备与整理等所需消耗的时间。通常与工程量大小无关，而与工作性质有关。一般分为班内准备与结束时间、任务内准备与结束时间。班内准备与结束工作时间常具有经常的每天工作时间消耗的特点，如领取材料和工具、工作地点布置、检查安全技术措施、工地交接班等。任务内的准备与结束时间，与每个工作日交替无关，仅与具体任务有关，多由工人接受任务的内容决定。

2)休息时间

它是工人在工作过程中，为了恢复体力所必需的短暂休息，以及由于本身生理需要(喝水、上厕所等)所消耗的时间。这种时间是为了保证工人精力充沛地进行工作，所以应作为定额时间。休息时间的长短与劳动条件、劳动强度、工作性质等有关。

3)不可避免的中断时间

它是指由于施工过程中技术、组织或施工工艺特点原因以及独有的特性，而引起的不可避免的或难以避免的工作中断所必需消耗的时间。如汽车驾驶员在汽车装卸货时消耗的时间，起重机吊预制构件时安装工人等待的时间。

2. 非定额时间(损失时间)

非定额时间也称损失时间，是指与产品生产无关，而和施工组织、技术上的缺陷有关，与工人在施工过程中的个人过失或某些偶然因素有关的时间消耗，包括多余或偶然工作时间、停工时间、违反劳动纪律而造成的工时损失。

1)多余或偶然工作时间

它指在正常施工条件下，作业者进行了多余的工作或由于偶然情况下，作业者进行任务以外的作业(不一定是多余的)所消耗的时间。所谓多余工作，就是工人进行任务以外的而又不能增加产品数量的工作，如质量不合格而返工造成的多余时间消耗。所谓偶然工作也是工人在任务外进行的工作，但能够获得一定产品。如电工铺设电缆时需要临时在墙上开洞，抹灰工不得不补上偶然遗留下来的墙洞等。从偶然工作的性质看，在定额中不应考虑它所占用的时间，但是由于偶然工作能获得一定产品，拟订定额时要适当考虑它的影响。

2)停工时间

它指由于工作班内停止工作而造成的工时损失。停工时间按其性质可分为施工本身造成的停工时间和非施工本身造成的停工时间两种。因施工本身造成的停工时间是指由于施工组织不善，材料供应不及时，准备工作不善，工作地点组织不良等情况引起的停工时间。非施工本身造成的停工时间是指由于气候条件以及水源、电源中断引起的停工时间。

3)违反劳动纪律而造成的工时损失

它指工人不遵守劳动纪律而造成的时间损失。如上班迟到、下班前的早退、擅自离开工作岗位、工作天内聊天或办私事以及由于个别人违章操作而引起别的工人无法正常工作的时间损失。违反劳动纪律的工时损失是不应存在的，所以也是在定额中不予考虑的。

3. 工作时间的确定方法

确定劳动定额的工作时间,通常采用技术测定法、经验估工法、统计分析法和类推比较法。

1)技术测定法

技术测定法是根据先进合理的生产技术、操作工艺、合理的劳动组织和正常的施工条件,对施工过程中的具体活动进行实地观察,详细记录施工中工人和机械的工作时间消耗,完成产品的数量以及有关影响因素,将记录结果加以整理,客观地分析各种因素对产品的工作时间消耗的影响,获得各个项目的时间消耗资料,通过分析计算来确定劳动定额的方法。这种方法准确性和科学性较高,是制定新定额和典型定额的主要方法。

技术测定通常采用的方法有测时法、写实记录法、工作日写实法、简易测定法。

2)经验估工法

经验估工法是根据有经验的工人、技术人员和定额专业人员的实践经验,参照有关资料,通过座谈讨论,反复平衡来制定定额的一种方法。

3)统计分析法

统计分析法是根据过去一定时间内,实际生产中的工时消耗量和产品数量的统计资料或原始记录,经过整理,并结合当前的技术、组织条件,进行分析研究来制定定额的方法。

4)类推比较法

类推比较法也称典型定额法,它是以同类型工序、同类型产品的典型定额项目水平为标准,经过分析比较,类推出同一组定额中相邻项目定额水平的一种方法。

(三)劳动定额的应用

1. 劳动定额的表现形式

(1)单式表示法。它是对某些耗工量大,计量单位为台、件、套等自然计量单位的定额以及部分按工种分列的项目,仅表示时间定额,不表示产量定额。

(2)复式表示法。在同一栏内用分式列出时间定额和产量定额,分子表示时间定额,分母表示产量定额。在《全国建筑安装工程统一劳动定额》中,多采用复式表示法。

2. 劳动定额的应用

时间定额和产量定额是同一个劳动定额的两种不同的表达方式,但其用途各不相同。

(1)时间定额的用途:时间定额便于综合,便于计算劳动量、编制施工计划和计算工期。

(2)产量定额的用途:产量定额具有形象化的优点,便于分配施工任务、考核工人的劳动生产率和签发施工任务单。

【例 2-1】 已知:某砌筑工程的砌一砖外墙的工程量为 320m^3,每天有 16 名瓦工投入施工,时间定额为 0.65 工日/m^3。试计算完成该项工程的定额施工天数。

解:完成该砌砖工程的总工日数=0.65×320=208.00(工日)

完成该工程定额施工天数=208.00÷16=13(天)

【例 2-2】 已知:某装饰工程的内墙面抹灰工程由 18 人组成的抹灰班,需 26 天完成,产量定额为 12m^2/工日。试计算抹灰班应完成的抹灰面积。

解:抹灰班应完成的抹灰面积=18×26×12=5616.00(m^2)

四 材料消耗定额

(一)材料消耗定额的概念

材料消耗定额是指在节约和合理使用材料条件下，生产单位合格产品所必须消耗的一定品种、规格的原材料、成品、半成品、配件等的数量标准。

材料消耗定额包括材料的净用量和必要的工艺损耗量。材料净用量是指直接用于产品上的，构成产品实体的材料消耗量。材料必要的工艺损耗量是指材料从工地仓库、现场加工堆放地点至操作或安放地点的运输损耗、施工操作损耗和临时堆放损耗等。

材料的损耗一般按损耗率计算。其公式如下：

$$损耗率=\frac{损耗量}{总耗量}\times 100\% \tag{2-5}$$

$$总耗量=净用量+损耗量=\frac{净用量}{1-损耗率} \tag{2-6}$$

一般实际工作中，为了简化计算，常以损耗量与净用量的比率作为损耗率。

$$损耗率=\frac{损耗量}{净耗量}\times 100\% \tag{2-7}$$

则

$$总耗量=净用量\times(1+损耗率) \tag{2-8}$$

(二)主要材料消耗定额的确定

主要材料消耗定额是通过在施工过程中对材料消耗进行观测、试验以及根据技术资料的统计与计算等方法确定的，主要有以下四种方法。

1. 观测法

观测法是对施工过程中实际完成产品的数量与所消耗的各种材料数量进行现场观测、计算，而确定各种材料消耗定额的一种方法。通过现场观测，能正确区别哪些是可以避免的损耗，不应计入定额内，哪些是不可避免的损耗，应该计入定额内。所以，观测法适宜制定材料的损耗定额。

2. 试验法

试验法是在试验室内通过专门的试验仪器设备，制定材料消耗定额的一种方法。由于实验具有比施工现场更好的工作条件，可更深入细致地研究各种因素对材料消耗的影响。

3. 统计法

统计法是根据施工过程中材料的发放和退回数量及完成产品数量的统计资料，进行分析计算以确定材料消耗定额的方法。统计分析法简便易行，容易掌握，适用范围广，但用统计法得出的材料消耗包含有不合理的材料浪费，其准确性不高，它只能反映材料消耗的基本规律。

4. 计算法

计算法是通过对工程结构、图纸要求、材料规格及特性、施工规范、施工方法等进行研究，用理论计算拟定材料消耗定额的一种方法。它适宜不易产生损耗，且容易确定废料的规格材料，如块料、锯材、油毡、玻璃、钢材、预制构件等的消耗定额。

砌筑工程材料用量的计算公式如下：

$$1\text{m}^3\text{ 砖砌体中砖的净用量(块)}=\frac{2\times\text{墙厚的砖数}}{\text{墙厚}\times(\text{砖长}+\text{灰缝})\times(\text{砖厚}+\text{灰缝})} \tag{2-9}$$

$$1\text{m}^3\text{ 砖砌体中砂浆的净用量}=1-\text{净用砖量}\times\text{砖长}\times\text{砖宽}\times\text{砖厚} \tag{2-10}$$

【例 2-3】 试计算标准砖墙厚为一砖墙，每立方米砖砌体和砂浆的消耗量(标准砖和砂浆损耗率均为1%)。

解：根据式(2-9)、式(2-10)、式(2-6)得：

$$1\text{m}^3\text{ 砖砌体中砖的净用量(块)}=\frac{2\times1}{0.24\times(0.24+0.10)\times(0.053+0.10)}=529.1\text{(块)}$$

$$1\text{m}^3\text{ 砖砌体中砂浆的净用量}=1-529.1\times0.24\times0.115\times0.053=0.226(\text{m}^3)$$

$$1\text{m}^3\text{ 墙标准砖用量}=\frac{529.1}{1-0.01}=534.44\text{(块)}$$

$$1\text{m}^3\text{ 墙砂浆用量}=\frac{0.226}{1-0.01}=0.228(\text{m}^3)$$

(三)周转材料消耗定额的确定

周转性材料是指在建筑安装工程中不直接构成工程实体，可多次周转使用的工具性材料，如脚手架、模板和挡土板等。这类材料在施工中都是一次投入多次使用，每次使用后都有一定程度的损耗，经过修复再投入使用。因此，周转性使用材料消耗定额一般是按多次使用，分次摊销的方法确定。

周转性材料消耗定额一般与下列因素有关：

(1)一次使用量。指周转材料一次使用的投入量。

(2)损耗率也称补损率。指周转性材料使用一次后为了修补难以避免的损耗所需要的材料量占一次使用量的百分数。它随着周转次数的增多而加大，故一般用平均损耗率表示。

(3)周转次数。指周转材料可以重复使用的次数，可用统计法或观测法确定。

(4)回收量。指周转材料每周转一次去掉损耗后，平均可以回收的量。

(5)摊销量。指周转性材料每使用一次，扣除回收量后，应分摊在单位产品上的消耗数量，即定额规定的平均一次消耗量。

(6)周转使用量。指周转性材料在周转使用和补充消耗的条件下，每周转一次平均所消耗的材料量。

施工定额的材料消耗定额中，周转材料消耗指标一般用一次使用量和摊销量表示。

五 施工机械台班定额

施工机械台班定额，又称施工机械使用定额，是指在正常施工生产和合理使用施工机械条件下，完成单位合格产品所必须消耗的某种施工机械的工作时间标准。其计量单位以台班表示，每台班按8h计算。

(一)施工机械台班定额的表现形式

机械台班定额与劳动定额的表现形式类似,可分为时间定额和产量定额两种形式。

1. 机械时间定额

机械时间定额是指在正常施工生产条件下,某种机械完成单位合格产品所必须消耗的工作时间。其计算公式如下:

$$机械时间定额=\frac{1}{机械台班产量定额} \tag{2-11}$$

配合机械的工人小组人工时间定额为:

$$人工时间定额=\frac{台班内小组成员工日数}{机械台班产量定额} \tag{2-12}$$

【例 2-4】 已知:斗容量 $1m^3$ 反铲挖土机挖二类土,深度 2m 以内,装车小组 2 人,其台班产量 $500m^3$。计算该挖土机械时间定额和人工时间定额。

解:

$$挖土机械时间定额=\frac{1}{5}=0.2(台班/100m^3)$$

$$人工时间定额=\frac{2}{5}=0.4(工日/100m^3)$$

2. 机械台班产量定额

机械台班产量定额是指在合理的施工组织和正常的施工生产条件下,某种机械在每台班内完成合格产品的数量。其计算公式如下:

$$机械台班产量定额=\frac{1}{机械时间定额} \tag{2-13}$$

或

$$机械台班产量定额=\frac{台班内小组成员工日数}{人工时间定额} \tag{2-14}$$

3. 机械台班定额的表示方法

在《全国建筑安装工程统一劳动定额》中,机械台班定额通常以复式表示。

(1)同时表示时间定额和台班产量定额,形式为:$\frac{时间定额}{台班产量}$。

(2)运输机械台班定额除同时表示时间定额和产量定额外,还应表示台班车次,形式为:$\frac{时间定额}{台班产量}\Big|台班车次$。

其中,台班车次是指完成定额台班产量每台班内每车需要往返次数。

$$定额台班产量=台班次数\times额定载重量\times装载系数 \tag{2-15}$$

(二)施工机械台班定额的确定

确定施工机械台班定额,事先要拟订正常施工条件、合理配备工人编制等条件,其具体确定步骤如下:

(1)确定施工机械净工作1h的生产率。即在正常的施工条件下,机械在1h内应有的生产率。施工机械可分为循环动作和定时动作两种类型。

(2)确定机械台班时间利用系数。机械台班时间利用系数是指机械在一个工作班的净工作时间与每班法定工作时间之比率。

(3)确定机械台班产量定额。机械台班产量定额=机械净工作1h生产率×每班法定工作时间×机械时间利用系数 (2-16)

(4)确定工人的时间定额。操纵机械的工人或配合机械工作的工人的时间定额,可根据机械的产量定额或时间定额与工人人数计算。

六 企业定额

(一)企业定额的概念

建筑安装企业定额是建筑安装工人在正常施工条件下,为完成单位合格产品所需人工、机械、材料消耗的数量及费用标准。

它是根据专业施工的作业对象和工艺确定的。企业定额反映企业的施工水平、装备水平和管理水平,作为考核建筑安装企业劳动生产率水平、管理水平的标尺和确定工程成本、投标报价的依据。

(二)企业定额的性质

企业定额是建筑安装企业内部管理的定额。企业定额影响范围涉及企业内部管理的方方面面,包括企业生产经营活动的计划、组织、协调、控制和指挥等各个环节。企业应根据本企业的具体条件和可能挖掘的潜力、市场的需求和竞争环境,根据国家有关政策、法律和规范、制度,编制自己的定额,自行决定定额的水平,国家允许同类企业和同一地区的企业之间存在定额水平的差距。

(三)企业定额的构成及表现形式

企业定额应包括工程实体性消耗定额、措施性消耗定额和费用定额。

企业定额的构成及表现形式应视编制的目的而定,可参照中华人民共和国建设部颁发的《全国统一建筑工程基础定额》,也可采用灵活多变的形式,以满足需要和便于使用为准。

企业定额的构成及表现形式主要有以下几种:

(1)企业劳动定额。

(2)企业材料消耗定额。

(3)企业机械台班使用定额。

(4)企业机械台班租赁价格。

(5)企业周转材料租赁价格。

（四）企业定额的编制步骤

1. 制订编制计划

一般包括以下内容：

（1）确定企业定额编制的目的。因为编制目的决定了企业定额的适用范围，同时也决定了企业定额的表现形式，因此，企业定额编制的目的一定要明确。

（2）定额水平的确定。企业定额应能真实地反映本企业的消耗量水平，企业定额水平确定的准确与否，是企业定额能否实现编制目的的关键。定额水平过高或过低，背离企业现有水平，对项目成本核算和企业参与投标竞争都不利。

（3）确定编制方法和定额形式。定额的编制方法很多，对不同形式的定额，其编制方法也不相同。例如：劳动定额的编制方法有技术测定法、统计分析法、类比推算法、经验估算法等；材料消耗定额的编制方法有观察法、试验法、统计法等。因此，定额编制究竟采取哪种方法，应根据具体情况而定，可综合应用多种方法进行编制。企业定额应形式灵活、简明适用，并具有较强的可操作性，以满足投标报价与企业内部管理的要求。

（4）成立专门机构，由专人负责。企业定额的编制工作是一个系统性的工作，一开始，就应设置一个专门的机构（中小企业也可由相关部门代管），并由专人负责，而定额的编制应该由定额管理人员、现场管理人员和技术工人完成。

（5）明确应收集的数据和资料。定额在编制时要尽量多地收集与定额编制有关的各种数据。在编制计划书中，要制订一份按门类划分的资料明细表。

（6）确定编制进度目标。定额的编制工作量大，应确定一个合理的工期和进度计划表，可根据定额项目使用的概率有重点的编制，采用循序渐进、逐步完善的方式完成。这样，既有利于编制工作的开展，又能保证编制工作的效率和及时的投入使用。

2. 资料的搜集、分析和综合测算

搜集的资料包括：

（1）有关建筑安装工程的设计规范、施工及验收规范、工程质量检验评定标准和安全操作规程。

（2）现行定额，包括基础定额、预算定额、消耗量定额和工程量计价规范。

（3）本企业近几年各工程项目的财务报表、公司财务总报表以及历年收集的各类项目经验数据。

（4）本企业近几年所完成工程项目的施工组织设计、施工方案以及工程成本资料与结算资料。

（5）企业现有机械设备状况、机械效率、寿命周期和价格，机械台班租赁价格行情。

（6）本企业近几年主要承建的工程类型及所采用的主要施工方法。

（7）本企业目前工人技术素质、构成比例。

（8）有关的技术测定和经济分析数据。

（9）企业现有的组织机构、管理跨度、管理人员的数量及管理水平。

3. 拟订企业定额的编制方案

主要包括以下内容：

(1)确定企业定额的内容及专业划分。

(2)确定企业定额的章、节的划分和内容的框架。

(3)确定合理的劳动组织、明确劳动手段和劳动对象。

(4)确定企业定额的结构形式及步距划分原则。

4. 企业定额消耗量的确定及定额水平的测算

企业定额消耗量的确定及定额水平的测算与施工定额类似。

(五)企业定额的管理

1. 定额管理的特点

定额水平是承包人在一定时期内生产力水平的反映，它与操作人员的技术水平、机械化程度、新材料、新工艺、新技术的发展和应用有关，与企业的组织管理水平和全体人员的社会劳动积极性有关，所以定额不是一成不变一劳永逸的，它应随着新技术、新材料、新工艺的应用和工人熟练程度的提高而不断变化。应在使用一段时间后就做出相应的调整，以保持和企业实际的生产消耗水平相一致，为准确地编制工程报价提供依据。因此，定额管理是一个连续、长期和不断完善的循环过程。

2. 企业定额管理应注意的问题

1)对企业定额的认识和定位

首先，企业定额要体现成本，只有在成本的基础上考虑竞争情况以合适的利润水平进行报价，企业才能对自己的盈亏情况做到心中有数。其次，企业定额应该为控制成本服务，它应该是企业内部消耗水平的标尺。如果没有这一个标尺，很多基础管理工作如任务单、限额领料以及对人员的考核工作就没有依据。因此，不能仅仅把企业定额作为投标报价的依据。

2)利用工程档案，注意成本数据积累

企业的工程档案是企业长期积累下来的重要资源，也是企业的无形资产和宝贵财富。利用工程档案所积累的数据编制企业定额，可以起到事半功倍的效果，应成为企业定额编制的一种主要方式。

3)应该随企业水平而不断更新

编制定额固然重要，更重要的是要建立一套有效的管理机制。企业只有在实际成本控制过程中不断地使用企业定额，再依据企业的实际消耗数据及时地对其修正，企业定额才会真正发挥作用。只有这样，企业定额才能随着企业管理水平的提高而不断得到动态更新，从而更好地为投标报价和施工管理服务。

4)严格保密、谨防外泄

企业定额是施工企业进行施工管理和投标报价的基础，根据某企业的定额能够估计出该企业完成某工程的大致成本与投标报价。因此，企业定额是企业的商业秘密，应采取切实的保护措施，严格防止其外泄。如被竞争对手获取会使本企业陷入十分被动的境地，给企业带来严重的损失。

第三节　预算定额

一 预算定额的概念与作用

(一)预算定额的概念

预算定额是指在正常施工生产条件下，在社会平均水平的基础上，完成一定计量单位的分部分项工程或结构构件所需消耗的人工、材料和施工机械台班的数量标准。

(二)预算定额的作用

(1)预算定额是编制施工图预算的依据。
(2)预算定额是控制工程造价的依据。
(3)预算定额是确定招标工程标底的依据。
(4)预算定额是对竣工工程进行结算的依据。
(5)预算定额是对设计方案进行技术经济评价的依据。
(6)预算定额是编制概算定额的基础。

二 预算定额的编制

(一)预算定额的编制原则

1.平均合理的原则

所谓平均合理，就是在现有社会正常生产条件下，按照社会平均劳动熟练程度和劳动强度来确定预算定额水平。

2.简明、适用、准确的原则

简明，即预算定额在项目划分、选定计量单位及工程量计算规则时，应在保证定额各项指标相对准确前提下进行综合扩大，达到项目少、内容全、简明扼要；适用，即预算定额内容应严密明确，各项指标在保证统一的前提下，具有一定的灵活性，以适应不同工程和地区使用；准确，即预算定额的各项指标，应准确无误，并注意减少定额附注和换算系数，尽量少留活口。

3.技术先进、经济合理的原则

技术先进是指定额项目的确定、施工方法和材料的选择等，能够正确反映建筑技术水平，及时采用已经成熟并得到普遍推广的新技术、新材料、新工艺，以促进生产的提高和建筑技术水平的进一步发展。

(二)预算定额的编制依据

编制预算定额的主要依据如下：

(1)现行的施工定额或劳动定额、材料消耗定额和施工机械台班定额。

(2)现行的设计规范、施工及验收规范、质量评定标准和安全操作规程。

(3)有关的标准图集、有代表性的设计图纸。

(4)建筑材料标准及新材料、新技术和先进经验等资料。

(5)现行的地区建筑安装工人工资标准和材料预算价格。

(6)过去颁布的预算定额及有关预算定额编制的基础资料。

(7)有关可靠的科学试验、测定、统计资料等。

(三)预算定额的编制方法

1.确定定额项目和内容

定额项目的确定,应便于编制施工图预算,便于确定单位估价表,便于进行技术经济分析和施工过程中的计划、统计和成本核算工作。

2.确定计量单位

与施工定额相同,计量单位的选择应能确切反映单位产品的工料消耗量,保证预算定额的准确性,有利于工程量计算和整个预算编制工作。定额计量单位一般可根据分部分项工程特征和形体固有的规律性来确定。

(1)凡物体的截面有一定的形状和大小,但有不同长度时,应当以延长米为计量单位,如栏杆、扶手、管线等分项工程。

(2)当物体有一定的厚度,而面积不固定时,应当以平方米(m^2)为计量单位,如油漆、防腐、抹灰等工程。

(3)当物体长、宽、高都变化不定时,应当以立方米(m^3)为单位,如土方、保温等工程。

(4)当物体面积、体积相同,但重量和价格差异很大,或者是难以量度的实体时,可以重量为单位,如金属结构制作与安装工程等。

(5)凡物体无一定规格,而其构造较复杂时,可采用自然单位,如以个、台、套、件等作为计量单位。

3.确定施工方法,计算工程量

施工方法是确定定额项目各工程用工数量、各种材料、成品、半成品用量,施工机械类型及台班使用量等的主要依据。所以,必须按正常施工组织条件,选择合理的施工方法。计算定额项目工程量,就是根据已选定的分项工程或结构构件,结合已选定的设计图纸和正常的施工组织设计,按规定的工程量计算规则进行。

4.确定定额中人工、材料和施工机械台班消耗量

预算定额中的人工、材料和施工机械消耗量是按照某一定额项目所包括的工程内容,分别根据有关设计图纸、施工组织设计等资料测算后,并综合取定其工程量,然后以施工定额或劳动定额为基础,通过逐步计算而得出的。

5.编制预算定额项目表及有关说明

编制预算定额项目表,即确定和填制定额中的各项内容。现行全国统一基础定额中,人工消耗定额一般按综合工日列出,材料消耗定额按主要材料、辅助材料和次要材料顺序列出名称和消耗量,机械消耗定额按机械类型、机械性能列出消耗量。

预算定额的文字说明部分与施工定额一样,是对定额的编制原则、编制依据、适用范围、工

作内容、施工方法、使用方法及具体要求等所做的简要说明。

6. 预算定额水平的测算

定额编制完毕后，应进行定额水平的测算，分析定额水平提高或降低的原因，并写出测算报告，作为审批定额的参考依据和进行定额交底的基础资料。预算定额水平的测算包括单位定额水平测算和定额总水平测算。

(四)预算定额消耗量的确定

预算定额中的人工消耗量(定额人工工日)是指完成某一计量单位的分项工程或结构构件所需的各种用工量总和。定额人工工日不分工种、技术等级一律以综合工日表示。内容包括基本用工、超运距用工、人工幅度差及辅助用工等。

1. 预算定额人工消耗量的确定方法

1)基本用工

基本用工指完成一定计量单位的分项工程或结构构件的主要用工量。其计算公式如下：

$$基本工工日数量=\sum(工序工程量\times时间定额) \quad (2\text{-}17)$$

2)超运距用工

超运距用工指预算定额取定的材料、成品、半成品等运距超过劳动定额规定的运距应增加的用工量。计算时，先求每种材料的超运距，然后在此基础上根据劳动定额计算超运距用工。其一般计算公式如下：

$$超运距=预算定额规定的运距-劳动定额规定的运距 \quad (2\text{-}18)$$

$$超运距用工=\sum(超运距材料数量\times时间定额) \quad (2\text{-}19)$$

3)辅助用工

辅助用工指劳动定额中未包括的各种辅助工序用工，如材料加工等的用工。可根据材料加工数量和时间定额进行计算。其计算公式如下：

$$辅助用工数量=\sum(加工材料数量\times时间定额) \quad (2\text{-}20)$$

4)人工幅度差

人工幅度差指在劳动定额中未包括，而在一般正常施工条件下不可避免的，但又无法计量的用工。一般包括以下几方面内容：

(1)在正常施工条件下，土建各工种工程之间的工序搭接以及土建工程与水电安装工程之间的交叉配合所需停歇时间。

(2)施工过程中，移动临时水电线路而造成的影响工人操作的时间。

(3)同一现场内单位工程之间因操作地点转移而影响工人操作的时间。

(4)工程质量检查及隐蔽工程验收而影响工人操作的时间。

(5)施工中不可避免的少量零星用工等。

在确定预算定额用工量时，人工幅度差按基本用工、超运距用工、辅助用工之和的一定百分率计算。其计算公式为：

$$人工幅度差=(基本用工+超运距用工+辅助用工)\times人工幅度差系数 \quad (2\text{-}21)$$

国家现行规定人工幅度差系数为10%～15%。此外，在编制人工消耗量时，由于各种基本用工和其他用工的工资等级不一致，为了准确求出预算定额用工的平均工资等级，必须根据劳动定额规定的劳动小组成员数量、各种用工量和相应等级的工资系数，求出各种用工的工资等级总系数，然后与总用工量相除，可得出平均工资等级系数，进而可以确定预算定额用工的平均工资等级，以便正确计算人工费用和编制地区单位估价表。目前，国家现行建筑工程基础定额和安装工程预算定额均以综合工日表示。

2. 预算定额材料消耗量的确定

1)预算定额主要材料消耗量的确定

预算定额材料消耗量确定方法与施工定额材料消耗量的确定方法基本相同，常用的方法主要有观测法、试验法、统计分析法和理论计算法等。

2)预算定额周转性材料消耗量的确定

编制预算定额时，对于周转性材料的消耗定额，与施工定额一样，也是按多次使用、分次摊销的方法计算。

通常在预算定额中对周转性材料消耗指标规定有两个：一个是一次使用量，一个是摊销量。一次使用量和摊销量的计算方法与施工定额基本是相同的，只是编制预算定额时，材料损耗率(补损率)和周转次数应按平均水平确定，即应该采用比施工定额较大的损耗率和较小的周转次数。

3)次要零星材料消耗指标的确定

在编制预算定额时，次要零星材料在定额中若是以“其他材料费”表示，其确定方法有两种：一是可直接按其占主要材料的百分比计算；一是如同主要材料，先分别确定其消耗数量，然后乘以相应的材料单价，并汇总后求得“其他材料费”。

3. 预算定额机械台班消耗量的确定

1)预算定额机械台班消耗定额的概念

预算定额机械台班消耗定额是指在合理使用机械和合理的施工组织条件下，按机械正常使用配置综合确定的完成定额计量单位合格产品所必须消耗的机械台班数量标准。机械台班消耗量是以“台班”为单位计算的，一台机械工作8h为一个台班。预算定额机械台班消耗量是确定定额项目基价的基础。

2)机械台班消耗量的确定方法

预算定额中的施工机械台班消耗量是在劳动定额或施工定额中相应项目的机械台班消耗量指标基础上确定的，在确定过程中还应考虑增加一定的机械幅度差。机械幅度差是指在劳动定额或施工定额中所规定的范围内没有包括，而在实际施工中又不可避免地产生的影响机械效率或使机械停歇的时间。其内容包括：

(1)施工中机械转移工作面及配套机械互相影响损失的时间。

(2)在正常施工条件下，机械在施工中不可避免的工序间歇。

(3)工程开工或收尾时工程量不饱满所损失的时间。

(4)检查工程质量影响机械操作的时间。

(5)临时停机、停电影响机械操作的时间。

(6)机械维修引起的停歇时间等。

在确定预算定额机械台班消耗量指标时，机械幅度差以系数表示。

三 建筑工程人工、材料、机械台班单价的确定

建筑安装工程费用的确定基础是正确计算人工费、材料费和施工机械使用费。这三部分费用的确定取决于两个方面：其一，确定人工、材料、机械台班消耗量；其二，确定人工、材料，机械台班单价。人工费、材料费和施工机械使用费计算公式如下：

$$人工费=\sum(工日消耗量\times日工资单价) \tag{2-22}$$

$$材料费=\sum(材料消耗量\times材料单价) \tag{2-23}$$

$$施工机械使用费=\sum(机械台班消耗量\times机械台班单价) \tag{2-24}$$

(一)人工单价的确定

1.人工单价的组成

人工费由完成设计文件规定的全部工程内容所需工日数量乘以工日单价计算而成，人工单价是直接从事施工生产的工人日工资水平，是企业支付给生产工人的基本工资和其他各项费用之和。包括生产工人基本工资、工资性补贴、生产工人辅助工资、职工福利费、生产工人劳动保护费。

$$人工单价=基本工资+工资性补贴+生产工人辅助工资+职工福利费+生产工人劳动保护费 \tag{2-25}$$

2.社会平均价格的人工单价的确定

1)基本工资

基本工资是指劳务合同规定的生产工人的基本工资。若采用月工资制，则：

$$日基本工资=\frac{月基本工资}{月平均法定工作天数} \tag{2-26}$$

$$月平均法定工作天数=\frac{365-52\times2-1-3-3-3}{12}=20.92\approx21(天) \tag{2-27}$$

2)工资性补贴

工资性补贴是指按国家有关部门规定的标准和范围发放生产工人的所有补贴。包括现行发放的各种物价补贴、煤(燃气)补贴、住房补贴、交通补贴、地区补贴、流动施工津贴等补贴。计算公式为：

$$工资性补贴=\frac{生产工人年人均津贴额}{年法定工作日} \tag{2-28}$$

3)辅助工资

辅助工资是指生产工人年有效施工天数以外非作业天数的工资，包括职工学习、培训期间的工资，调动工作、探亲、休假期间的工资，因气候影响的停工工资，女工哺乳期间工资，病假在6个月以内的工资以及按国家有关规定享受的产、婚、丧假期间的工资等。其计算公式为：

$$辅助工资=\frac{(基本工资+工资性津贴)\times年平均非工作天数}{年法定工作日} \tag{2-29}$$

4)职工福利费

职工福利费是指按规定标准计提的用于职工福利的费用。

$$福利费=(基本工资+工资性补贴+辅助工资)\times 计提比例(\%) \tag{2-30}$$

5)劳动保护费

生产工人的劳动保护费是指按国家有关规定标准发放的劳动保护用品的购置费、修理费,徒工服装补贴,防暑降温费,在有碍身体健康环境中施工的保健费等费用。计算公式为:

$$劳动保护费=\frac{生产工人年人均劳动保护费发放额}{年法定工作日} \tag{2-31}$$

建筑生产工人日工资标准的确定,是根据国家规定并结合部门地区的特点,经反复测算取定的。实际施工中不同工种、不同级别工人的工资都不相同。但为方便起见,一般都用综合工日进行计算,根据各项级别工人所占的比例不同,采用加权平均的方法计算综合工日预算单价。即:

$$综合工日预算单价=\sum(某一级别工人的人工预算单价\times 该级别工人所占的比例) \tag{2-32}$$

3. 确定工程个别价格时人工单价的确定

施工企业在编制投标报价时,人工工资单价的计算过程可分为下列几个步骤。

1)根据总施工工日数(即人工工日数)及工期计算总施工人数

工日数、工期和施工人数存在着下列关系:

$$总工日数=工程实际施工工期\times 平均总施工人数 \tag{2-33}$$

因此,当招标文件中已经确定了施工工期时:

$$平均总施工人数=\frac{总工日数}{工程实际施工工期} \tag{2-34}$$

当招标文件中未确定施工工期时,而由投标人自主确定工期时:

$$平均总施工人数=\frac{总工日数}{工程实际施工工期} \tag{2-35}$$

2)确定各专业施工人员的人数及其比重计算方法

$$某专业平均施工人数=\frac{某专业消耗的工日数}{工程实际施工工期} \tag{2-36}$$

3)确定各专业劳动力资源的来源及构成比例

一般有下列三种途径:

(1)来源于本企业。这一部分劳动力是施工现场劳动力资源的骨干。投标人在投标报价时,要根据本企业现有可供调配使用的生产工人数量、技术水平、技术等级及拟承建工程的特点,确定各专业应派遣的工人人数和工种比例。

(2)外聘技工。这部分人员主要是解决本企业短缺的具有特殊技术职能和能满足特殊要求的技术工人。由于这部分人的工资水平比较高,所以人数不宜多。

(3)当地劳务市场招聘的力工。由于当地劳务市场的力工工资水平较低,所以,在满足工程施工要求的前提下,提倡尽可能多地使用这部分劳动力。

上述三种劳动力资源的构成比例的确定，应根据本企业现状、工程特点及对生产工人的要求和当地劳务市场的劳动力资源的充足程度、技能水平及工资水平综合评价后，进行合理确定。

确定工资单价：

$$专业综合工日单价=\sum(本专业某种来源的人力资源人工单价\times构成比重) \quad (2\text{-}37)$$

$$综合人工工资单价=\sum(某专业综合工日单价\times权数) \quad (2\text{-}38)$$

其中，权数的取定是根据各专业工日消耗量占总工日数的比重确定的，例如土建专业工日消耗量占总工日数的比重为22%，则其权数为22%。

(二)材料单价的确定

1.材料单价的含义

材料单价是指材料由交货地点运至工地仓库后的出库价格。各种材料从交货地点到施工现场入库、保管及出库，要经过订货、采购、装卸、包装运输、保管、发料等过程，在这个过程中发生的一切费用，构成了建筑材料的单价。

材料费一般能占到工程直接费的60%～65%，准确地确定材料的价格是非常重要。

2.材料单价的组成

材料单价最主要的组成部分是材料的原价。但在确定材料单价时，还应考虑材料的运杂费及运输损耗等因素的影响；考虑用于卸料和储运过程中的附加费。对于某些材料，这些因素的影响可能会达到一个较高的比例。一般地，建筑材料、成品及半成品的单价主要由以下几部分组成：

(1)材料原价指通过材料询价得到的本省或本地区材料市场价格。

(2)材料运杂费是指材料自来源地运至工地仓库或指定堆放地点所发生的全部费用。

(3)材料运输损耗是指材料在运输装卸过程中不可避免的损耗。

(4)采购及保管费是指为组织采购、供应和保管材料过程中所需要的各项费用。

(5)材料的包装费是指为了便于材料运输、减少损耗及保护材料而进行包装保护所需的费用。

材料单价可按下式计算：

$$材料单价=[(材料市场价+运杂费)\times(1+运输损耗率\%)]\times(1+采购保管费率\%)-包装品回收值 \quad (2\text{-}39)$$

3.材料单价中各种费用的确定

无论是用于确定工程社会平均价格，还是确定工程个别价格，材料单价的确定方法基本是一致的。

1)材料原价

材料的原价是指材料的交货价格，它可能是材料的出厂价，也可能是材料销售商的销售价格。同一种材料因产地和供货单位不同，可能有几种市场价格，此时应根据不同厂商供货数量的比例，采用加权平均的方法计算其供应价格。

2)材料运杂费

材料运杂费包括车(船)运输费、调车费、驳船费、附加工作费、出入库费、装卸费等,材料的运输损耗一般也计算在材料的运杂费内。当供货商将材料直接运到施工现场堆放地点或仓库交货时,不存在运杂费计算问题。

$$材料运杂费=运输费+调车费+驳船费+装卸费 \quad (2\text{-}40)$$

其中,运输费如果是同一种材料多方供货时,材料的运距不同,可用加权平均法计算。

3)材料采购及保管费

材料采购及保管费包括材料部门的职工工资和职工福利费、劳动保护费、差旅交通费,以及办公费、固定资产使用费、工具用具使用费、材料储存损耗等。一般由材料采购及保管费率确定。

4)材料包装费

材料包装费一般已含在材料的原价中,在计算时只需扣除包装品回收值,包装品回收值用以下公式计算:

$$包装品回收值=包装品原价\times回收率\times回收值率 \quad (2\text{-}41)$$

【例 2-5】 已知:某工地水泥由甲、乙方供货,双方的水泥原价分别为 260 元/t、275 元/t,双方的运杂费分别为 11.5 元/t、10.2 元/t,双方的供货量分别为 30%、70%,材料的运输损耗率为 3%,采购保管费率为 2.5%。1 袋水泥为 50kg(1t 水泥共 20 袋),计算该工地的水泥价格(水泥包装袋为 0.8 元/个,水泥袋回收率为 60%,回收值率为 50%)。

解:(1)水泥原价=260×30%+275×70%=270.50(元/t)

(2)水泥运杂费=11.5×30%+10.2×70%=10.59(元/t)

(3)水泥袋的回收值=20×0.8×60%×50%=4.80(元/t)

(4)水泥价格=[(270.50+10.59)×(1+3%)]×(1+2.5%)-4.80=291.96(元/t)

因此,该工地的水泥价格是 291.96 元/t。

(三)施工机械台班单价的确定

1.机械台班单价的概念

施工机械台班预算单价又称机械台班使用费,是指某种施工机械在一个台班内,为了正常运转所必须支出和分摊的各项费用之和。

机械使用费约占工程直接费的 15%~25%左右,正确确定施工机械单价是准确确定施工机械使用费的前提条件,而且也是承包人实现施工机械的合理价值补偿和不断提高技术装备水平的重要依据。

施工中使用的设备可分为两类:一类是自有或自购机械设备;一类是租赁的机械设备。不同类别机械,其台班单价确定方法不同。

2.施工机械台班单价的组成

建筑安装工程施工中常用的机械共划分 12 大类:土石方及筑路机械、桩工机械、起重机械、水平运输机械、垂直运输机械、混凝土及砂浆机械、加工机械、泵类机械、焊接机械、动力机械、地下工程机械以及其他机械。各类机械台班的单价基本由以下七项费用组成:

(1)机械折旧费。

(2)大修理费。

(3)经常修理费。

(4)机械安拆费和场外运输费。

(5)燃料动力费。

(6)机上人员工资。

(7)其他费用(年养路费、年车船使用税、保险费、年检费用)。

3. 机械台班单价的确定

(1)自有机械台班单价的确定

自有机械台班单价＝机械折旧费＋大修理费＋经常修理费＋机械安拆费和场外运输费＋燃料动力费＋机上人员工资＋其他费用 (2-42)

(2)租赁机械台班单价的确定

租赁机械台班单价是指根据施工需要向其他企业或机械租赁公司租用施工机械所发生的台班租赁费。

一般除必须租赁的施工机械外,其他租赁机械的台班租赁单价应低于本企业的机械台班单价。租赁机械的台班单价就是施工机械台班租赁价格。

四 预算定额与施工定额的区别

预算定额与施工定额虽然都能够确定分部分项工程的消耗量指标,但它们有着非常大的区别,具体见表 2-1。

预算定额与施工定额的区别 表 2-1

不同因素	施工定额	预算定额
编制基础资料	工序定额	施工定额
定额水平	平均先进	社会平均水平
主要作用	编制施工预算	编制施工图预算
消耗指标	消耗指标较小	消耗指标较大
定额项目划分	定额项目划分较细	定额项目划分较粗
定额项目综合度	定额项目综合度小	定额项目综合度大

五 预算定额的使用方法

(一)预算定额的组成

预算定额一般是按照工程种类不同以分部工程分章编制。例如:土、石方工程,桩基础工程,脚手架工程,砌筑工程,混凝土及钢筋混凝土工程,构件运输及安装工程,门窗及木结构工程,楼地面工程,屋面及防水工程,防腐、保温、隔热工程,装饰工程等。每一章又按产品技术规格、施工方法等不同,划分为很多定额项目。

整个预算定额手册一般是由目录、总说明、分章说明、工程内容、工程量计算规则、分项工程定额表和有关附录等所组成。

分项工程定额表一般由以下内容组成:

(1)人工消耗定额。它反映了完成某一分项工程的单位产品所耗用的各工种的工日数(目前一般用综合工日表示),有些地区预算定额中还列有相应的平均工资等级。

(2)原材料、半成品和配件消耗定额。它规定了完成某一分项工程的单位产品所耗用或摊销的各种主要材料、半成品、配件或周转材料的数量。

(3)施工机械台班消耗定额。它规定了完成某一分项工程的单位产品所耗用的各种施工机械台班的数量。

(4)单位产品基价。地区预算定额一般都列有单位产品基价,它反映了某一分项工程单位产品的预算价格。为了加强工程造价动态管理实行量价分离,全国统一建筑工程基础定额不再列有单位产品基价。

(二)预算定额的使用方法

预算定额是编制施工图预算、确定工程造价的主要依据,定额应用的正确与否直接影响建筑工程预算的结果。为了熟练、正确应用预算定额编制施工图预算,必须对组成定额的各个部分全面了解,充分掌握定额的总说明、章说明内容、各章的工程内容与计算规则,从而达到正确使用预算定额的要求。

预算定额的使用方法有:预算定额的直接套用和预算定额的换算。

1.预算定额的直接套用

当施工图纸的设计要求与预算定额的项目内容完全一致时,可以直接套用预算定额。

【例 2-6】 已知:某土方工程人工平整场地的工程量是 720.56m^2,每 100m^2 人工平整场地的综合工日数为 3.15 工日。试计算该土方工程人工平整场地的综合工日数。

解:该土方工程人工平整场地的综合工日数=(720.56÷100)×3.15=22.70(工日)

因此,该土方工程人工平整场地的综合工日数是 22.70 工日。

2.预算定额的换算

1)预算定额乘系数的换算

这类换算是根据预算定额章说明或附注的规定对定额子目的消耗量乘以规定的换算系数,从而确定新的定额消耗量。

【例 2-7】 已知:某工程土质为二类土,土方工程人工挖基槽的工程量是 1201.33m^3,每 100m^3 的一、二类土(开挖深度 2m 以内)人工挖基槽的综合工日数为 33.74 工日,电动打夯机的台班数是 0.18 台班,土的含水率是 33%。定额章说明规定:土含水率大于 25%时,定额人工、机械乘以系数 1.15。试计算该土方工程人工挖基槽的综合工日数和电动打夯机台班数。

解:该土方工程人工挖基槽的综合工日数=(1201.33÷100)×33.74×1.15

=466.13(工日)

该土方工程人工挖基槽电动打夯机的台班数=(1201.33÷100)×0.18×1.15

=2.49(台班)

因此，该土方工程人工挖基槽的综合工日数是 466.13 工日，电动打夯机台班数是 2.49 台班。

2)利用定额的附属子目换算

预算定额为了体现定额的简明实用原则，常常设置一些附属子目，提供一个简捷换算的平台。这样，一方面大大压缩了定额项目表的数量，另一方面使定额换算更方便。

【例 2-8】 已知：某屋面工程三毡四油一砂卷材防水屋面的工程量是 1523.78m^3，每 100m^2 二毡三油一砂卷材防水屋面的综合工日数为 6.62 工日，350 号石油沥青油毡消耗量 237.94m^2，每 100m^2 每增减一毡一油卷材防水屋面的综合工日数为 1.91 工日，350 号石油沥青油毡消耗量 113.77m^2。试计算该屋面工程三毡四油一砂卷材防水屋面的综合工日数和 350 号石油沥青油毡材料数量。

解：该屋面工程三毡四油一砂卷材防水屋面的综合工日数＝(1523.78÷100)×(6.62＋1.91)＝129.98(工日)

该屋面工程三毡四油一砂卷材防水屋面的 350 号石油沥青油毡材料数量＝(1523.78÷100)×(237.94＋133.77)＝5664.04(m^2)

因此，该屋面工程三毡四油一砂卷材防水屋面的综合工日数和 350 号石油沥青油毡材料数量各是 129.98 工日和 5664.04m^2。

3)定额基价的换算

预算定额如果包含有预算定额基价时，常常因为图纸中的材料与定额不一致，而施工技术和工艺没有变化而发生换算，如砂浆等级与定额不符、混凝土强度等级与定额不符等这类换算均属于定额基价的换算。在换算时，定额的人工费和机械费不变，定额基价和定额材料费要进行换算计算。其换算方法为

换算后的定额基价＝换算前的定额基价＋(换入材料的单价－换出材料的单价)×定额的材料用量　　(2-43)

换算后的定额材料费＝换算前的定额材料费＋(换入材料的单价－换出材料的单价)×定额的材料用量　　(2-44)

【例 2-9】 已知：C20 砾石普通混凝土的定额基价为 268.43 元/m^3，其中人工费 76.44 元/m^3，材料费 174.26 元/m^3，机械费 17.73 元/m^3。每立方米的 C20 砾石普通混凝土定额用量为 1.015m^3，C20 砾石普通混凝土单价为 163.39 元/m^3，C10 砾石普通混凝土单价为 138.74 元/m^3。计算 C10 砾石普通混凝土定额基价、人工费、材料费、机械费。

解：因换算时定额的人工费和材料费不变，故 C10 砾石普通混凝土定额的人工费为 76.44 元/m^3、机械费 17.73 元/m^3。

C10 砾石普通混凝土定额基价＝268.43＋(138.74－163.39)×1.015
＝243.41(元/m^3)

C10 砾石普通混凝土定额的材料费＝174.26＋(138.74－163.39)×1.015
＝149.24(元/m^3)

【例 2-10】 已知：20mm 厚 1：2.5 水泥砂浆楼地面的定额基价为 1088.11 元/100m^2，其中人工费 537.00 元/100m^2，材料费 527.01 元/100m^2，机械费 24.10 元/100m^2。每

100m^2 20mm 厚水泥砂浆楼地面的 1∶2.5 水泥砂浆定额用量为 2.02m^3,1∶2.5 水泥砂浆单价为 198.34 元/m^3,1∶1.5水泥砂浆单价为 238.42 元/m^3。计算 20mm 厚 1∶1.5 水泥砂浆楼地面的定额基价、人工费、材料费、机械费。

解:∵换算时定额的人工费和材料费不变。

∴20mm 厚 1∶1.5 水泥砂浆楼地面定额的人工费为 537.00 元/100m^2、机械费 24.10 元/100m^2。

20mm 厚 1∶1.5 水泥砂浆楼地面定额基价＝1088.11＋(238.42－198.34)×2.02

＝1169.07(元/100m^2)

20mm 厚 1∶1.5 水泥砂浆楼地面定额的材料费＝527.01＋(238.42－198.34)×2.02

＝607.97(元/100m^2)

本章小结

本章讲述了建设工程定额的基础理论知识,重点介绍了施工定额和预算定额,并按照建筑工程定额的概念、作用、编制原则、编制依据和编制程序,将相关知识内容一一展开。讲授和学习时,可以此线索为主,拓展相关联的知识点,合理分析不同类型建筑工程定额的相互关系。

在施工定额内容部分,通过施工定额编制方法中的人、材、机消耗指标的确定,引入了劳动定额、材料消耗定额、施工机械台班定额的概念、原理,从而便于更清楚地了解各种建筑工程定额之间的内在联系。

在施工定额的学习和应用中,应注意以下几点:

(1)施工定额的执行范围和时效性。

(2)施工定额的概念是指以同一性质的施工过程或工序为制定对象,确定完成一定计量单位的某一施工过程或工序所需人工、材料和机械台班消耗的数量标准。在使用时应注意其项目划分的特征正确列项目。

(3)施工定额使用时应特别注意人工、材料、机械指标的表现形式。

在预算定额内容部分,为了便于知识的循序渐进,采用了与施工定额部分同样的结构形式进行阐述。预算定额应用的核心是施工方法的确定,即按在建工程的特点和合同条件,以正常的施工组织,选择合理的施工方法,并以此列项和进行工量计算。因而它是套用预算定额分析建筑工程人、材、机消耗量的前提条件。从表现形式上看,它使复杂的问题简化为简单的问题;从处理方法上看,它使我们在繁多的施工方法中找到解决问题的捷径,明确了处理问题的规律。

在学习预算定额过程中,应重点掌握:

(1)预算定额各项指标的含义及表现形式。

(2)预算定额单价的分析与确定。

(3)预算定额使用的换算方法。

小知识

1. 经营租赁：由出租人与承租人签订租赁合同，固定资产的所有权始终属于出租人，租赁期间所发生的折旧费、维修费、保险费等均由出租人承担的租赁方式。

2. 融资租赁：由出租人与承租人签订租赁合同，是一种实质上转移了与资产所有权有关的全部风险和报酬的租赁方式。但从法律形式上看，承租方没有获得租赁资产在法律上的所有权。

第三章 建筑工程量计算

【职业能力目标】

通过本章的学习，培养学生运用建筑面积计算规则计算建筑工程建筑面积的能力和应用工程量计算规则计算土建施工图工程量的能力。工程量计算是编制施工图预算的基础，是作为一个合格的造价员所必备的能力，是本门课程的重点和难点。

【学习要求】

掌握单层、多层建筑物建筑面积的计算方法；熟悉平整场地工程量计算方法；掌握人工挖地槽、地坑工程量计算方法；了解桩基础工程量计算方法；熟悉脚手架工程量的规则；掌握砌体工程量计算方法；掌握钢筋工程量计算方法；了解模板工程量计算方法；掌握混凝土基础、柱、梁、板工程量计算方法；熟悉各类门窗工程量计算规则和计算方法；了解木地板、木间壁墙工程量计算规则和计算方法；掌握楼地面垫层、找平层、面层工程量计算规则和方法；了解地面伸缩缝、防潮层工程量计算规则和方法；掌握地面块料面层工程量计算规则和方法；了解栏杆、扶手工程量计算方法；了解利用屋面坡度系数计算坡屋面工程量计算方法；掌握屋面防水层工程量计算规则和方法；了解屋面排水工程量计算方法；掌握墙面常见装饰项目工程量计算规则与方法；了解顶棚常见装饰项目的工程量计算方法；了解木材面、金属面、混凝土面、抹灰面油漆涂料、裱糊工程量计算规则与方法；了解支撑、爬梯等一般金属构件工程量计算规则与方法。

第一节 工程量计算概述

工程量是用自然计算单位或物理计算单位表示的各分项工程的实体数量。在确定工程造价时，要按一定的规则对图纸所反映的工程实体数量做出正确的计算，这一过程就叫工程量的计算。本书是以建设部1995年制定的《全国统一建筑工程基础定额（土建工程）》和《全国统一建筑工程预算工程量计算规则》（GJD_{GZ}-101—95）为依据编制的。

一 工程量计算的作用

(1)工程量计算是编制施工图预算及进行工程报价的重要因素。

计算工程造价是否正确,主要取决于两个因素:一个是分项工程数量,另一个是项目的单价取定。因为分项工程直接费就是这两个因素相乘的结果。因此,工程量计算是否正确,直接影响工程预算造价的准确性,直接影响投标的报价,对工程是否中标起关键作用。

(2)工程量是施工企业编制施工作业计划、合理地安排施工进度、组织安排材料和构件的重要数据。

(3)工程量是建筑工程财务管理和会计核算的重要依据。

由此可见,工程量计算绝不是单纯的技术性数字计算,它在建筑企业经营管理中起着很重要的作用。

二 工程量计算的依据

1. 经审定的施工设计图纸及其设计说明

施工图纸是计算工程量的基础资料,因为施工图纸反映工程的构造和各部位尺寸,是计算工程量最重要的依据。在拿到施工图纸后,必须全面、细致地熟悉和核对有关图纸和说明,检查图纸是否齐全、正确,经过审核、修正后的施工图纸才能作为计算工程量的依据。

2. 工程量计算规则

工程量计算规则,是规定在计算分项工程实物数量时,从施工图纸中摘取数值的取定原则。在《全国统一建筑工程基础定额(土建工程)》《全国统一建筑工程预算工程量计算规则》及省、自治区、直辖市颁发的地区性工程定额中,比较详细地规定了各个分部分项工程量的计算规则和计算方法。计算工程量时,必须选取与定额一致的工程量计算规则,严格按照定额中规定的计量单位、计算规则和方法进行,否则,将可能出现计算结果的数据和单位的不一致。

应该指出的是,工程计价模式不同,计算规则也存在差异。目前,存在两种计价模式:一种是传统的定额计价模式,另一种是2003年颁布的清单计价模式。清单计价模式是一种新的计价模式,它的工程量计算规则是全国统一的,没有地区限制,定额消耗是由企业自主报价,这是未来发展的趋势。关于清单计价将在本教材的最后一章中讲解。

3. 审定的施工组织设计、施工技术措施方案和施工现场情况

计算工程量时,还必须参照施工组织设计或施工技术措施方案等。例如:计算土方工程时,不能完全依据施工图纸,因为施工图纸上并未标明实际施工现场的地质情况,如土的类别,施工中是否需要基坑支护,采用的支护方式是什么,是否需要采取降水措施等。对这类问题,就需要借助于施工组织设计或者施工技术措施加以解决。计算工程量有时还要结合施工现场的实际情况进行,例如平整场地和余土外运工程量,一般在施工图纸上反映不出来,应根据具体情况予以计算确定。

除以上内容外还有其他经济技术文件,例如招标文件、招标答疑等,计算工程量时要加以注意。

三 工程量计算的方法

工程量计算在施工图预算编制中是花费时间最多、最繁重的工作。因此，要通过不断练习，逐步提高工程量计算的速度及精度。开始计算工程量时，不知道从哪里开始，计算无顺序，速度很慢，总是丢项漏项，这是可以理解的。为了使工程量计算的速度和准确性不断提高，一定要不断积累好的计算方法和经验。每个造价人员工作一段时间之后，都会形成一套自己的比较实用的工程量计算方法和技巧。一般土建工程计算工程量时，通常采用四种方法：一种是按施工图纸的顺序计算工程量；另一种是按施工顺序计算工程量；还有一种方法是按预算定额的分部分项顺序计算工程量；第四种方法是按统筹法计算工程量。但在实际计算时，通常把这几种方法相互结合起来应用。

一个建筑物或构筑物是由很多分部分项工程组成的，在实际计算时容易发生漏算或重复计算，影响了工程量计算的准确性，为了加快计算速度，避免重复计算或漏算，同一个分项工程工程量计算，也应根据工程项目的不同结构形式，按照施工图纸，循着一定的计算顺序依次进行，主要有以下几种方法。

1. 按顺时针方向计算工程量

从图纸的左上方一点开始，从左至右逐项进行，环绕一周后又回到原开始点为止。这种方法一般适用于计算外墙、外墙基础、外墙挖地槽、地面、天棚等工程。

2. 按先横后竖、先上后下、先左后右的顺序计算工程量

这种方法适用于计算内墙、内墙基础、内墙挖槽、内墙装饰等工程。

3. 按轴线编号顺序计算工程量

这种方法适用于计算内外墙挖地槽、内外墙基础、内外墙砌体、内外墙装饰等工程。

4. 按结构构件编号顺序计算工程量

工程设计人员在设计施工图纸时，为了便于设计和施工都把构件进行了编号，计算工程量时可以按构件编号作为工程量计算顺序，如：计算柱时按 Z1、Z2、Z3、Z4……，计算框架梁时按 KL1、KL2、KL3、KL4……，计算剪力墙时按 Q1、Q2、Q3……，金属构件按自身编号依次计算等。

为了减少工作量和提高准确度，对于反复使用的数据一般都提前计算出来，列到图纸或计算表中。比如建筑面积、外墙面周长、外墙中心线长度、内墙净长等。另外，有些建筑平面是由一种或两种单元形式组合的，在计算时只需计算一种或两种单元的工程量，经过汇总后就得到了整个工程的工程量。

四 工程量计算要求

1. 列项要正确，项目特征描述完整

计算工程量时，按施工图列出的分项工程必须与预算定额中相应分项工程一致，不能把定额子目中已包含的工作内容再单独列项。如水磨石楼梯面层，预算定额中已包含水泥砂浆结合层，则计算时就不应再另列项目。因此，在计算工程量时，除了熟悉施工图纸及工程量计算规则外，还应掌握预算定额中每个分项工程的工作内容和范围，避免重复列项及漏项。

在列项时一定要把项目特征描述清楚，每种特征都会直接影响项目的单价。例如：砌筑项目要把砌体类型、厚度和砂浆等级描述清楚，在计算书中不能出现像“砖砌 24 墙”这样的描述，

应描述为"M7.5混合砂浆砌240mm厚页岩多孔砖墙"，否则，套定额时就不能正确进行单价的换算，影响编制速度。

2. 工程量计算规则要一致，避免错算

预算定额中对分部分项工程的工程量计算规则和计算方法都做了具体规定，计算时必须严格按规定执行。另外，计算工程量采用的计算规则，必须与本地区现行预算定额计算规则相一致。

3. 计量单位要一致

计算工程量时，所列出的各分项工程的计量单位，必须与所使用的预算定额中相应项目的计量单位相一致。例如：女儿墙压顶，在《全国统一建筑工程基础定额》中以体积计，在计算工程量时，一定要与所用定额一致，以免发生差错。

4. 工程量计算精度要统一

工程量的计算结果，除钢材、木材取三位小数和以个、樘、台取整数外，其余一般取小数点后两位。

另外，在计算工程量过程中，要运用统筹法原理，对每个分项工程的工程量进行分析，然后依据计算过程的内在联系，先主后次，统筹安排计算程序，从而简化烦琐的计算。

第二节　建筑面积计算

建筑面积是指房屋建筑的水平平面面积，是以平方米为单位计算出的建筑物各层面积的总和。建筑面积包括使用面积、辅助面积和结构面积。使用面积是指可直接为生产或生活使用的净面积；辅助面积指为辅助生产或生活所占净面积的总和，包括楼梯、走道、厕所等面积；结构面积是指建筑物各层中的墙体、柱等结构在平面布置上所占面积的总和。

我国的《建筑面积计算规则》从20世纪70年代依据苏联的做法结合我国的情况制定以来，已经过多次修订。一直以来，《建筑面积计算规则》在建筑工程造价管理方面起着非常重要的作用，是建筑房屋计算工程量的主要指标，是计算单位工程每平方米预算造价的主要依据，是统计部门汇总发布房屋建筑面积完成情况的基础。与原国家质量技术监督局颁发的《房产测量规范》中的房产面积计算规则，以及《住宅设计规范》中有关面积的计算规则，依据的都是《建筑面积计算规则》。随着我国建筑市场的发展，建筑的新结构、新材料、新技术、新施工方法层出不穷，为了解决建筑技术的发展产生的面积计算问题，使建筑面积的计算更加科学合理，完善和统一建筑面积的计算范围和计算方法，对建筑市场发挥更大的作用，因此，对原《建筑面积计算规则》予以修订。考虑到《建筑面积计算规则》的重要作用，将《建筑面积计算规则》改为《建筑工程建筑面积计算规范》，目前为《建筑工程建筑面积计算规范》（GB/T 50353—2013）。

该规范的适用范围是新建、扩建、改建的工业与民用建筑工程的建筑面积的计算，包括工业厂房、仓库，公共建筑、居住建筑，农业生产使用的房屋、粮种仓库、地铁车站等的建筑面积的计算。

本节建筑面积计算是依据施工平面图和《建筑工程建筑面积计算规范》（GB/T 50353—2013）来进行的。

一 建筑面积计算规范

(一)建筑面积计算有关概念

与建筑面积有关的概念有：

(1)自然层。即按楼地面结构分层的楼层。

(2)结构层高。即楼面或地面结构层上表面至上部结构层上表面之间的垂直距离。

(3)围护结构。即围合建筑空间的墙体、门、窗。

(4)结构净高。即楼面或地面结构层上表面至上部结构层下表面之间的垂直距离。

(5)围护设施。即为保障安全而设置的栏杆、栏板等围挡。

(6)地下室。即室内地平面低于室外地平面的高度超过室内净高的 1/2 的房间。

(7)半地下室。即室内地平面低于室外地平面的高度超过室内净高的 1/3,且不超过 1/2 的房间。

(8)架空层。即仅有结构支撑而无外围护结构的开敞空间层。

(9)挑廊。即建筑物中的水平交通空间。

(10)架空走廊。即专门设置在建筑物的二层或二层以上,作为不同建筑物之间水平交通的空间。

(11)落地橱窗。即凸出外墙面且根基落地的橱窗。

(12)凸窗(飘窗)。即凸出建筑物外墙面的窗户。

(13)檐廊。即建筑物挑檐下的水平交通空间。

(14)挑廊。即挑出建筑物外墙的水平交通空间。

(15)门斗。即建筑物入口处两道门之间的空间。

(16)门廊。即建筑物入口前有顶棚的半围合空间。

(17)建筑物通道。即为穿过建筑物而设置的空间。

(18)围护性幕墙。即直接作为外墙起围护作用的幕墙。

(19)装饰性幕墙。即设置在建筑物墙体外起装饰作用的幕墙。

(20)骑楼。即建筑底层沿街面后退且留出公共人行空间的建筑物。

(21)过街楼。即跨越道路上空并与两边建筑相连接的建筑物。

(二)计算建筑面积的规定

计算建筑面积的规定如下：

(1)建筑物的建筑面积应按自然层外墙结构外围水平面积之和计算。结构层高在 2.20m 及以上的,应计算全面积;结构层高在 2.20m 以下的,应计算 1/2 面积。如图 3-1 所示。

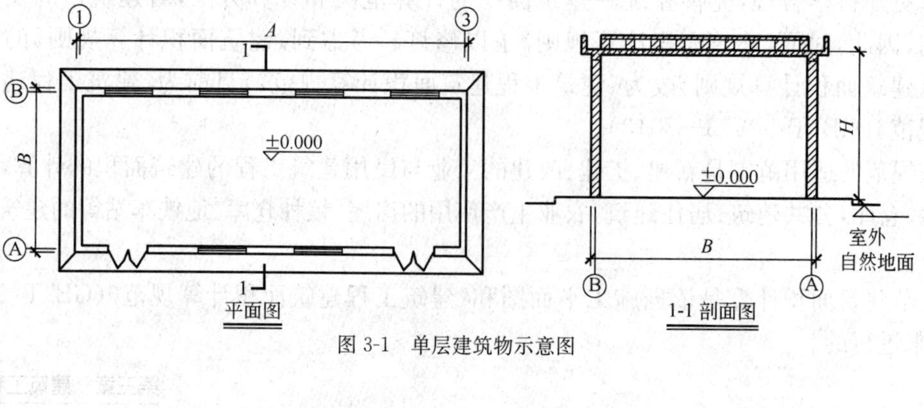

图 3-1 单层建筑物示意图

(2)建筑物内设有局部楼层时，对于局部楼层的二层及以上楼层，有围护结构的应按其围护结构外围水平面积计算，无围护结构的应按其结构底板水平面积计算，且结构层高在 2.20m 及以上的，应计算全面积，结构层高在 2.20m 以下的，应计算 1/2 面积。如图 3-2 所示。

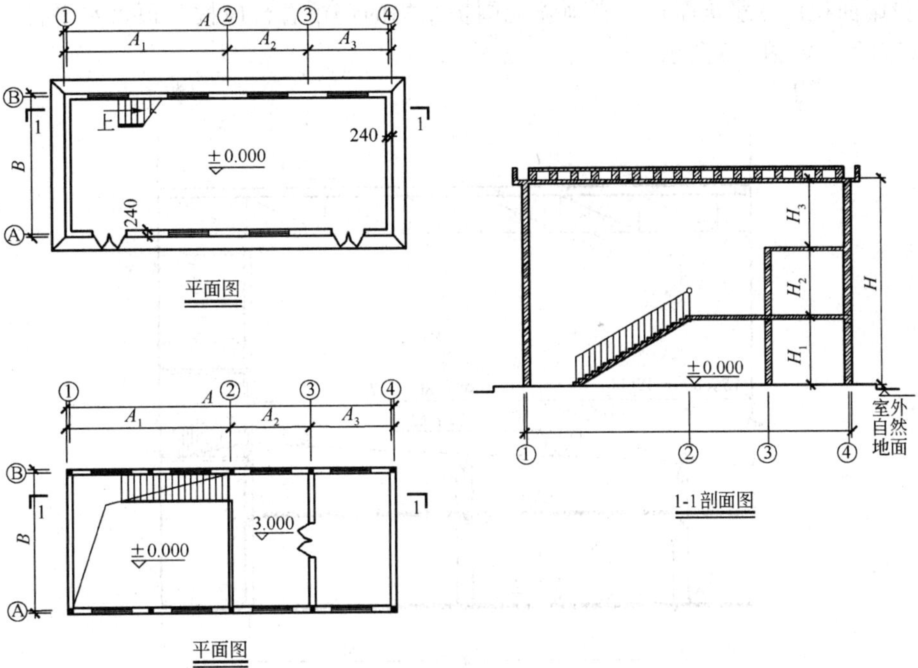

图 3-2　设有局部楼层的单层建筑(尺寸单位:mm;标高单位:m)

(3)对于形成建筑空间的坡屋顶，结构净高在 2.10m 及以上的部位应计算全面积；结构净高在 1.20m 及以上至 2.10m 以下的部位应计算 1/2 面积；结构净高在 1.20m 以下的部位不应计算建筑面积。如图 3-3 所示。

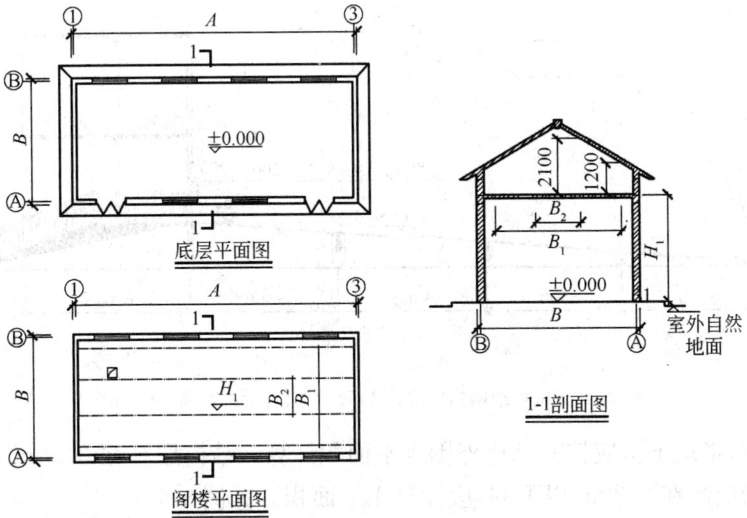

图 3-3　坡屋顶示意图

(4)对于场馆看台下的建筑空间,结构净高在2.10m及以上的部位应计算全面积;结构净高在1.20m及以上至2.10m以下的部位应计算1/2面积;结构净高在1.20m以下的部位不应计算建筑面积。如图3-4所示。室内单独设置的有围护设施的悬挑看台,应按看台结构底板水平投影面积计算建筑面积。有顶盖无围护结构的场馆看台应按其顶盖水平投影面积的1/2计算面积。如图3-5所示。

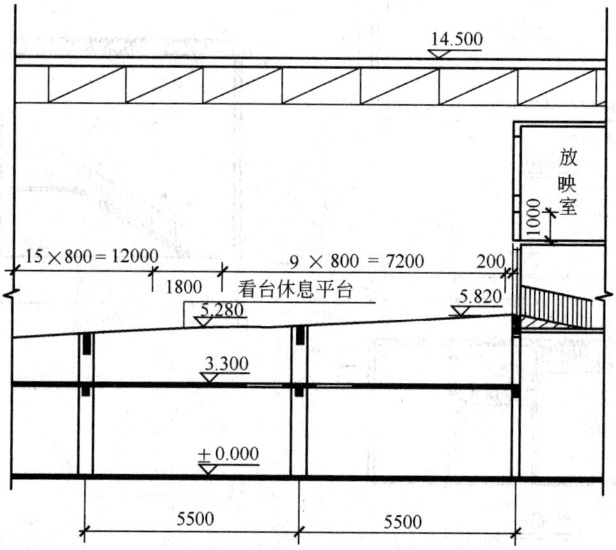

图3-4 看台下加以利用的坡屋面(尺寸单位:mm;标高单位:m)

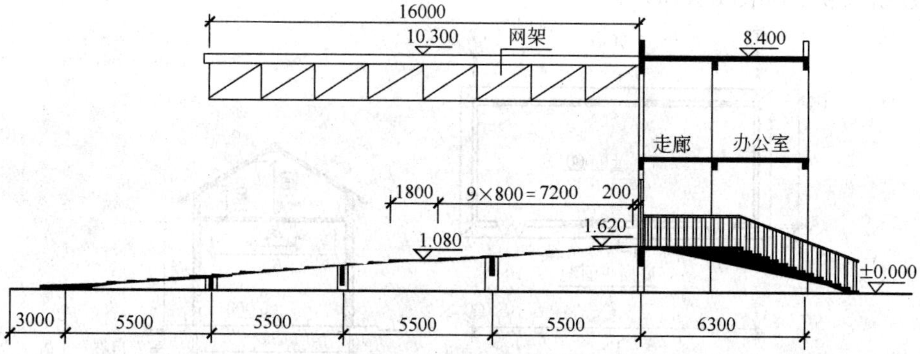

图3-5 无围护结构的场馆看台(尺寸单位:mm;标高单位:m)

(5)地下室、半地下室应按其结构外围水平面积计算。结构层高在2.20m及以上的,应计算全面积;结构层高在2.20m以下的,应计算1/2面积。见例3-3。

(6)坡地的建筑物吊脚架空层、深基础架空层,设计加以利用并有围护结构的,层高在2.20m及以上的部位应计算全面积;层高不足2.20m的部位应计算1/2面积。设计加以利用、无围护结构的建筑吊脚架空层，应按其利用部位水平面积的 1/2 计算；设计不利用的深基础架空层、坡地吊脚架空层、多层建筑坡屋顶内、场馆看台下的空间不应计算面积。如图 3-6 所示。

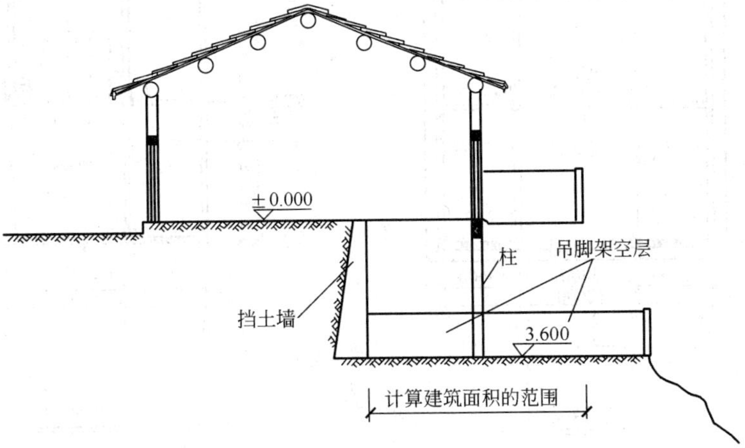

图 3-6　坡地吊脚架空层(标高单位:m)

(7)出入口外墙外侧坡道有顶盖的部位，应按其外墙结构外围水平面积的 1/2 计算面积。

(8)建筑物的门厅、大厅应按一层计算建筑面积，门厅、大厅内设置的走廊应按走廊结构底板水平投影面积计算建筑面积。结构层高在 2.20m 及以上的，应计算全面积；结构层高在 2.20m以下的，应计算 1/2 面积。如图 3-7 所示。

(9)对于建筑物间的架空走廊，有顶盖和围护设施的，应按其围护结构外围水平面积计算全面积；无围护结构、有围护设施的，应按其结构底板水平投影面积计算 1/2 面积。如图 3-8、图 3-11 所示。

(10)对于立体书库、立体仓库、立体车库，有围护结构的，应按其围护结构外围水平面积计算建筑面积；无围护结构、有围护设施的，应按其结构底板水平投影面积计算建筑面积。无结构层的应按一层计算，有结构层的应按其结构层面积分别计算。结构层高在 2.20m 及以上的，应计算全面积；结构层高在 2.20m 以下的，应计算 1/2 面积。如图 3-9 所示。

(11)有围护结构的舞台灯光控制室，应按其围护结构外围水平面积计算。结构层高在 2.20m及以上的，应计算全面积；结构层高在 2.20m 以下的，应计算 1/2 面积。

(12)附属在建筑物外墙的落地橱窗，应按其围护结构外围水平面积计算。结构层高在 2.20m及以上的，应计算全面积；结构层高在 2.20m 以下的，应计算 1/2 面积。

(13)窗台与室内楼地面高差在 0.45m 以下且结构净高在 2.10m 及以上的凸(飘)窗，应按其围护结构外围水平面积计算 1/2 面积。如图 3-10 所示。

(14)有围护设施的室外走廊(挑廊)，应按其结构底板水平投影面积计算 1/2 面积；有围护设施(或柱)的檐廊，应按其围护设施(或柱)外围水平面积计算 1/2 面积。如图 3-11 所示。

(15)建筑物顶部有围护结构的楼梯间、水箱间、电梯机房等，层高在 2.20m 及以上的，应计算全面积；层高不足 2.20m 的，应计算 1/2 面积。如图 3-12 所示。

(16)围护结构不垂直于水平面的楼层，应按其底板面的外墙外围水平面积计算。结构净高在 2.10m 及以上的部位，应计算全面积；结构净高在 1.20m 及以上至 2.10m 以下的部位，应计算 1/2 面积；结构净高在 1.20m 以下的部位，不应计算建筑面积。

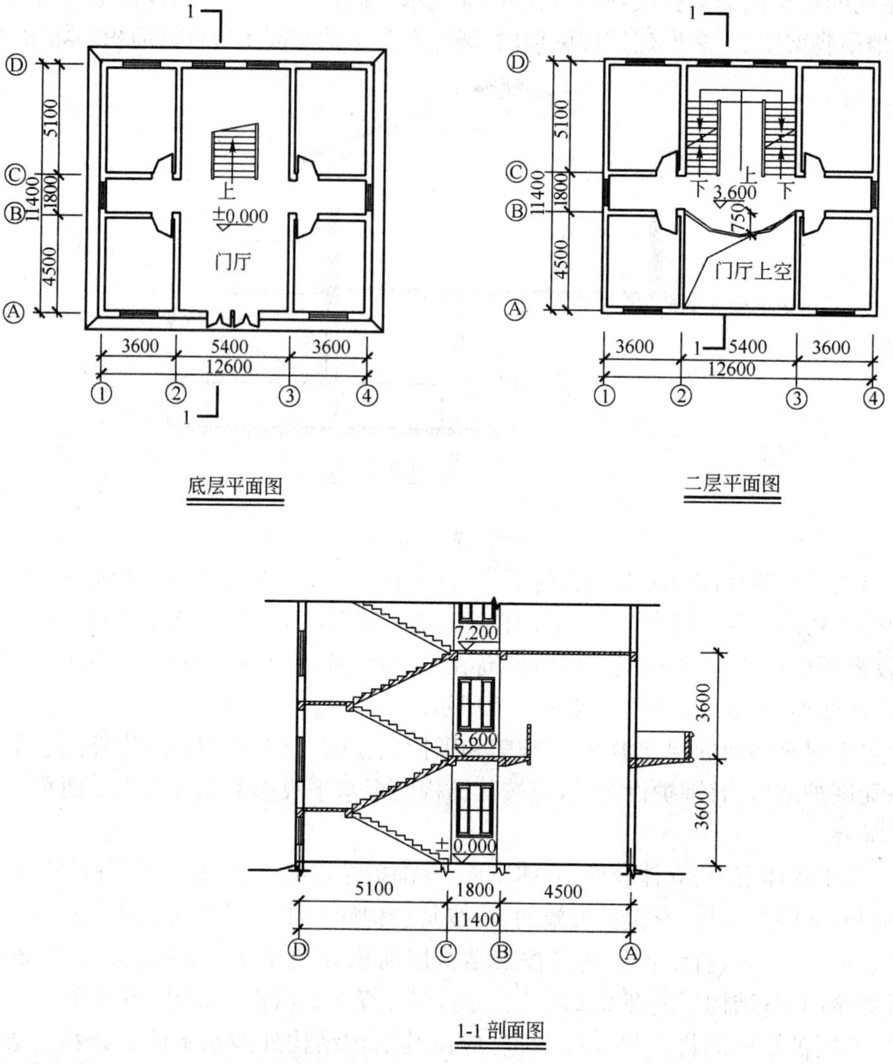

图 3-7 门厅、大厅回廊示意图(尺寸单位:mm;标高单位:m)

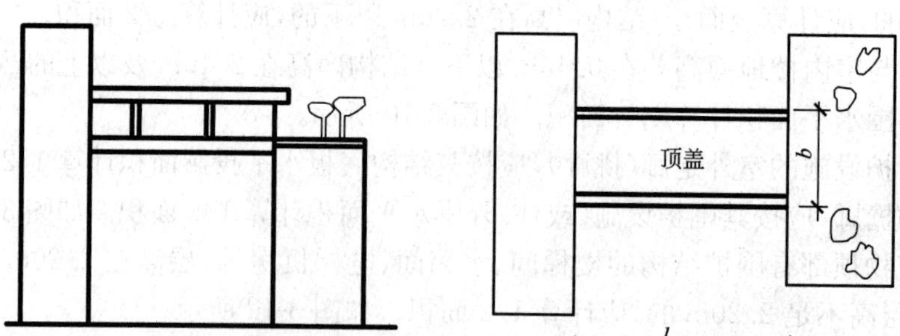

图 3-8 有顶盖的架空走廊

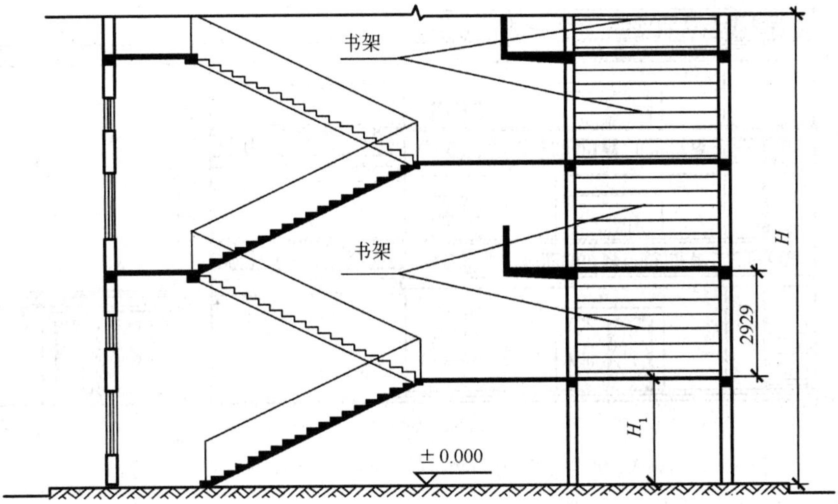

图 3-9 立体书库(尺寸单位:mm;标高单位:m)

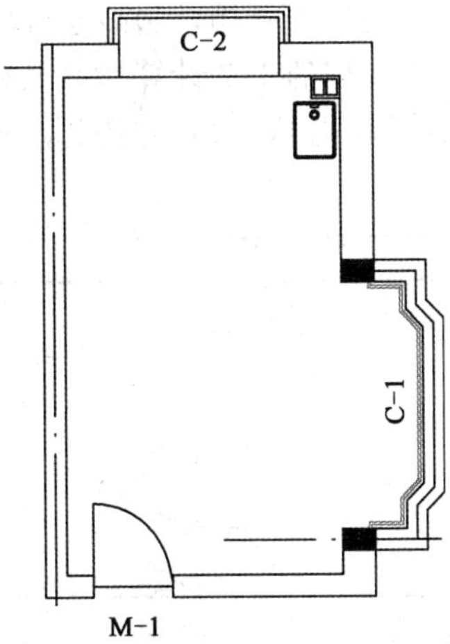

图 3-10 凸(飘)窗

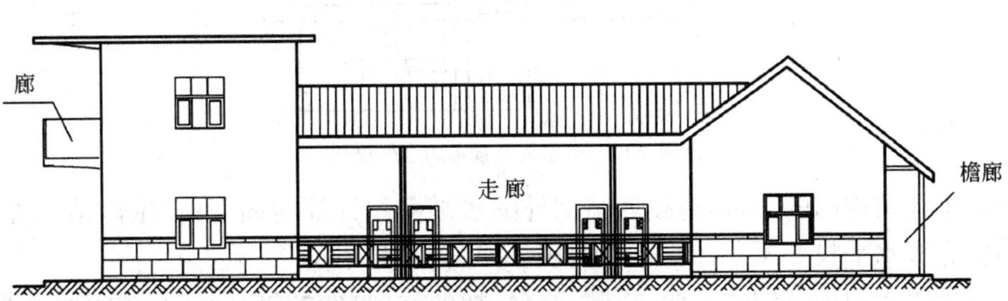

图 3-11 建筑物外挑廊、走廊、檐廊

图 3-12　有顶盖的架空走廊、建筑物顶部有围护结构的楼梯间(尺寸单位:mm)

(17)设在建筑物顶部的、有围护结构的楼梯间、水箱间、电梯机房等,结构层高在 2.20m 及以上的应计算全面积;结构层高在 2.20m 以下的,应计算 1/2 面积。

(18)门廊应按其顶板的水平投影面积的 1/2 计算建筑面积;有柱雨篷应按其结构板水平投影面积的 1/2 计算建筑面积;无柱雨篷的结构外边线至外墙结构外边线的宽度在 2.10m 及以上的,应按雨篷结构板的水平投影面积的 1/2 计算建筑面积。

(19)室外楼梯应并入所依附建筑物自然层,并应按其水平投影面积的 1/2 计算建筑面积。如图 3-13 所示。

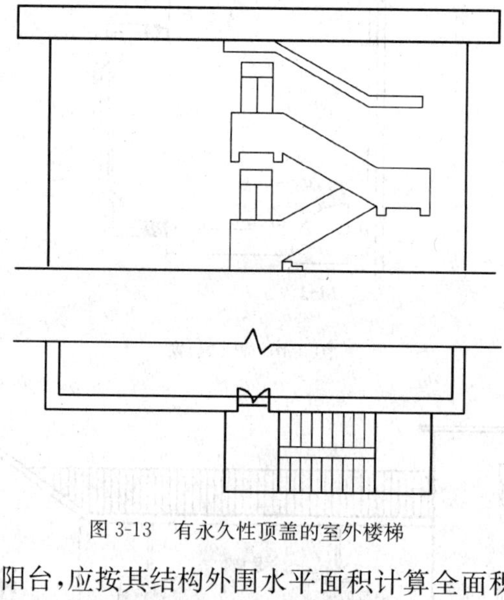

图 3-13　有永久性顶盖的室外楼梯

(20)在主体结构内的阳台,应按其结构外围水平面积计算全面积;在主体结构外的阳台,应按其结构底板水平投影面积计算 1/2 面积。如图 3-14 所示。

(21)有顶盖无围护结构的车棚、货棚、站台、加油站、收费站等,应按其顶盖水平投影面积的 1/2 计算建筑面积。如图 3-15 所示。

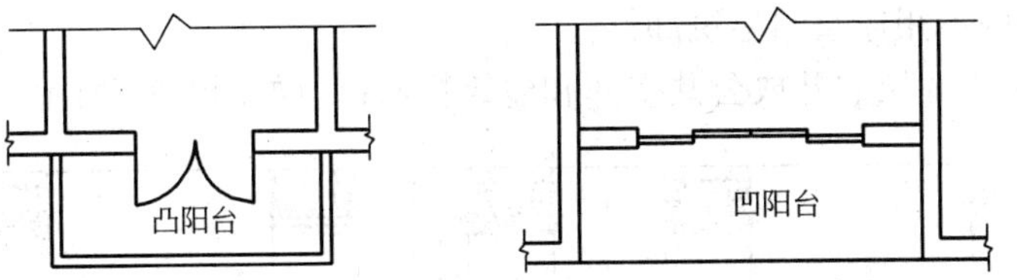

图 3-14　阳台

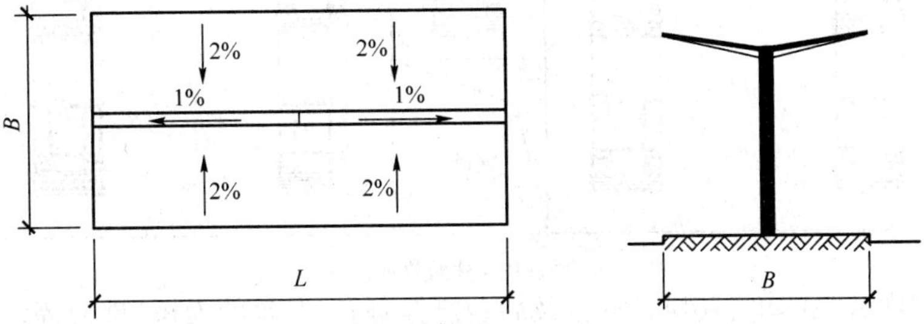

图 3-15　无围护结构的站台

(22)以幕墙作为围护结构的建筑物，应按幕墙外边线计算建筑面积。

(23)建筑物的外墙外保温层，应按其保温材料的水平截面积计算，并计入自然层建筑面积。

(24)与室内相通的变形缝，应按其自然层合并在建筑物建筑面积内计算。对于高低联跨的建筑物，当高低跨内部连通时，其变形缝应计算在低跨面积内。

(25)对于建筑物内的设备层、管道层、避难层等有结构层的楼层，结构层高在 2.20m 及以上的，应计算全面积；结构层高在 2.20m 以下的，应计算 1/2 面积。如图 3-16 所示。

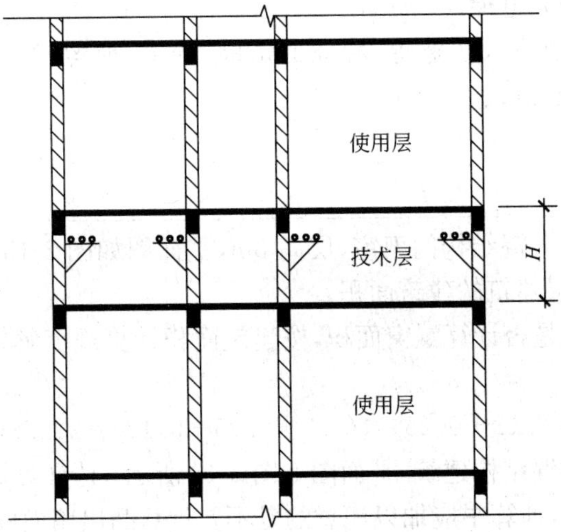

图 3-16　设备管道夹层

(三)不计算建筑面积的规定

不计算建筑面积的规定如下：

(1)与建筑物内不相连通的建筑部件。

(2)骑楼、过街楼底层的开放公共空间和建筑物通道。如图 3-17 所示。

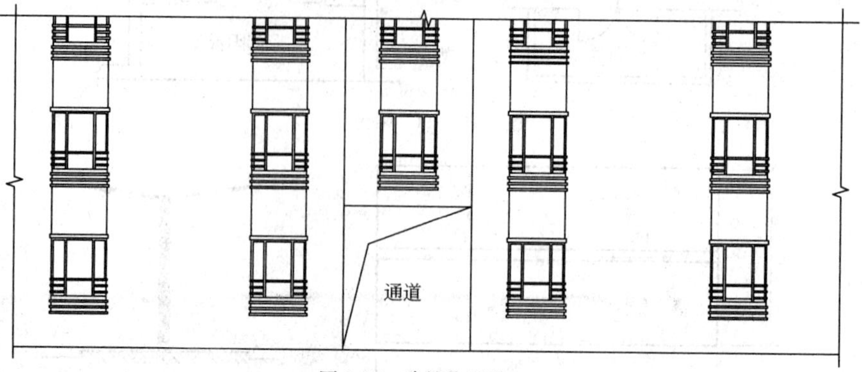

图 3-17 建筑物通道

(3)建筑物内分隔的单层房间,舞台及后台悬挂幕布、布景的天桥、挑台等。

(4)屋顶水箱、花架、凉棚、露台、露天游泳池。

(5)建筑物内的操作平台、上料平台、安装箱和罐体的平台。

(6)勒脚、附墙柱、垛、台阶、墙面抹灰、装饰面、镶贴块料面层、装饰性幕墙,主体结构外的空调室外机搁板(箱)、构件、配件,挑出宽度在 2.10m 以下的无柱雨篷和顶盖高度达到或超过两个楼层的无柱雨篷。

(7)窗台与室内地面高差在 0.45m 以下且结构净高在 2.10m 以下的凸(飘)窗,窗台与室内地面高差在 0.45m 及以上的凸(飘)窗。

(8)室外爬梯、室外专用消防钢楼梯。

(9)无围护结构的观光电梯。

(10)建筑物以外的地下人防通道,独立的烟囱、烟道、地沟、油(水)罐、气柜、水塔、储油(水)池、储仓、栈桥等构筑物。

二 计算实例

【例 3-1】 有一单层砖混结构门卫室,层高 3m,平面图如图 3-18 所示,窗均采用飘窗,窗台高 0.5m,请计算该单层建筑的建筑面积。

解:此例题关键在于是否计算飘窗面积,按建筑面积计算规范解释,飘窗窗台高 0.5m,不应计算面积。

建筑面积 $S=(3.3+0.12+0.25)\times(5.7+0.25+0.12)=22.28(m^2)$

【例 3-2】 某单层砖混结构建筑,平面图如图 3-19 所示 ,请计算该单层建筑的建筑面积。

解:此建筑比较简单,计算中应加以注意的是不要计算凸出墙面的柱和台阶的面积;另外,370mm 厚外墙通常是偏轴的,但此处图纸标注未体现,应按不偏轴处理。

建筑面积 $S=(25+0.185\times2)\times(10+0.185\times2)=263.09(m^2)$

【例 3-3】 有一建筑物,地下一层地上两层,尺寸如图 3-20 所示。请计算其建筑面积。

解:解题前要明确地下室面积包括有永久性顶盖的出入口面积,计算时按外墙上口外边线所围水平面积计算,但不包括采光井、外墙防潮层及其保护墙的面积,另外,注意层高是否超过 2.20m。

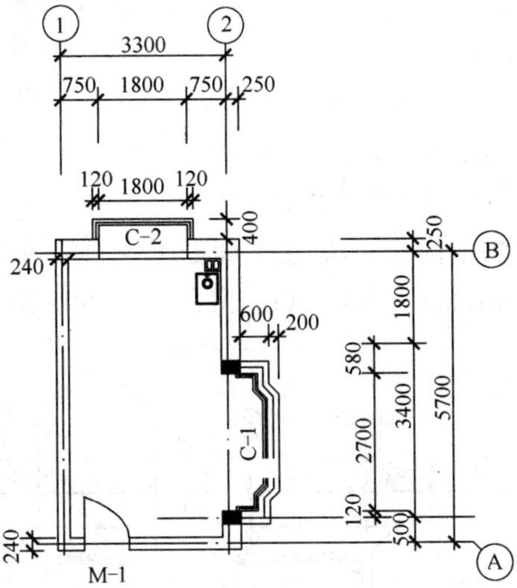

图 3-18　门卫室平面图(尺寸单位:mm)

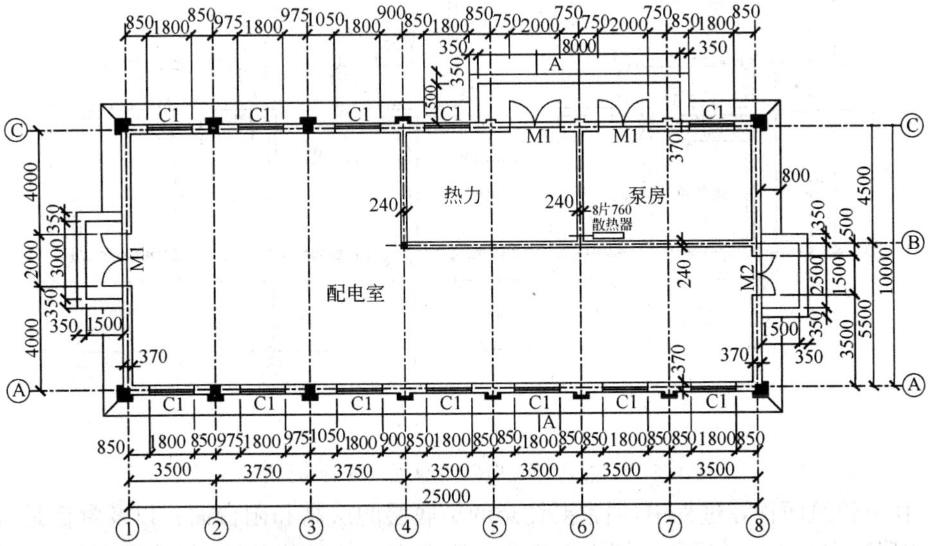

图 3-19　标准层平面图(尺寸单位:mm)

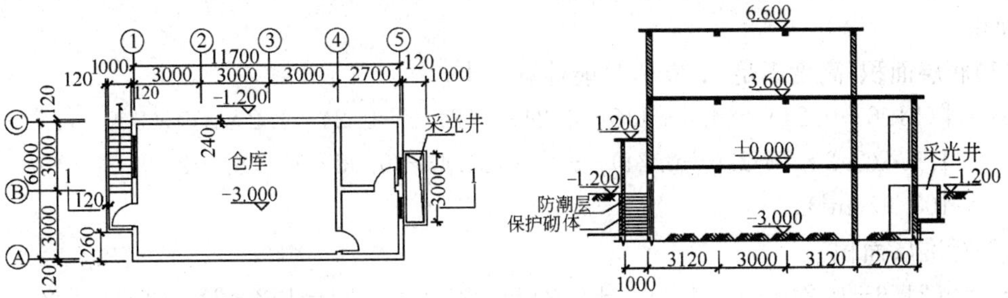

地下室平面图　　1-1剖面图

图 3-20　某建筑平面图、剖面图(尺寸单位:mm;标高单位:m)

地下室建筑面积=(11.7+0.24)×(6+0.24)+(1.0+0.12)×(6.0+0.24−1.26)

=79.75(m^2)

地上建筑面积=(11.7+0.24)×(6+0.24)+(11.7−2.7+0.24)×(6.0+0.24)

=74.51+57.66=132.17(m^2)

建筑面积=79.95+132.17 = 212.12(m^2)

【例 3-4】 某 6+1 层砖混结构住宅,底层平面如图 3-21 所示(层高 2.1m),标准层平面如图3-22 所示,飘窗结构宽 1.7m,排出外墙 0.6m,窗台高 0.3m。计算该建筑物的建筑面积。

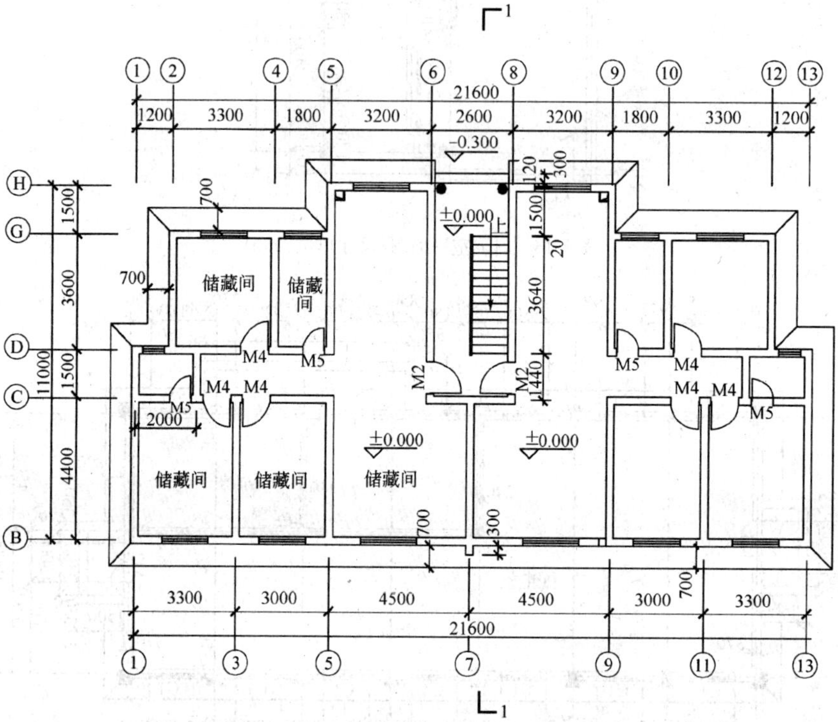

图 3-21 住宅底层平面图(尺寸单位:mm;标高单位:m)

解:住宅建筑面积算过程中,通常要注意的是底层的层高和阳台面积以及飘窗是否计算。底层结构层高在 2.20m 以下,计算 1/2 面积。阳台在主体结构外,按其结构底板水平投影面积计算 1/2 面积。飘窗窗台与室内楼地面高差在 0.4m,应按其围护结构外围水平面积计算 1/2 面积。

(1)底层面积(高度不足 2.20m,只能计算一半)

S_d=[(21.6+0.24)×(4.4+1.5+0.24)+(21.6+0.24−1.2×2)×(2.9+0.7)+1.5×(3.2×2+2.6+0.24)]÷2=(134.1+69.98+13.86)÷2

=108.97(m^2)

(2)标准层面积

S_b=[(21.6+0.24)×(4.4+1.5+0.24)+(21.6+0.24−1.2×2)×(1.7+1.2+0.7)+1.5×(3.2+0.24)×2]×6=(134.1+69.98+10.32)×6

=1286.41(m^2)

$S_y=(1.5-0.12)\times4.5\times2\times6\div2=12.42\times6\div2=37.26(m^2)$

$S_P=1.7\times0.6\times6\times6\div2=6.12\times6\div2=18.36(m^2)$

本住宅建筑面积$=108.97+1286.41+37.26+18.36=1451(m^2)$

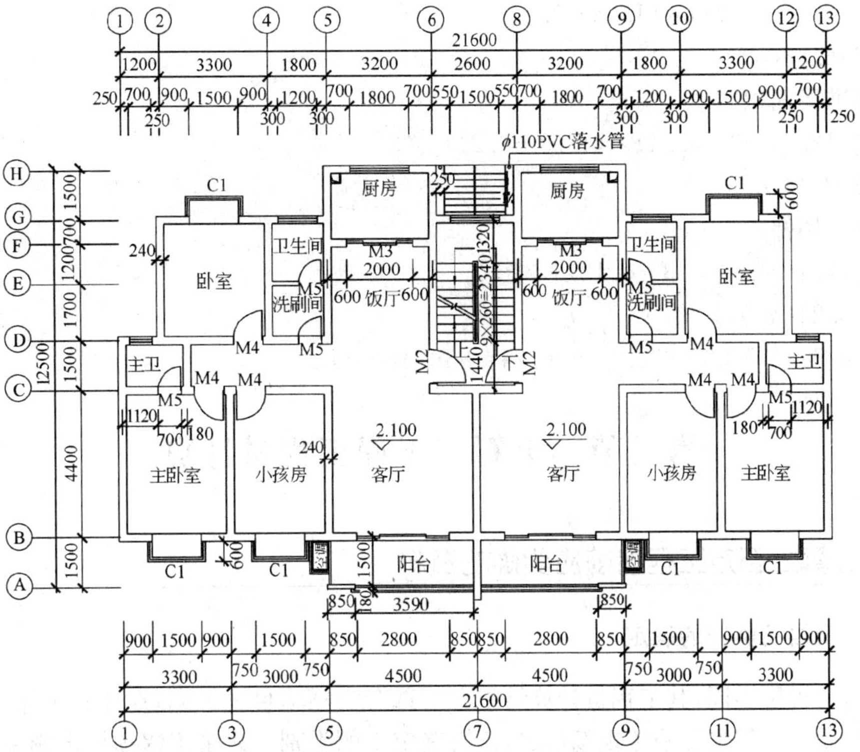

图 3-22　住宅标准层平面图(尺寸单位:mm;标高单位:m)

【例 3-5】　图 3-23 为砖混结构 4 层宿舍楼,墙体厚度均为 240mm,请计算该建筑物的建筑面积。

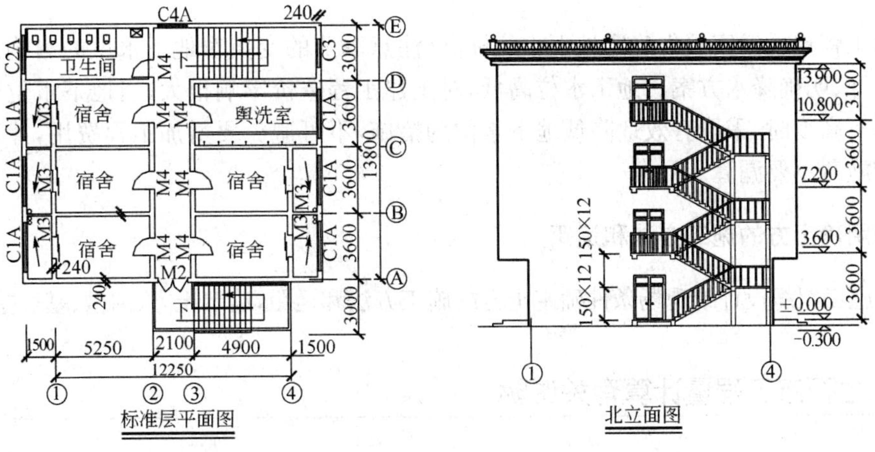

图 3-23　宿舍平面图、立面图(尺寸单位:mm;标高单位:m)

解:此题计算的一个关键点是室外楼梯,层数为室外楼梯所依附的楼层数,即梯段部分投影到建筑物范围的层数为3层,应按建筑物自然层水平投影面积的1/2计算。另一个关键点是在主体结构内的阳台,应按其结构外围水平面积计算全面积。

(1)底层面积

$S_d=(12.25+0.24)\times(13.8+0.24)$

$=175.36(m^2)$

(2)标准层面积

$S_b=[(12.25+3+0.24)\times(13.8+0.24)]\times3$

$=652.44(m^2)$

(3)室外楼梯

$S_T=[(2.1+4.9)\times(3-0.12)]\times3\div2$

$=30.24(m^2)$

建筑面积=175.36+652.44+30.24=858.04(m²)

第三节　土石方工程工程量计算

一 计算土石方工程量前应明确的资料

(一)土及岩石类别的确定

土或岩石类别不同,其工程量计算结果和所选套定额项目也不同,在计算工作开始前,应按照工程地质勘察报告和施工现场情况,认真确定土的类别。建筑工程预算定额采用土及岩石(普氏)分类表,该表把土及岩石分为十六类,其中一至四类属于土类,在预算定额中叫作普通土(一、二类土)、坚土(三类土)、砂砾坚土(四类土)。

(二)熟悉地下水位标高

依据工程地质勘察报告确定地下水位标高(注意季节的变换对地下水位的影响),依据施工组织设计,明确降水方案。地下水位高低,对土建工程造价影响很大,当地下水位标高超过基础底面下高度时,采取有效地降低地下水位的措施,不可避免要增加工程费用,计算工程量时作为措施费不要漏算。

(三)明确土方的施工方法和运距

依据施工组织设计或现场条件确定土方的施工方法和运距,确定土方、沟槽、基坑挖填高度。

二 土石方工程量计算有关说明

(一)熟悉定额项目类型

本节包括人工土石方、机械土石方两节,327个子目。人工土石方主要包括人工平整场地、人工挖土方、人工挖沟槽、人工挖基坑、人工凿岩、回填土、人工运土方等项目；机械土石方主要包括各种机械挖运土方、地基强夯、场地的平整和碾压、机械挖运渣土、井点降水等项目。

(二)有关概念解释

与土石方工程量计算有关的概念解释如下：

(1)平整场地。即室外设计地坪与自然地坪平均厚度在±0.3m以内的就地挖、填、找平；平均厚度在±0.3m以外执行土方相应项目。

(2)挖土方、沟槽、基坑的划分标准。图示沟槽底宽在3m以内，且沟槽长大于槽宽3倍以上的，执行沟槽定额子目；图示坑底面积在$20m^2$以内的，执行基坑定额子目；图示沟槽底宽在3m以外，坑底面积在$20m^2$以外的，执行挖土方定额子目。

(3)放坡。即土方工程施工过程中，当挖土超过一定深度时，为防止土壁崩坍，保持边坡稳定，需要加大挖土上口宽度，使挖土面保持一定坡度。放坡坡度的大小与土的类别有关，由施工组织设计确定。当无规定时，可参照工程所在地地区定额规定或表3-1的放坡系数执行。

土方工程放坡系数表 表3-1

土的类别	放坡起点(m)	人工挖土	机械挖土	
			在坑内作业	在坑上作业
一、二类土	1.20	1∶0.5	1∶0.33	1∶0.75
三类土	1.50	1∶0.33	1∶0.25	1∶0.67
四类土	2.00	1∶0.25	1∶0.10	1∶0.33

(4)工作面。在基础施工时，为满足施工的需要所增加的工作面积。通常考虑人员操作空间、施工工艺要求(如防水)、措施项目要求等(如支挡土板、支模板、基坑支护措施等)。工作面的宽度通常由施工组织设计确定，如果没有规定可按表3-2执行。

基础施工所需工作面宽度计算表 表3-2

基础材料	每边各增加工作面宽度(mm)	基础材料	每边各增加工作面宽度(mm)
砖基础	200	混凝土基础支模板	300
浆砌毛石、条石基础	150	基础垂直面做防水	800
混凝土基础垫层支模板	300		

三 土石方工程量计算

(一)土石方工程量计算

(1)土方体积均以挖掘前的天然密实体积计算。除场地平整等个别项目以外均以m^3计算。体积如需换算的可按表3-3计算。

土方体积换算表(单位:m^3)　　表 3-3

天然密实体积	夯实后体积	松填体积	虚方体积
1.00	0.87	1.08	1.30
1.15	1.00	1.25	1.50
0.92	0.80	1.00	1.20
0.77	0.67	0.83	1.00

(2)建筑物、构筑物及管道沟挖土一律以设计室外地坪标高为准计算。

(3)平整场地工程量按建筑物外墙外边线每边各加 2m,以 m^2 计算,包括有基础的底层阳台面积。围墙按中心线每边各增加 1m 计算。道路及室外管道沟不计算平整场地。

(4)外墙沟槽长度按图示尺寸的中心线计算,内墙沟槽长度按图示尺寸的沟槽净长计算,其突出部分应并入沟槽工程量内。混凝土和铸铁排水管道接口处,因加宽而增加的土方工程量,按相应管道沟槽全部土方工程量增加 2.5%计算。

管道沟底宽度应按设计规定或施工组织设计计算。设计无规定时,可按表 3-4 规定计算。

管道沟底宽度尺寸表(单位:mm)　　表 3-4

管径(mm)	铸铁管、钢管、石棉水泥管	塑料管	混凝土管、钢筋混凝土管	陶土管
50～75	0.60	0.70	0.80	0.70
100～200	0.70	0.80	0.90	0.80
250～350	0.80	0.90	1.00	0.90
400～450	1.00	1.10	1.30	1.10
500～600	1.30	1.40	1.50	1.40
700～800	1.60	1.70	1.80	—
900～1000	1.80	1.90	2.00	—
1100～1200	2.00	2.10	2.30	—
1300～1400	2.20	2.40	2.60	—

(5)挖沟槽、基坑、土方需放坡者,可按表 3-1 规定的放坡起点及放坡系数计算工程量。

放坡起点:混凝土垫层由垫层底面开始放坡,灰土垫层由垫层上表面开始放坡,无垫层的由基础底开始放坡。计算工程量时,沟槽交接处放坡产生的重复工程量不予扣除。

因土质不好,基础处理采用挖土、换土时,其放坡点应从实际挖深开始。

(6)在挖沟槽、基坑、土方时,如遇不同类别的土,应根据地质勘察资料分别计算。边坡放坡系数可根据各土的类别及深度加权取定。

(7)基础工程施工中须增加的工作面,可按表 3-2 规定计算。

(8)挖沟槽、基坑需支挡土板时,其宽度按图示沟槽、基坑底宽,单面加 10cm,双面加 20cm 计算。挡土板面积,按槽、坑垂直支撑面计算。支撑挡土板,不再计算放坡。

(9)回填土区分夯填或松填分别以 m^3 计算。回填土工程量依下列规定计算:

沟槽、基坑回填土体积=挖土体积－设计室外地坪以下埋设的砌筑物(包括基础、垫层等)的外形体积。

管道沟槽回填以挖土体积减去管道所占体积计算。管径在 500mm 以内(含 500mm)不扣除管道所占的体积;管径超过 500mm 以上时需按表 3-5 规定扣减管道所占的体积。

每米管道扣除土方体积表(单位:m^3)　表 3-5

管道名称	管道直径(mm)					
	500～600	601～800	801～1000	1001～1200	1201～1400	1401～1600
钢管铸铁管	0.21 0.24	0.44 0.49	0.71 0.77	— —	— —	— —
混凝土管	0.33	0.60	0.92	1.15	1.35	1.55

房心回填土按主墙间面积乘以回填土厚度,以 m^3 计算。

(10)余土(或取土)外运体积=挖土总体积-回填土总体积。

计算结果为正值时为余土外运体积,负值时为取土体积。土、石方运输工程量,按整个单位工程中外运和内运的土方量一并考虑。

(二)常用公式

1. 沟槽

1)不放坡

如图 3-24a)所示,计算公式见式(3-1)。

$$V=L(B+2C)H \tag{3-1}$$

式中:V——基槽土方体积,m^3;

L——基槽长度,外墙按图示中心线长,内墙按基槽净长,m;

B——基础底面宽度,m;

C——增加工作面,m;

H——挖土深度,从图示基槽底面至设计室外地坪,m。

2)由垫层下表面放坡

如图 3-24b)所示,计算公式见式(3-2)。

$$V=L(B+2C+KH)H \tag{3-2}$$

式中:K——放坡系数,可按表 3-1 取定。

3)由垫层上表面放坡

如图 3-24c)所示,计算公式见式(3-3)。

$$V=L[(B+KH_2)H_2+BH_1] \tag{3-3}$$

4)双面支挡土板

如图 3-24d)所示,计算公式见式(3-4)。

$$V=L(B+2C+0.2)H \tag{3-4}$$

5)一面放坡,一面支挡土板

如图 3-24e)所示,计算公式见式(3-5)。

$$V=L\left(B+2C+0.1+\frac{1}{2}KH\right)H \tag{3-5}$$

2. 挖基坑、土方

1)矩形基坑

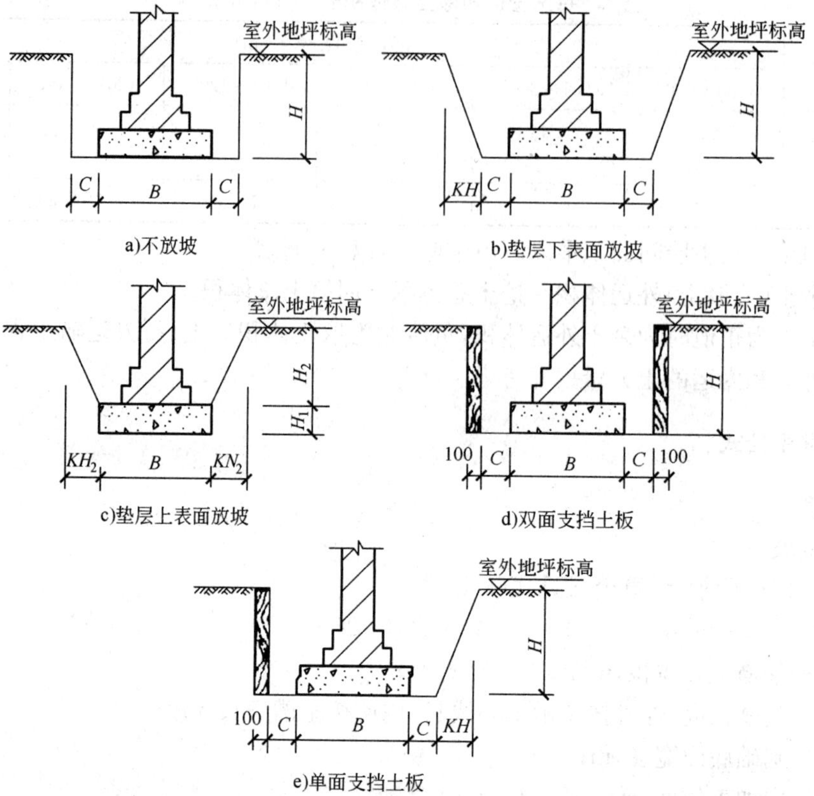

图 3-24　挖沟槽示意图

如图 3-25 所示，计算公式见式(3-6)。

$$V=(a+2c+KH)(b+2c+KH)H+\frac{1}{3}K^2H^3 \tag{3-6}$$

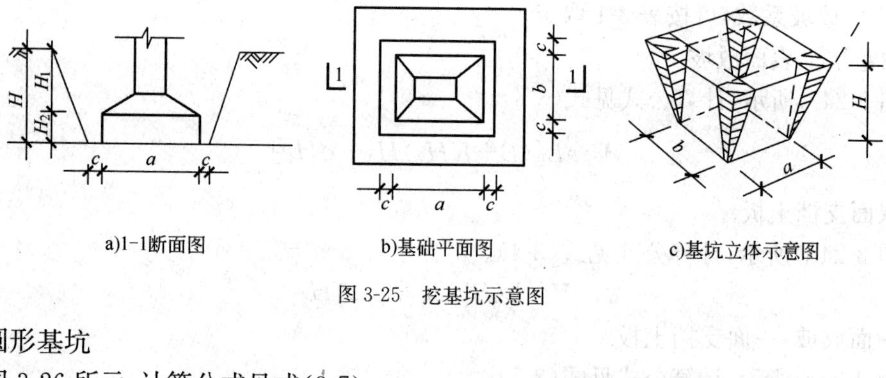

图 3-25　挖基坑示意图

2)圆形基坑

如图 3-26 所示，计算公式见式(3-7)。

$$V=\frac{1}{3}\pi(R_1^2+R_2^2+R_1R_2)H \tag{3-7}$$

式中：R_1——坑底半径，m；

R_2——坑口半径，m，$R_2=R_1+KH$。

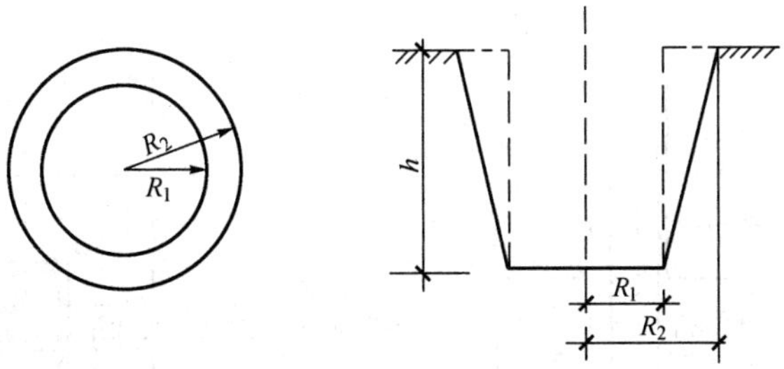

图 3-26　挖圆基坑示意图

四 计算实例

【例 3-6】 图 3-27 为某建筑物底层平面示意图，请计算其人工平整场地的工程量。

解：计算平整场地的工程量要与建筑面积的计算统筹考虑，通常为底层的建筑面积再加上外墙边线向外 2m 的面积。

底层的建筑面积＝28.1×(10.8＋0.25×2)＋(3＋0.25＋0.12)×(1.75－0.25＋0.12)×2＋(3×2＋0.12×2)×(1.75－0.25＋0.12)

＝317.53＋10.92＋10.11＝338.56(m^2)

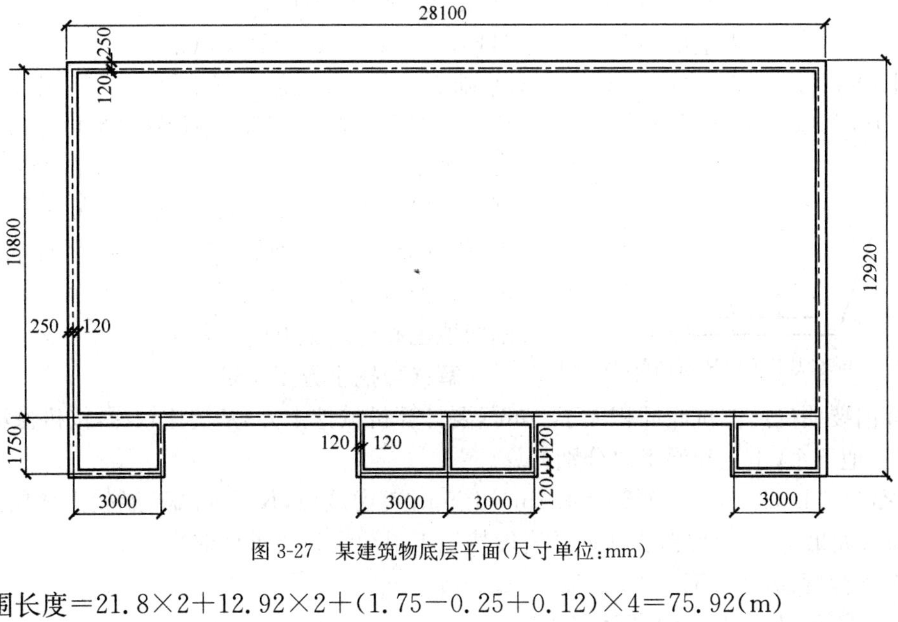

图 3-27　某建筑物底层平面(尺寸单位：mm)

外围长度＝21.8×2＋12.92×2＋(1.75－0.25＋0.12)×4＝75.92(m)

外围面积＝外围长度×2＋16＝75.92×2＋16＝167.84(m^2)

【例 3-7】 图 3-28 为某建筑物桩上独立基础，设计室外地坪－0.3m，尺寸如图所示，该处土的类别为一、二类，请计算人工挖一个基坑的工程量。

解：计算人工挖基坑工程量。

(1)确定挖深

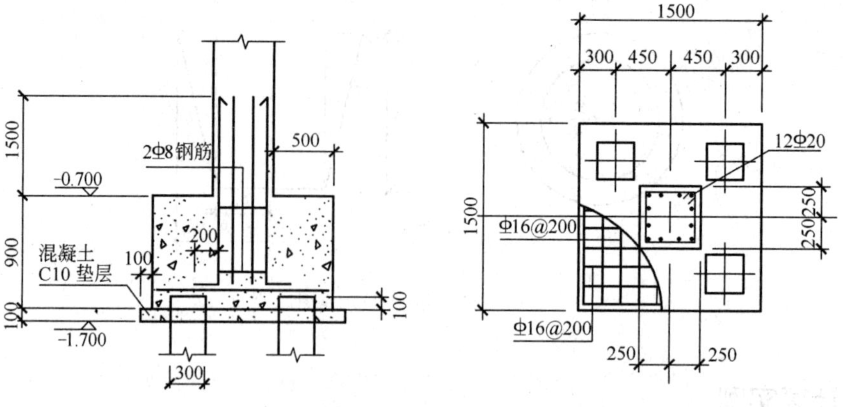

图 3-28　桩上独立基础图(尺寸单位:mm;标高单位:m)

$H=1.7-0.3=1.4\text{m}>1.2\text{m}$,需要放坡,放坡系数 K 取 0.5。

(2)基坑体积

$$V=(a+2c+KH)(b+2c+KH)H+\frac{1}{3}K^2H^3$$

$$=(1.5+0.2+0.3\times2+0.5\times1.4)^2\times1.4+1/3\times0.5^2\times1.4^3$$

$$=12.6+0.23=12.83(\text{m}^3)$$

(3)扣除预制桩所占的体积

$$V=0.3\times0.3\times0.2\times4=0.07(\text{m}^3)$$

人工挖一个基坑工程量 $=12.83-0.07=12.76(\text{m}^3)$

【例 3-8】 某建筑物基础为满堂基础,基础垫层为 C20 无筋混凝土,垫层外形尺寸 46.8m×10.04m,垫层厚度 200mm,标高如图 3-29 所示,垫层顶标高 -4.55m,设计室外地坪标高 -0.65m,常年地下水位标高 -3.50m,该处土的类别为三类。试计算以下工程量:(1)计算挖掘机在坑下挖土方的工程量(坡道土方量按总挖方量的 8% 计取);(2)假设设计室外地坪以下结构所占体积为 1950m³,求基础回填土和外运土方的工程量。

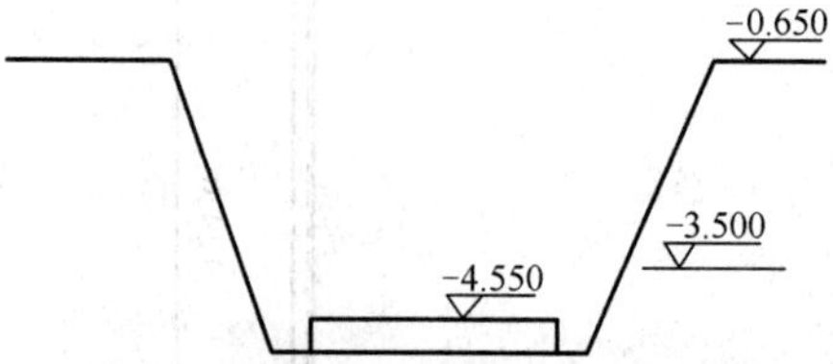

图 3-29　满堂基础示意图(标高单位:m)

解:(1)挖土方工程量

计算前要明确此图坑底面积大于 20m²,要计算机械挖土方;基坑比较深,按机械坑内作业考虑;因有地下水,干土和湿土要分别计算。

挖深:$H=4.55+0.2-0.65=4.1\text{m}>1.5\text{m}$,考虑放坡,$K$ 取 0.25,混凝土垫层工作面 c 取 300mm(如果有边坡处理,工作面的宽度按施工组织设计要求计取)。

挖湿土深度:$h_1=4.55+0.2-3.5=1.25\text{m}$

挖干土深度:$h_2=4.1-1.25=2.85\text{m}$

公式:$V=(a+2c+KH)(b+2c+KH)H+\frac{1}{3}K^2H^3$

土方总体积:$V_{总}=[(46.8+0.6+4.1\times0.25)\times(10.04+0.6+4.1\times0.25)\times 4.1+\frac{1}{3}\times0.25^2\times4.1^3]\times1.08=(48.43\times11.67\times4.11+1.44)\times1.08$

$=2504.16(\text{m}^3)$

挖湿土工程量:$V_{湿}=[(46.8+0.6+1.25\times0.25)\times(10.04+0.6+1.25\times0.25)\times1.25+\frac{1}{3}\times0.25^2\times1.25^3]\times1.08=(47.71\times10.95\times1.25+0.04)\times1.08$

$=705.32(m^3)$

挖干土工程量 $V_{干}=V_{总}-V_{湿}=2504.16-705.32=1798.84(m^3)$

(2)回填土工程量

$V_{回填}=V_{总}-$设计室外地坪以下结构所占体积$=2504.16-1950=554.16(m^3)$

(3)余土外工程量

$V_{余土}=$设计室外地坪以下结构所占体积$=1950(m^3)$

【例 3-9】 图 3-30 为某砖混结构建筑基础平面图,图 3-31 为基础剖面图,设计室外地坪标高为-0.30m,该处土的类别为三类。试计算人工挖沟槽的工程量。

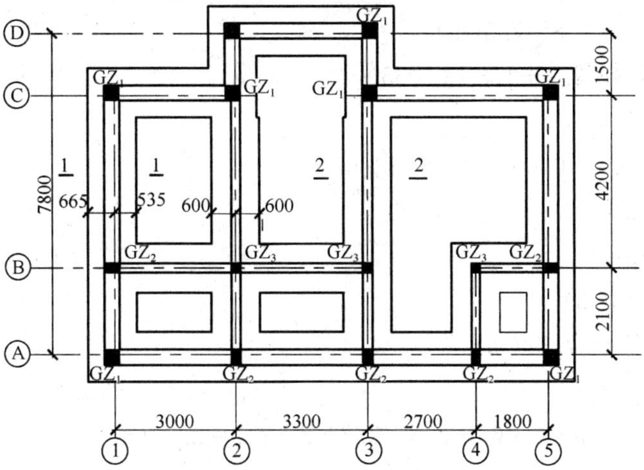

图 3-30 基础平面图(尺寸单位:mm)

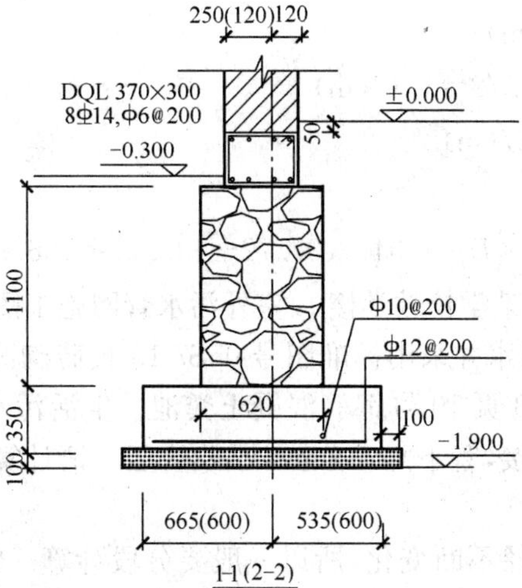

图 3-31 基础断面图(尺寸单位:mm;标高单位:m)

解:此图内外墙基础断面尺寸虽然相同,但是外墙基轴线是偏轴的,长度取定时要注意。

(1)确定挖深

H=1.9－0.3=1.6m＞1.5m(三类)需要放坡,放坡系数 K 取0.33。

(2)确定槽底宽度

B=1.2＋0.2＋0.3×2(2c)=1.4＋0.6=2(m)

(3)确定槽底断面面积

S=(2＋1.6×0.33)×1.6=4.04(m^2)

(4)确定沟槽长度

外墙:

Ⓓ轴 L=3.3＋0.065×2=3.43(m)

Ⓒ轴 L=3＋2.7＋1.8=7.5(m)

Ⓐ轴 L =3＋3.3＋2.7＋1.8＋0.065×2

=10.93(m)

①轴 L=2.1＋4.2＋0.065×2=6.43(m)

②轴 L=1.5(m)

③轴 L=1.5(m)

⑤轴同①轴 6.43(m)

合计外墙基槽长=37.72(m)

内墙:

Ⓑ轴,①～③　L=3＋0.065＋3.3－2/2－2－2/2=2.37(m)

Ⓑ轴,④～⑤　L=1.8＋0.065－2/2=0.87(m)

②轴,Ⓐ～Ⓒ　L=2.1＋4.2＋0.065×2－2=4.43(m)

③轴,同上　L=4.43(m)

④轴 L=2.1＋0.065－2/2=1.17(m)

合计内墙基净长=13.27(m)

(5)人工挖沟槽工程量

$$V=S\times L=4.04\times(37.72+13.27)=206.98(m^3)$$

【例 3-10】　图 3-32 为某学校教学楼 A 室外污水管网施工图。生活污水经化粪池硝化处理后排入市政污水管网。污水井采用标准图号 05S7-13 页砖砌圆形排水检查井,井径 1m;化粪池按照标准图号 05S7-233 页 10 号钢筋混凝土粪池。生活污水管(W)采用 HDPE 高密度聚乙烯双壁缠绕管,热熔连接,管下加 100mm 厚砂垫层。请计算管道土方工程量(忽略管的壁厚)。

解:因管沟的标高和管径不断变化,所以一般要分段计算。管沟的宽度按照管的材质取定。要考虑检查井使管沟局部加宽。按相应管道沟槽全部土方工程量增加 2.5%计算。具体见表 3-6。

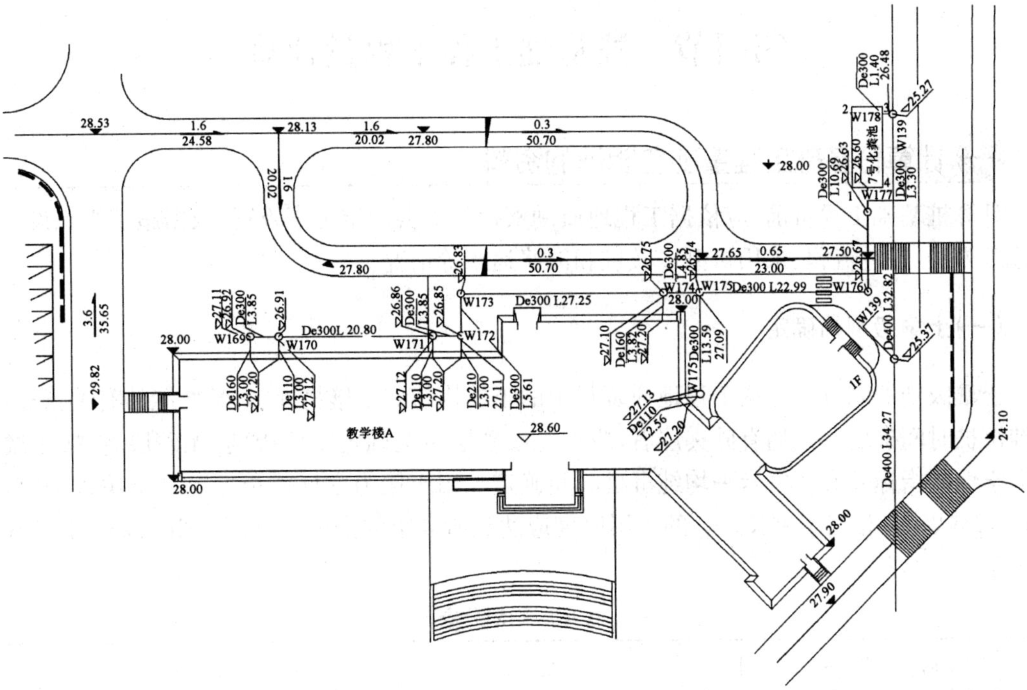

图 3-32　生活污水施工图(尺寸单位:m)

管沟土方工程量计算表

表 3-6

部　　位	长度 (m)	管径(m)				地面标高 (m)	管内地标高 (m)		管内底平均标高 (m)	标高差 (m)	沟底宽 (m)	挖槽深度 (m)	挖土方 (m³)
		De300	De200	De160	De110								
W169-170	3.85	3.85				28	26.92	26.91	27.02	0.985	0.9	1.09	3.85
W170-171	20.8	20.8				28		26.86	26.885	1.115	0.9	1.22	23.31
W171-172	3.85	3.85				28		26.85	26.855	1.145	0.9	1.25	4.42
W172-173	5.61	5.61				28		26.83	26.84	1.16	0.9	1.26	6.52
W173-174	27.25	27.25				28		26.75	26.79	1.21	0.9	1.31	32.93
W174-175	4.85	4.85				28		26.74	26.745	1.255	0.9	1.36	6.06
W175-176	29.99	29.99				28		26.67	26.705	1.295	0.9	1.40	38.59
W176-177	10.69	10.69				28		26.63	26.65	1.35	0.9	1.45	14.30
W177-7 号池	3.3	3.3				28		26.6	26.615	1.385	0.9	1.49	4.52
W169-入户	1.5			1.5		28			27.11	0.89	0.8	0.99	1.22
W170-入户	1.5				1.5	28			27.12	0.88	0.8	0.98	1.21
W171-入户	1.5				1.5	28			27.12	0.88	0.8	0.98	1.21
W172-入户	1.5		1.5			28			27.2	0.8	0.8	0.90	1.11
W174-入户	2.32			2.32		28			27.2	0.8	0.8	0.90	1.71
W175-175′	13.59	13.59				28	27.09	27.13	27.11	0.89	0.9	0.99	12.41
W175′-175″	1.06				1.06	28			27.2	0.8	0.8	0.90	0.78
小计		123.8	1.5	3.82	4.06								154.16

第四节　桩基础工程工程量计算

一　计算桩基础工程量前应明确的资料

计算桩基础工程量前,应依据工程地质勘察报告资料确定土壤级别,依据施工组织设计明确施工方法、工艺流程、采用机型以及桩和泥浆运距等情况。

(一)土壤级别的确定

土壤级别的划分应根据工程地质资料中的土层构造和土壤物理、力学性能的有关指标,参考纯沉桩时间确定。凡遇有砂夹层者,应首先按砂层情况确定土壤级别;无砂层者,按土壤物理力学性能指标并参考每米平均纯沉桩时间确定。用土壤力学性能指标鉴别土壤级别时,桩长在 12m 以内,相当于桩长 1/3 的土层厚度应达到所规定的指标;桩长在 12m 以外,按 5m 厚度确定。土壤鉴别见表 3-7。

土壤级别划分表　　表 3-7

内容		一级土	二级土
砂夹层	砂层连续厚度(m) 砂层中卵石含量(%)	<1 —	>1 <15
物理性能	压缩系数 孔隙比	>0.02 >0.70	<0.02 <0.70
力学性能	静力触探值 动力触探系数	<50 <12	>50 >12
每米纯沉桩时间平均值		<2min	>2min
说明		桩经外力作用较易沉入的土,土壤中夹有较薄的砂层	桩经外力作用较难沉入的土,土壤中夹有连续厚度不超 3m 的砂层

(二)明确桩施工方法、采用机型

在计算桩基础工程量之前除了要明确土壤级别外,还要明确桩的类型和所采用的施工机械,只有这样才能够保证工程造价的准确性。

桩按施工方法可分为预制桩和灌注桩。常见的预制桩有钢筋混凝土方桩、管桩、钢板桩等。常见的灌注桩有钢筋混凝土灌注桩、砂桩、碎石桩、喷粉桩、灰土桩、高压喷射桩、深层搅拌桩等。为了满足高层建筑基坑处理的需要,作为围护结构的桩的种类很多,新工艺、新技术层出不穷,如钢筋混凝土地下连续墙、护坡砂浆土钉、预应力锚杆等。各地区都会把本地区常见桩的类型列入地区预算定额中,在实际工作中注意学习。

二 桩基础工程量计算有关说明

(一)熟悉定额项目类型及有关说明

本节包括柴油打桩机打预制钢筋混凝土桩，预制钢筋混凝土桩接桩、打拔钢板桩、打孔灌注混凝土桩、长螺旋钻孔灌注混凝土桩、潜水钻机钻孔灌注混凝土桩、打孔灌注砂、碎石或砂石桩以及辅助项目共 11 节 142 个子目。

本定额适用于一般工业与民用建筑工程的桩基础，不适用于水工建筑、公路桥梁工程。

(二)有关概念解释

(1)接桩：混凝土预制长桩，受运输和打桩设备条件的限制，须分节制作、运输和打入。在打入过程中，把各节桩在接头处以某种方式连接起来，称为接桩。接头的形式如图 3-33 所示。

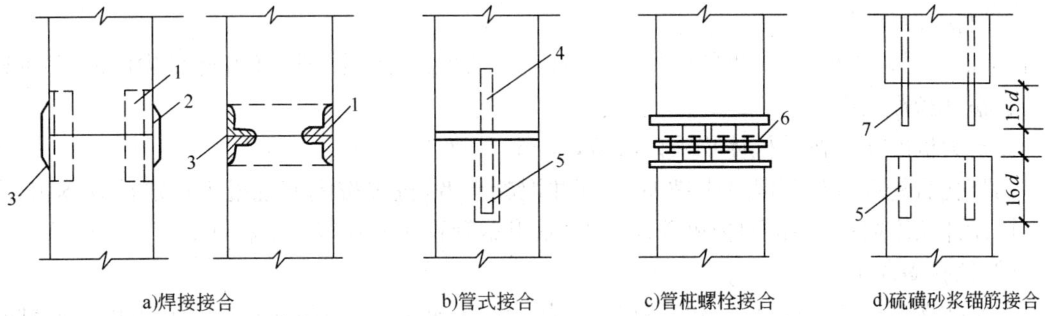

图 3-33 桩的接头形式

1-角钢与主筋焊接；2-钢板；3-焊缝；4-预埋钢管；5-浆锚孔；6-预埋法兰；7-预埋锚筋；d-锚栓直径

(2)钢板桩：它是一种常用于基坑支护的工具桩。钢板桩通常分简易的槽钢钢板桩和热轧锁扣钢板桩。每根钢板桩之间相互连接，形成屏风式板墙，承受水平荷载。

(3)充盈系数：充盈系数也称超灌量。由于桩孔内土体受到扰动，当灌注时发生扩散，增加了各种灌注材料的用量，这种现象称为充盈。

(4)扩大桩：亦称扩大灌注桩、复打桩，是在原来已经打完的桩位(同一桩孔内)继续打桩，即在第一次将混凝土灌注到设计标高，拔出钢管后，在原桩位再合好活瓣桩尖或埋设预制桩尖，进行第二次沉管，使未凝固的混凝土向四周挤压扩大桩径，然后再第二次灌注混凝土，这一过程即称复打，形成的桩叫扩大桩(复打桩)。

三 桩基础工程量计算规则

(一)桩基础工程量计算规则

(1)打预制钢筋混凝土桩的体积，按设计桩长(包括桩尖，不扣除桩尖虚体积)乘以桩截面面积，以 m^3 计算。管桩的空心体积应扣除。如管桩的空心部分按设计要求灌注混凝土或其他填充材料时，应另行计算。

(2)接桩:电焊接桩按设计接头以个计算,硫黄胶泥接桩按桩断面以 m^2 计算。

(3)送桩:按各类预制桩截面面积乘以送桩长度(即打桩架底至桩顶面高度或自桩顶面至自然地坪面另加 0.5m),以 m^3 计算(图 3-34)。送桩后孔洞如需回填时,按本章相应项目计算。

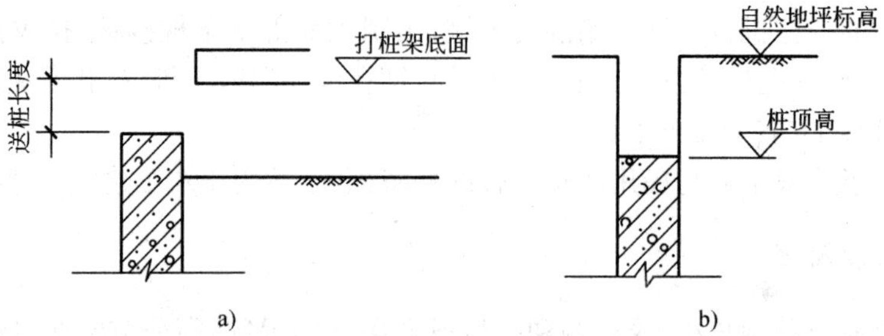

图 3-34 送桩示意图

(4)打、拔钢板桩按钢板桩质量以 t 计算。

(5)打孔灌注桩:

①混凝土桩、砂桩、碎石桩的体积,按设计规定的桩长(包括桩尖,不扣除桩尖虚体积)乘以钢管管箍外径截面面积计算。

②扩大桩的体积按单桩体积乘以次数,以 m^3 计算。

③打孔后先埋入预制混凝土桩尖,再灌注混凝土者,桩尖按钢筋混凝土规定计算体积,灌注桩按设计长度(自桩尖顶面至桩顶面高度)乘以钢管管箍外径截面面积计算。

(6)钻孔灌注桩:

①钻孔灌注桩按设计桩长(包括桩尖,不扣除桩尖虚体积)与超灌长度之和乘以设计桩断面面积以 m^3 计算。超灌长度设计有规定的,按设计规定;设计无规定的,按 0.25m 计算。

②泥浆运输按成孔体积以 m^3 计算。

③各种灌注桩材料用量中均已包括表 3-8 规定的充盈系数和材料损耗。

充盈系数和材料损耗表 表 3-8

项目名称	充盈系数	损耗率(%)	项目名称	充盈系数	损耗率(%)
打孔灌注桩混凝土	1.25	1.5	打孔灌注砂桩	1.30	3
钻孔灌注桩混凝土	1.30	1.5	打孔灌注砂石桩	1.30	3

④钢筋笼制作按图示尺寸及施工规范以 t 计算,套用第六节相应项目,钢筋笼运输及安装区别不同长度按相应项目计算。

(7)灰土挤密桩工程量按桩实体体积计算,即以钢管管箍外径截面积乘以回填灰土部分的长度确定。

(8)安、拆导向夹具的工程量按设计图纸规定的水平延长米计算。

(二)常用公式

1.预制钢筋混凝土桩(图 3-35)

(1)方桩

如图 3-35 所示,计算公式见式(3-8)。

$$V=S\times L\times N \tag{3-8}$$

式中：S——桩截面面积，m^2；

L——设计桩长（包括桩尖长，不扣除桩尖虚体积），m；

N——桩数。

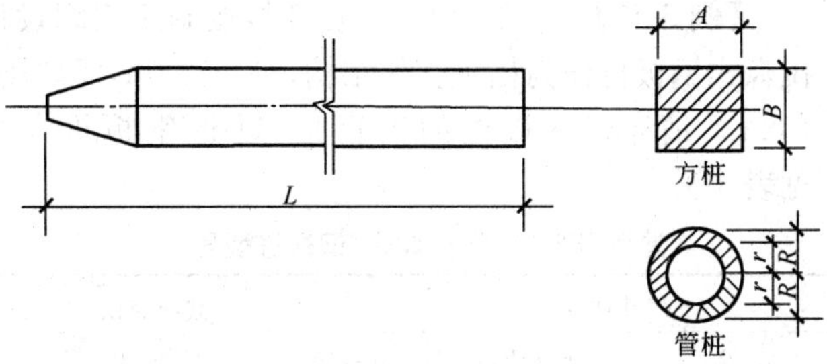

图 3-35　预制桩

（2）管桩

如图 3-35 所示，计算公式见式（3-9）。

$$V=\pi\times(R^2-r^2)\times L\times N \tag{3-9}$$

式中：R——管桩外半径，m；

r——管桩内半径，m。

2. 钻孔灌注桩

$$V=S\times(L+0.25)\times N \tag{3-10}$$

式中：S——桩截面面积，m^2；

L——设计桩长，m（包括桩尖长，不扣除桩尖虚体积）；

N——桩数。

四 计算实例

【例 3-11】 某建筑物基础采用柴油打桩机打预制钢筋混凝土桩的施工方法，按设计需打 135 根，桩尺寸如图 3-36 所示。请计算：（1）打桩工程量；（2）将桩送至地面以下 0.5m，计算送桩工程量。

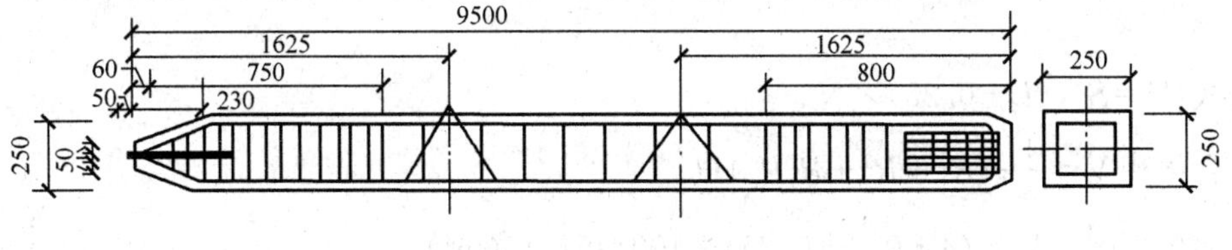

图 3-36　预制混凝土方桩（尺寸单位：mm）

解：（1）打桩工程量

公式：$V=S\times L\times N$

$V=0.25\times0.25\times9.5\times135=80.16m^3$

(2)送桩工程量

送桩长度=打桩架底至桩顶面高度

=桩顶面至自然地坪面+0.5=0.5+0.5=1m

送桩工程量=0.25×0.25×1×135=8.44m^3

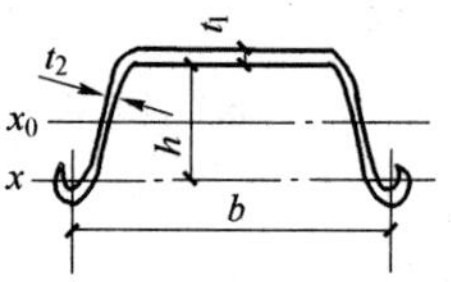

图 3-37 常用国产 U 形(拉森式)钢板桩

【例 3-12】 某工程基础施工时,按施工组织设计基坑采用包 U 形拉森式钢板桩作为挡土支护结构,桩长7.5m,经现场计量钢板桩总宽度108m。请计算钢板桩的工程量,U 形钢板桩参数如图 3-37 所示,见表 3-9。

常用国产 U 形(拉森式)钢板桩型号 表 3-9

型号	尺寸(mm)				截面面积(cm^2)	质量(kg/m)	
	宽度 b	高度 h	腹板厚 t_1	翼缘厚 t_2		单根	每米宽
鞍Ⅵ形	400	180	15.5	10.5	99.14	77.73	193.33
鞍Ⅵ形(新)	400	180	15.5	10.5	98.70	76.99	192.58
包 U 形	500	185	16.0	10.0	115.13	90.80	181.60

解:由表 3-8 查得单根(kg/m)质量为 90.80kg,每根宽度为 500mm。

工程量 G=7.5×90.80×(108÷0.5)=147096(kg)=147.096(t)

【例 3-13】 某建筑物基础为桩基础,采用螺旋钻孔钢筋混凝土灌注桩如图 3-38 所示。桩直径 400mm,混凝土为 C30,共 100 根。请计算灌注桩的工程量。

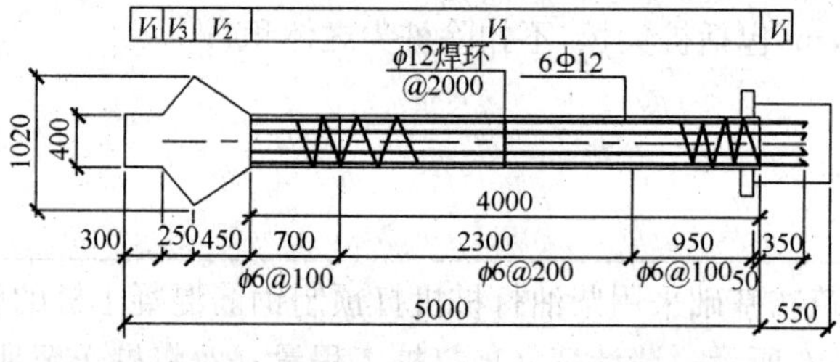

图 3-38 灌注桩模板图(尺寸单位:mm)

解:全国统一定额中长螺旋钻孔灌注混凝土工作内容包括钻孔、钢筋笼安装和灌注混凝土。

公式:$V=S\times(L+0.25)\times N$

圆台体积 $V=\frac{1}{3}\pi(R_1^2+R_2^2+R_1R_2)H$

$V_1=0.2^2\times3.14\times(4+0.3+0.25)\times100=57.15(m^3)$

$V_2=\frac{1}{3}\times3.14\times(0.2^2+0.51^2+0.2\times0.51)\times0.45\times100=18.94(m^3)$

$V_3=\frac{1}{3}\times3.14\times(0.2^2+0.51^2+0.2\times0.51)\times0.25\times100=10.52(m^3)$

灌注桩的工程量$=V_1+V_2+V_3=57.15+18.94+10.52=86.61(m^3)$

第五节 脚手架工程量计算

脚手架是专门为高空施工作业、堆放和运送材料、保证施工过程工人安全而设置的架设工具或操作平台。脚手架不形成工程实体，属于措施项目。脚手架材料是周转材料，在预算定额中规定的材料消耗量是使用一次应摊销的材料数量。

脚手架搭设使用的材料、搭设形式应按施工组织设计的要求进行计取，要综合考虑砌筑和装饰脚手架的不同搭设期。

脚手架按使用材料分，有钢管架、木架、竹架；按搭设形式分，有单排脚手架、双排脚手架、满堂脚手架、活动脚手架、挑脚手架、吊篮脚手架等；按使用范围分，有结构用脚手架和装饰用脚手架。

一 脚手架工程量计算有关说明

(一)熟悉定额项目类型及有关说明

在全国统一建筑工程基础定额中，本节包括外脚手架、里脚手架、满堂脚手架、悬空脚手架、挑脚手架、依附斜道、安全网、烟囱脚手架、电梯井字架和架空运输道等共 9 节 67 个子目。

由于脚手架计算比较烦琐，目前各地区预算定额除了单项脚手架项目以外都增加了综合脚手架项目。单位工程脚手架搭设的方法是多种多样的，为了简化计算，部分地区预算定额规定：凡能按《建筑面积计算规范》计算建筑面积的工程，按不同的结构类型、建筑面积、高度执行综合脚手架项目；凡不能计算建筑面积的工程，执行单项脚手架定额。计算了综合脚手架就不再计算单项脚手架。

(二)有关概念解释

与脚手架工程量计算有关的概念解释如下：

(1)综合脚手架：以典型工程测定为基础，对可计算建筑面积的房屋结构工程的脚手架项目进行综合扩大，得到常规建筑物正常施工所需的各种脚手架的综合搭设消耗。由于各地区计算规则规定存在差异，要结合本地区的要求进行计算。

(2)外脚手架：是指搭设在建筑物四周外墙边的脚手架。

(3)里脚手架：是指搭设在建筑物内部供各楼层砌筑和墙面装饰的脚手架。

(4)满堂脚手架：是为室内天棚的安装和装饰等而搭设的一种棋盘井格式脚手架。

(5)吊篮脚手架：如图 3-39 所示，是由悬挑部件、吊架、操作台、升降设备等组成的适用于外墙装修的工具式脚手架。全国统一定额中未列此项，目前外墙装饰施工中应用较多。

(6)挑脚手架：挑脚手架是从窗口挑出横杆或斜杆组成挑出式支架，再设置栏杆，铺设脚手板构成的脚手架。斜杆也可用墙上的预埋铁件支托。横杆和斜杆可由同一个窗口挑出，挑出宽度不大于 1m；或从窗口挑出横杆，斜杆支撑在下一楼层的窗台或墙上的预埋铁件上，挑出宽度一般不大于 1.2m。图 3-40 为挑脚手架示意图。

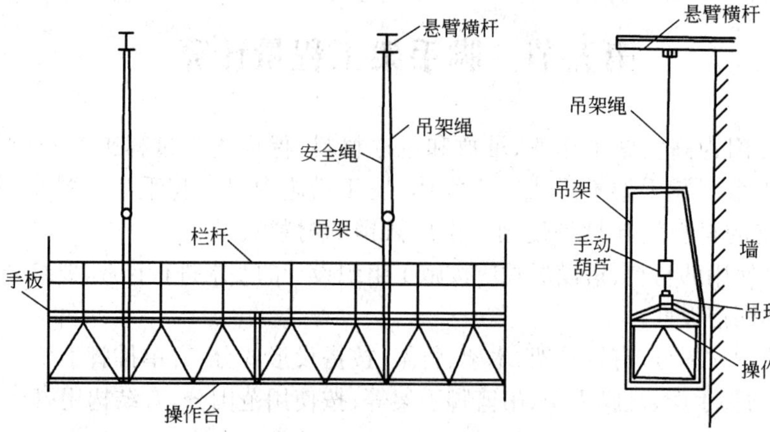

图 3-39　吊篮脚手架示意图

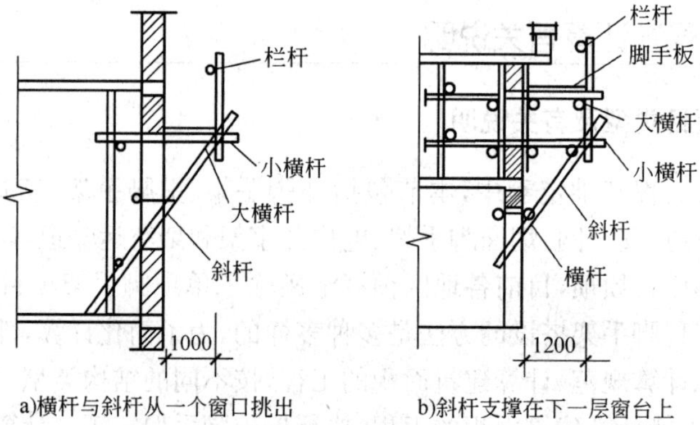

图 3-40　挑脚手架示意图(尺寸单位:mm)

二 脚手架工程量计算

(一)脚手架工程量计算规则

1. 综合脚手架(执行各地区预算定额)

综合脚手架均以建筑面积为计量单位。内容包括外墙砌筑及装修,内墙仅考虑砌筑用架。适用于一般工业与民用建筑工程,多层建筑物六层以内总高不超过 20m,单层建筑物层高 6m 以内。室内净高在 3.6m 以上的装饰用架,混凝土柱、梁、墙用架,以及不能以建筑面积计算但又必须搭设的脚手架,均执行单项脚手架定额(本规则只作为参考,具体要求执行各地区计算规则。)

2. 单项脚手架

1)砌筑脚手架

砌筑脚手架一般包括外脚手架和内脚手架。外脚手架又分为单排外脚手架和双排外脚手架,它既可以用于外墙砌筑又可用于外墙装饰施工。在计算工程量和套用定额时,应按照以下规则来划分各类脚手架。

凡设计室外地坪至檐口的砌筑高度在15m以下的，按单排外脚手架计算；砌筑高度在15m以上的，或砌筑高度虽不足15m但外墙门窗口面积及装饰面积超过外墙表面积60%以上时，按双排外脚手架计算。采用竹制脚手架时，均按双排外脚手架计算。凡设计室内地坪至楼板或屋面板下表面(或山墙高度的1/2处)的砌筑高度在3.6m以下的，按里脚手架计算；砌筑高度超过3.6m以上时，按单排外脚手架计算。

(1)外脚手架

外脚手架工程量(单、双排外脚手架)，按外墙外边线的长度乘以外墙砌筑高度，以m^2计算，不扣除门、窗、空圈洞口等所占面积。凸出墙外宽度24cm以内的墙垛、附墙烟囱等，不计算脚手架。宽度超过24cm以外时，按图示尺寸展开计算，并入外脚手架工程量之内。

(2)里脚手架

里脚手架工程量，按内墙净长乘以内墙砌筑高度的墙面垂直投影面积计算，不扣除门、窗、空圈洞口等所占面积。

(3)独立柱脚手架

独立柱脚手架工程量，按图示柱结构外围周长另加3.6m，乘以砌筑高度，以m^2计算，套用相应外脚手架定额(双排脚手架)。

(4)围墙脚手架

围墙脚手架按围墙中心线长乘以砌筑高度，以m^2计算。凡室外自然地坪至围墙顶面的砌筑高度在3.6m以下的，按里脚手架计算；砌筑高度超过3.6m以上时，按单排外脚手架计算。

2)基础脚手架

(1)砌筑高度超过1.2m的管沟墙及基础的脚手架，按砌筑长度乘以砌筑高度，以m^2计算，套用里脚手架定额项目。

(2)满堂基础脚手架指整体满堂钢筋混凝土基础宽度超过3m以上需搭设脚手架者。其工程量按基础底板面积计算，套用满堂脚手架基本层定额项目并乘以0.5计算。

3)现浇钢筋混凝土框架脚手架

(1)现浇钢筋混凝土柱脚手架，按图示柱结构周长另加3.6m，乘以柱高，以m^2计算。

(2)现浇钢筋混凝土梁、墙脚手架，按梁、墙净长度，乘以设计室外地坪或楼板上表面至上一层楼板底面之间高度，以m^2计算，套用相应外脚手架定额。

4)装饰工程脚手架

(1)满堂脚手架按室内净面积计算。其高度在3.6～5.2m之间时，计算基本层；超过5.2m时，每增加1.2m按增加一层计算，不足0.6m的不计。

(2)高度超过3.6m的墙面装饰，不能利用原砌筑脚手架时，可以计算装饰脚手架。装饰脚手架按墙面长度乘以高度的垂直投影面积乘以0.3计算，不扣除门、窗、空圈等洞口所占面积，套用双排脚手架定额。

(3)室内天棚装饰面距设计室内地坪在3.6m以上时，应计算满堂脚手架(3.6m以下简易脚手架的搭设及拆除已包括在天棚装饰定额项目内)。计算满堂脚手架后，墙面装饰工程则不再计算脚手架。

(4)室内净高在3.6m以上的顶板勾缝、喷浆、屋架刷油漆，应计算悬空脚手架。悬空脚手架按搭设水平投影面积以 m^2 计算。

(5)清水外墙的挑檐、腰线等装饰线工程所需的脚手架,如无外脚手架可利用时,应计算挑脚手架。挑脚手架按搭设长度乘以层数,以延长米(m)计算。

5)其他脚手架

(1)水平防护架,其工程量按实际铺板的水平投影面积,以 m^2 计算。

(2)垂直防护架,其工程量按自然地坪至最上一层横杆之间的搭设高度,乘以实际搭设长度,以 m^2 计算。

(3)架空运输脚手架,工程量按搭设长度以延长米(m)计算。

(4)烟囱、水塔脚手架,区别不同搭设高度,以座计算。

(5)电梯井脚手架工程量,按单孔以座计算。

(6)砌筑储仓脚手架工程量,不分单筒或储仓组,均按单筒外边线周长乘以设计室外地坪至储仓上口之间高度,以 m^2 计算。

(7)储水(油)池脚手架工程量,按外壁周长乘以室外地坪至池壁顶面之间高度,以 m^2 计算。

(8)大型设备基础脚手架工程量,按其外形周长乘以地坪至外形顶面边线之间高度,以 m^2 计算。

6)安全网

(1)立挂式安全网,其工程量按架网部分的实挂长度乘以实挂高度计算。

(2)挑出式安全网,其工程量按挑出的水平投影面积计算。

(二)常用公式

1. 外墙脚手架工程量

计算式见式(3-11)。

$$S_w = L_w \times H + S_b \tag{3-11}$$

式中:S_w——外脚手架工程量,m^2;

L_w——建筑物外墙外边线总长度,m;

H——外墙砌筑高度,指设计室外地坪至檐口底或至山墙高度的 1/2 处的高度,有女儿墙的,其高度算至女儿墙顶面;

S_b——应并入的面积(如:屋顶的水箱间、电梯间、楼梯间等),m^2。

2. 独立柱脚手架工程量

计算式见式(3-12)。

$$S_z = (L_z + 3.6) \times H \tag{3-12}$$

式中:S_z——独立柱脚手架工程量,m^2;

L_z——独立柱结构外围周长,m;

H——独立柱砌筑高度,m。

3. 满堂脚手架工程量

计算式见式(3-13)。

$$S_m = L_j \times B_j \tag{3-13}$$

式中：S_m——满堂脚手架基本层工程量，m^2；

L_j——室内净长，m；

B_j——室内净宽，m。

满堂脚手架增加层数见式(3-14)。

$$N=\frac{室内净高度-5.2m}{1.2m} \tag{3-14}$$

三 计算实例

【例 3-14】 图 3-54 是一砖混结构变电所平面图。假如①～②轴屋面板顶标高4.80m，女儿墙顶面标高为 5.4m；②～⑤轴屋面板顶标高 3.90m，女儿墙顶面标高为 4.5m。设计室外地坪－0.30m，屋面板厚度 0.1m。请计算：(1)外墙砌筑脚手架工程量；(2)内墙砌筑里脚手架工程量；(3)满堂脚手架工程量。

解：外墙砌筑脚手架计算时因外墙高度不同，长度要分别计算，②轴的墙体标高 3.90m 以上应算作外墙。只有层高超过了 3.6m 时才计算满堂脚手架。

(1)外墙砌筑脚手架工程量

$S_w=L_w\times H$

①～②轴，除②以外：$H=5.4+0.3=5.7(m)$

$L_w=10.5+(9+0.25+0.12)\times2=29.24(m)$

$S_w=L_w\times H=5.7\times29.24=166.67(m^2)$

②轴： $H=5.4-3.9=1.5(m)$

$L_w=10.5(m)$

$S_w=L_w\times H=10.5\times1.5=15.75(m^2)$

①～②轴外墙脚手架小计 182.42(m^2)。

②～⑤轴：$H=4.5+0.3=4.8(m)$

$L_w=(4.5\times3-0.12+0.25)\times2+10.5=37.76(m)$

$S_w=L_w\times H=4.8\times37.76=181.25(m^2)$

②～⑤轴外墙脚手架小计 181.25(m^2)。

外墙砌筑脚手架工程量合计 363.67(m^2)。

(2)内墙砌筑里脚手架工程量

②轴： $H=4.8-0.1=4.7(m)$

$L_w=10-0.24=9.76(m)$

$S_w=L_w\times H=4.7\times9.76=45.87(m^2)$

其他轴：$H=3.9-0.1=3.8(m)$

$L_w=(10-0.24)\times2+1.8+(1.8-0.24)+(4.5-0.24)\times4+(1.2+0.45\times2)=42.02(m)$

$S_w=L_w\times H=3.8\times42.02=159.68(m^2)$

内墙砌筑里脚手架工程量合计 245.55(m^2)。

(3)满堂脚手架工程量

层高虽超过 3.6m,但都没超过 5.2m,只计算一个基本层。

公式:$S_m = L_j \times B_j$

$$S_m = (9-0.24)\times(10-0.24)+(4.5-0.24)\times(10-3-0.24)+(3-0.24)\times(4.5-0.24)+(4.7-0.24)\times(4.5-0.24)\times2+(4.5-0.24)\times(3.5+1.8-0.24)\times2-(1.2+0.45\times2+1.8+4.5-0.24+1.8-0.24)\times0.24$$
$$=85.5+28.8+11.76+19+38+43.11-2.33=223.842(m^2)$$

满堂脚手架工程量 223.84m²。

【例 3-15】 图 3-41 和图 3-42 是某公园框架结构绿化连廊花架(无墙和顶板)平面及立面图,请计算框架柱和框架梁脚手架的工程。

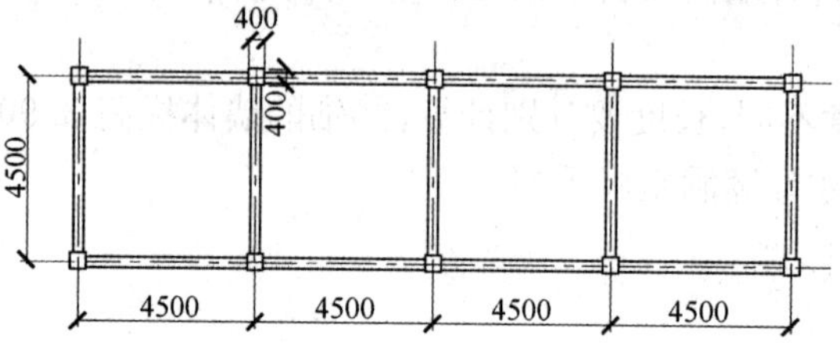

图 3-41 某公园框架结构绿化连廊花架平面图(尺寸单位:mm)

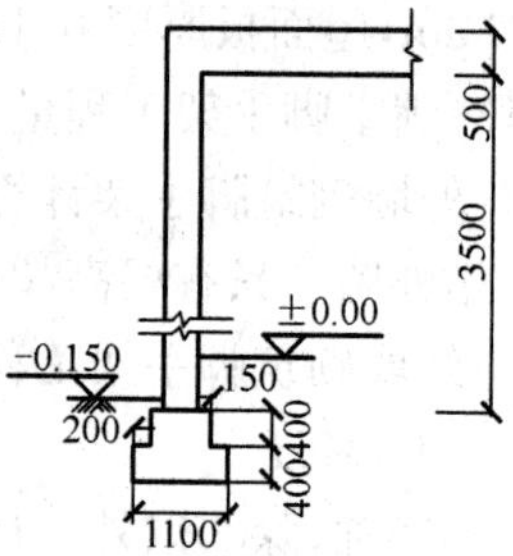

图 3-42 柱梁立面图(尺寸单位:mm;标高单位:m)

(1)柱脚手架工程量

$$S_z=(L_z+3.6)\times H\times N=(0.4\times4+3.6)\times(3.5+0.5)\times10$$
$$=208(m^2)$$

(2)梁脚手架工程量

$$S=L_j\times H\times N=(4.5-0.4)\times(3.5+0.5)\times5=82(m^2)$$

第六节 砌筑工程工程量计算

一 砌筑工程工程量计算有关说明

(一)熟悉定额项目类型

本节包括砌砖、砌块(含构筑物)及砌石共 2 节,合计 97 个子目。

砌砖工程的定额项目主要有砖基础、清水和混水实砌普通砖内外墙、多孔砖墙、空心砖墙,空花墙、空斗砖墙,填充墙,砌块墙,围墙,砖柱,烟囱、砖水塔,以及其他,如砖砌台阶、砖砌检查井、砖砌沟道、锅台和炉灶等零星砌体、钢筋砖过梁等项目。

石砌体定额项目主要有石砌基础、勒脚,墙、柱,护坡,以及其他,如细料石水池、石踏步、石墙勾缝等。

(二)有关概念解释

与砌筑工程工程量计算有关的概念解释如下：

(1)砌体结构：由砌体和砂浆砌筑而成的墙、柱作为建筑物主要受力结构，是砖砌体、砌块砌体和石砌体的统称。砖砌体包括烧结普通砖、烧结多孔砖、蒸压灰砂砖、蒸压粉煤灰砖等砌体。砌块砌体包括混凝土、轻骨料混凝土砌块无筋和配筋砌体。石砌体包括各种料石和毛石砌体。目前，新材料很多，要注意积累相关资料，在计算时可参照类似项目计算。

(2)烧结普通砖：以黏土、页岩、煤矸石或粉煤灰为主要材料，经过焙烧而成的实心或孔洞率不大于规定值且外形符合规定的砖。分烧结黏土砖、烧结页岩砖、烧结煤矸石砖、烧结粉煤灰砖等。

(3)烧结多孔砖：以黏土、页岩、煤矸石或粉煤灰为主要材料，经过焙烧而成的孔洞率不小于25%，孔的尺寸小而数量多，主要用于承重部位的砖，简称多孔砖。目前，多孔砖分为P型砖和M型砖，如图3-43所示。

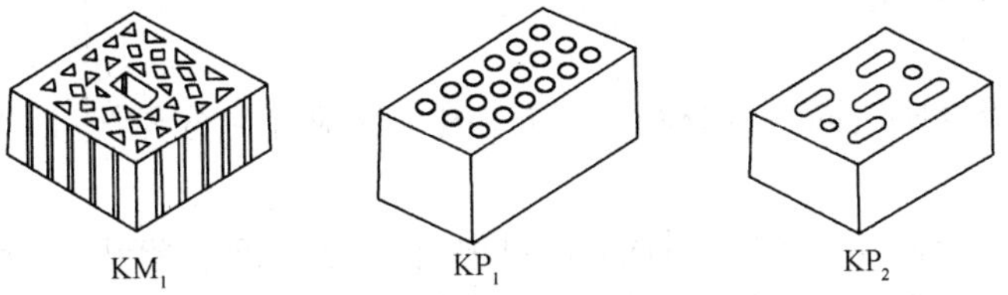

图3-43　烧结多孔砖示意图

(4)填充墙：指在墙体的内外皮砌砖之间填充保温材料(炉渣、炉渣混凝土)而构成的夹层墙。

(5)空花墙：是指用普通黏土砖砌筑的透空墙，空花部分墙厚多为120mm或240mm，常用作围墙。独立空花墙上部有压顶，下部砌实体墙。目前，常用预制混凝土花格代替，如图3-44所示。

(6)空心砖墙：是指用空心砖砌筑的墙体。常见的空心砖有页岩空心砖、煤矸石空心砖。常用的有4孔和6孔，用作非承重墙。

(7)空斗砖墙：用普通黏土砖与砂浆砌筑而成的外实内空的墙，适用于非承重墙或临时墙体。如图3-45所示。

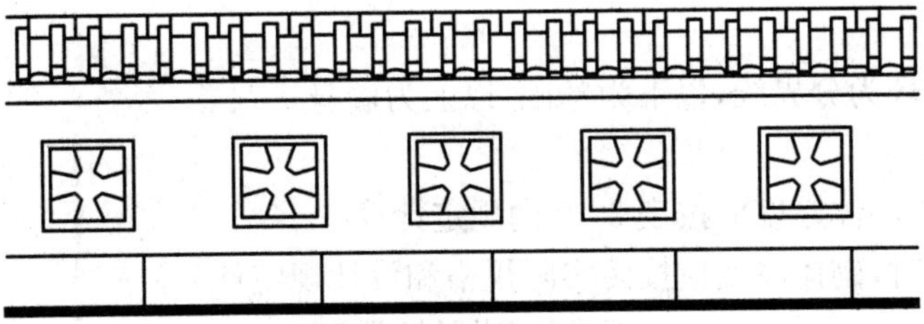

图3-44　混凝土花格墙示意图

(8)砌块墙：是指用尺寸比普通砖大的砌块砌筑的墙体，用于非承重墙。常见的砌块有硅酸盐砌块、陶粒空心砖砌块、炉渣砌块、粉煤灰硅酸盐砌块、加气混凝土块、混凝土空心砌块等。

(9)框架间墙：是指框架结构中，填砌在框架梁柱间作为维护结构的墙体。

(10)砖挑檐：砖墙砌筑时，在屋檐、窗台等处的一种砌筑构造形式。砖挑檐有一批一挑、多批一挑等形式。每次挑出宽度不应大于60mm，总挑出宽度应小于墙厚。如图3-46所示。

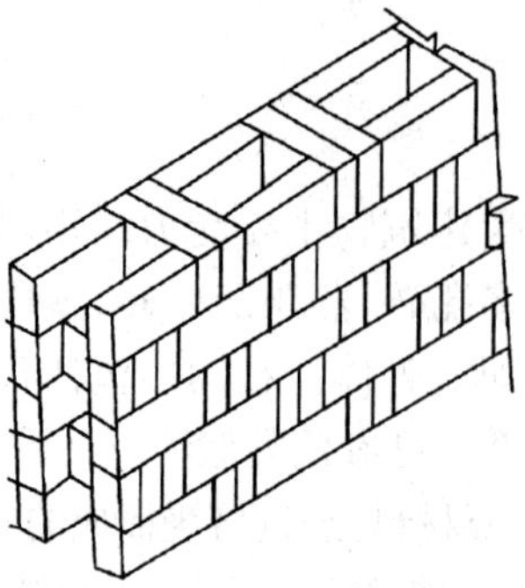

图 3-45　空斗墙示意图

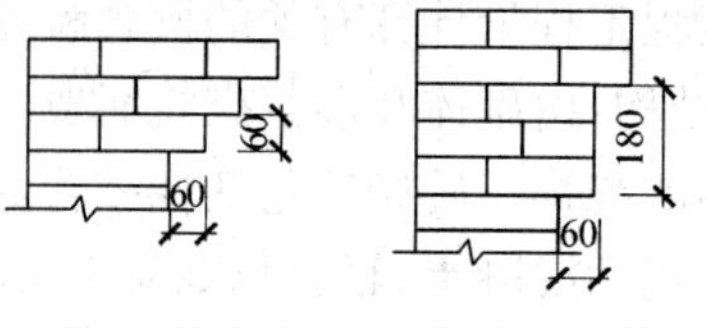

a)一批一挑的挑檐　b)多批砖一挑的挑檐

图 3-46　砖挑檐示意图(尺寸单位:mm)

(三)定额相关说明

1.基础与墙身分界线

1)墙体

(1)当基础和墙身使用同一种材料时,以室内设计地坪为分界线,以下为基础,以上为墙身,如图 3-47a)所示。

(2)当基础和墙身使用不同材料时,如两种材料分界处距室内设计地坪高度 H 超过 ±30cm,以室内设计地坪为分界线;两种材料分界处距室内设计地坪高度 H 在±30cm 以内,以不同材料分界处为分界线,如图 3-47b)所示。

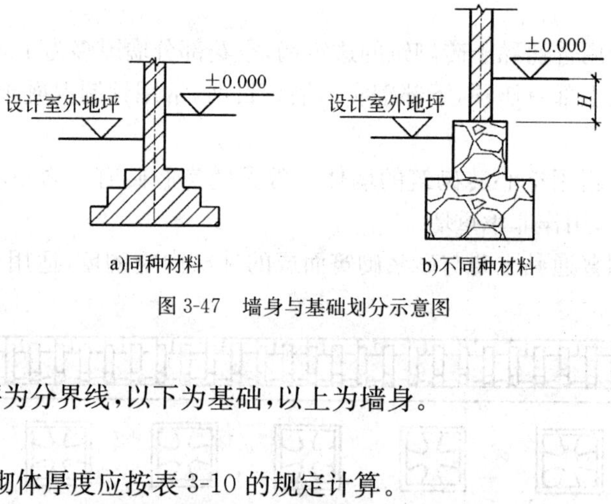

图 3-47　墙身与基础划分示意图

2)围墙

以设计室外地坪为分界线,以下为基础,以上为墙身。

2.标准砖墙体

使用标准砖时,砌体厚度应按表 3-10 的规定计算。

使用非标准砖时,砌体厚度应按砖实际规格和设计规定计算。

标准砖砌体计算厚度表　　表 3-10

砖数(厚度)	1/4	1/2	3/4	1	1.5	2	2.5	3
计算厚度(mm)	53	115	180	240	365	490	615	740

3.零星砌体

零星砌体是指厕所蹲台、水槽腿、灯箱、垃圾箱、台阶挡墙或梯带、花台、花池、地垄墙及支撑地楞的砖墩,房上烟囱、屋面架空隔热层砖墩及毛石墙的门窗立边、窗台虎头砖等砌体项目。

二 砌筑工程工程量计算

(一)砌筑工程工程量计算规则

1. 砖、石基础工程量计算规则

砖、石基础工程量,按图示尺寸以 m^3 计算。基础长度:外墙墙基按外墙中心线长度计算;内墙墙基按内墙基净长计算。基础大放脚 T 形接头处的重叠部分及嵌入基础的钢筋、铁件、管道、基础防潮层以及单个面积在 0.3m^2 以内的孔洞所占体积不予扣除,但靠墙暖气沟的挑檐亦不增加,附墙垛基础宽出部分体积应并入基础工程量内。

2. 墙体工程量计算规则

1)墙体工程量计算

计算墙体时,应扣除门窗洞口、过人洞、空圈、嵌入墙身内的钢筋混凝土柱、梁(包括过梁、圈梁、挑梁)、砖平碹,钢筋砖(砌块)过梁和暖气包壁龛的体积。

计算墙体时,不扣除梁头、梁垫、檩头、垫木、墙内加固钢筋、铁件和管子及每个面积在 0.3m^2 以内的孔洞等所占体积。

计算墙体时,凸出墙面的窗台虎头砖、压顶线、山墙泛水、烟囱根、门窗套、三皮砖以内的腰线、挑檐等体积也不再增加。

一般规则适用于以下各种类型的墙体。

2)砖、石墙工程量计算

砖、石墙的工程量按墙长乘墙高再乘墙厚,以 m^3 计算。

(1)墙身长度的规定

外墙长度按外墙中心线计算,内墙长度按内墙净长线计算。有些外墙较厚,通常轴线与中心线不重合,即偏轴,要把图纸上轴线长度换算成中心线的长度,然后再计算。

(2)墙身高度的规定

首层墙身高度的起点按基础与墙身划分的规定计算,二层及以上墙身高度以楼面为起点,其他按下列规定计算。

①外墙墙身高度:斜(坡)屋面无檐口天棚者,算至屋面板底[图 3-48a)];有屋架且室内外有檐口天棚者,墙高算至屋架下弦底面,另加 20cm[图 3-48b)];平屋面有挑檐天沟者,墙高应算至钢筋混凝土顶板底面[图 3-48c)];有女儿墙者算至钢筋混凝土顶板顶面,女儿墙高度从钢筋混凝土顶板顶面算至图示高度[图 3-48d)]。

②内墙墙身高度:位于屋架下弦者,其高度算至屋架底[图 3-48e)];无屋架的算至天棚底另加 10cm[图 3-48f)];有钢筋混凝土楼板隔层者算至板底[图 3-48g)];有框架梁时算至梁底面[图 3-48h)]。

③内、外山墙墙身高度:按其平均高度计算。

(3)墙体厚度

按表 3-9 规定计算。

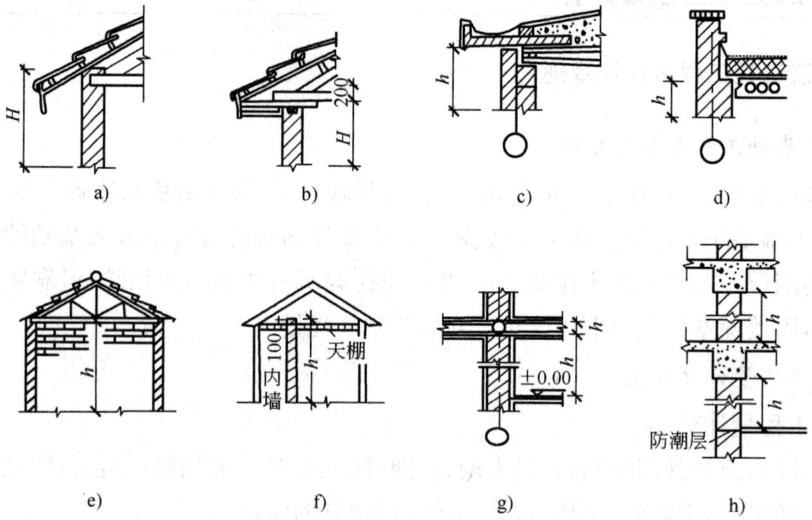

图 3-48 墙身高度示意图

3)框架间砌体

框架结构间砌砖墙,按内、外墙及不同墙厚以框架间净空面积乘以墙厚以 m^3 计算。框架柱外镶贴部分,应并入相应框架间墙体积内。

4)空花墙

空花墙工程量按空花部分外形体积以 m^3 计算,空花部分不予扣除,其中实体部分以 m^3 另行计算。

5)空斗墙

空斗墙工程量按外形尺寸以 m^3 计算,墙角、内外墙交接处,门窗洞口立边,窗台砖及屋檐处的实砌部分已包括在定额内,不另行计算,但窗间墙、窗台下、楼板下、梁头下等实砌部分,应另行计算,套零星砌体定额项目。

6)多孔砖、空心砖墙

多孔砖、空心砖墙工程量按图示厚度以 m^3 计算,不扣除其孔、空心部分体积。

7)填充墙

填充墙按外形尺寸以 m^3 计算,其中实砌部分已包括在定额内,不另计算。

8)加气混凝土墙、硅酸盐砌块墙、小型空心砌块墙

加气混凝土墙、硅酸盐砌块墙、小型空心砌块墙工程量按图示尺寸以 m^3 计算,按设计规定需要镶嵌砖砌体部分已包括在定额内,不另计算。

3. 砖柱

砖柱工程量按体积以 m^3 计算。柱身与柱基分别计算,执行相应定额。

4. 其他墙体

1)砖砌锅台、炉灶

砖砌锅台、炉灶,不分大小,均按图示外形尺寸,以 m^3 计算,不扣除各种空洞的体积。

2)砖砌台阶

砖砌台阶(不包括梯带)按水平投影面积,以 m^2 计算。

3)零星砌体

零星砌体工程量按实砌体积,以 m^3 计算,套用零星砌体定额项目。

4)检查井及化粪池不分壁厚均以 m^3 计算,洞口上的砖平拱碹等并入砌体体积内计算。

5)砖砌地沟

砖砌地沟不分墙基、墙身合并以 m^3 计算。石砌地沟按其中心线长度以延长米计算。

6)钢筋砖过梁

钢筋砖过梁按图示尺寸,以 m^3 计算,与设计无规定时按门窗洞口宽度两端共加 500mm,高度按 440mm 计算。

5. 石墙面勾缝

石墙面勾缝工程量,按墙垂直投影面积计算,应扣除墙裙和墙面抹灰面积,不扣除门窗洞口、门窗套和腰线抹灰等所占面积,但附墙柱和门窗洞口侧面的勾缝量也不增加。独立柱和房上烟囱勾缝项目,按图示尺寸以 m^2 计算。毛石挡土墙勾缝项目,按石墙勾缝定额项目计算。

6. 砌体内加固筋

砌体内的钢筋加固应根据设计要求和相关规范规定,以 t 计算。

7. 砖烟囱

(1)筒身,圆形、方形均按图示筒壁平均中心线周长乘以厚度并扣除筒身各种孔洞、钢筋混凝土圈梁、过梁等体积,以 m^3 计算,其筒壁周长不同时可按式(3-15)分段计算。

$$V=\sum H\times C\times \pi\times D \tag{3-15}$$

式中:V——筒身体积,m^3;

H——每段筒身垂直高度,m;

C——每段筒壁厚度,m;

D——每段筒壁中心线的平均直径,m。

(2)烟道、烟囱内衬按不同内衬材料扣除孔洞,按图示体积以 m^3 计算。

(3)烟囱内壁表面隔热层,按筒身内壁并扣除各种孔洞后的面积以 m^2 计算;填料按烟囱内衬与筒身之间的中心线平均周长乘以图示宽度和筒高,并扣除各种孔洞所占体积(但不扣除连接横砖及防沉带的体积)后,以 m^3 计算。

(4)烟道砌砖:烟道与炉体的划分以第一道闸门为界,炉体内的烟道部分列入炉体工程量计算。

8. 砖砌水塔

(1)水塔基础与塔身划分:以砖砌体的扩大部分顶面为界,以上为塔身,以下为基础,分别套相应基础砌体定额。

(2)塔身以图示实砌体积计算,并扣除门窗洞口和混凝土构件所占的体积,砖平拱碹及砖出檐等并入塔身体积内计算,套水塔砌筑定额。

(3)砖水箱内外壁,不分壁厚,均以图示实砌体积计算,套相应的内外砖墙定额。

(二)常用公式

1. 砖、石基础

计算公式见式(3-16)。

$$V=\sum(L\times S)\pm\text{应并入(扣除)体积} \quad (3\text{-}16)$$

式中:V——砖(石)基础体积,m^3;

L——各种断面形式基础长度,m;

S——相应基础断面面积,m^2。

对于不同材料的基础要分别列项计算。

1)基础长度的确定

外墙基长度:$L_{外}$=外墙中心线长度

内墙基长度:$L_{内}$=内墙基净长[分为砖基础(图3-49)和毛石基础(图3-50)]

砖基础:$L_{内}=\sum\left[L_{内墙中心线}-\dfrac{外墙厚度(内墙厚度)}{2}\times 2(双侧)\right]$

毛石基础:$L_{内}=\sum\left[L_{内墙中心线}-\dfrac{外墙基厚度(内墙基厚度)}{2}\times 2(双侧)\right]$

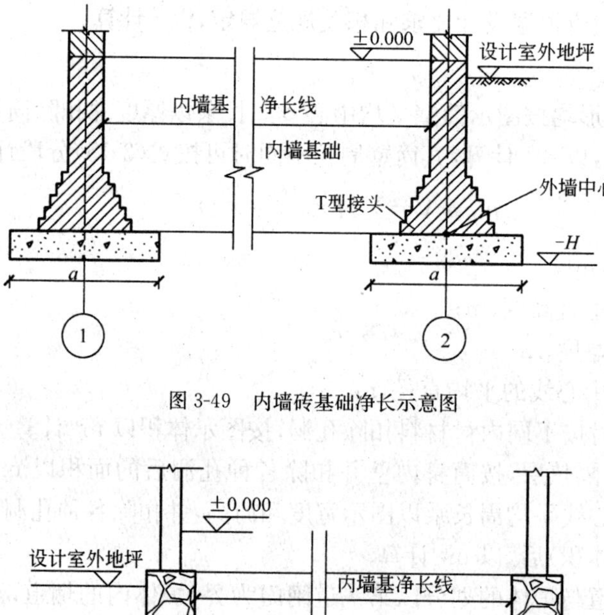

图3-49 内墙砖基础净长示意图

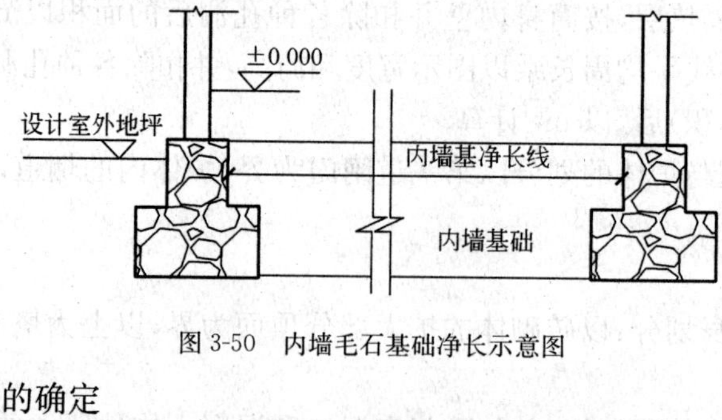

图3-50 内墙毛石基础净长示意图

2)基础断面面积的确定

基础断面面积按图纸设计尺寸计算。若为大放脚砖基础(图3-51),根据设计要求,可按等高与不等高两种形式查表(表3-11)计算。

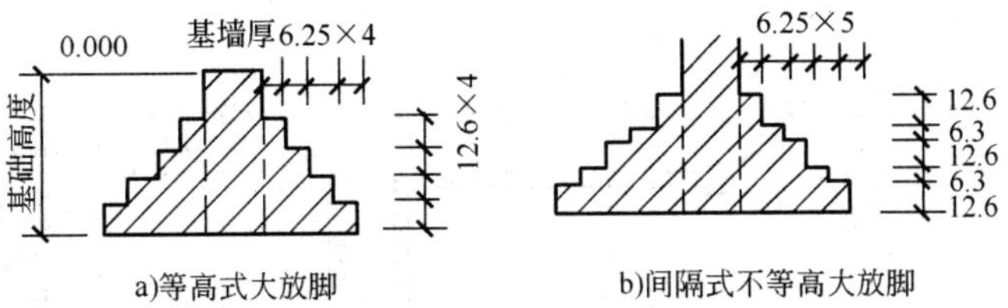

图 3-51　砖基础大放脚示意图(尺寸单位:cm)

砖基础大放脚增加面积计算表　　表 3-11

放脚层数	增加的断面积(m^2)		放脚层数	增加的断面积(m^2)	
	等高	不等高		等高	不等高
一	0.01575	0.01575	八	0.567	0.4411
二	0.04725	0.03938	九	0.7088	0.5513
三	0.0945	0.07875	十	0.8663	0.6694
四	0.1575	0.126	十一	1.0395	0.8033
五	0.2363	0.189	十二	1.2435	0.9450
六	0.3308	0.259	十三	1.4333	1.1025
七	0.441	0.3465	十四	1.6538	1.2679

基础断面面积＝标准厚墙基面积＋大放脚增加断面面积

2. *砖、石墙*

计算公式见式(3-17)。

$$V=\sum(L\times H\times B)\pm\text{应并入(扣除)体积}\qquad(3\text{-}17)$$

式中:V——砖(石)墙体积,m^3;

L——墙体长度,m;

H——墙体高度,m;

B——墙体厚度,m。

对于不同材料和砌筑形式的墙体要分别列项计算。

1)墙体长度的确定

外墙长度:$L_{外}$＝外墙中心线长度

内墙长度:$L_{内}$＝内墙净长

$$L_{内}=\sum\left[L_{内墙中心线}-\frac{外墙厚度(内墙厚度)}{2}\times2(双侧)\right]$$

2)墙体高度的确定

按图纸设计尺寸和计算规则的相关规定计算。

三 计算实例

【例 3-16】 图 3-52 为砖围墙平面示意图,已知基础采用毛石基础,用 M10 水泥砂浆砌筑;上部采用页岩实心砖用 M7.5 水泥砂间砌筑。试计算以下工程量:(1)人工挖地槽工程量;(2)毛石基础工程量;(3)砖围墙的工程量;(4)回填土和余土外运的工程量;(5)砌筑脚手架的工程量(本节不做计算)。

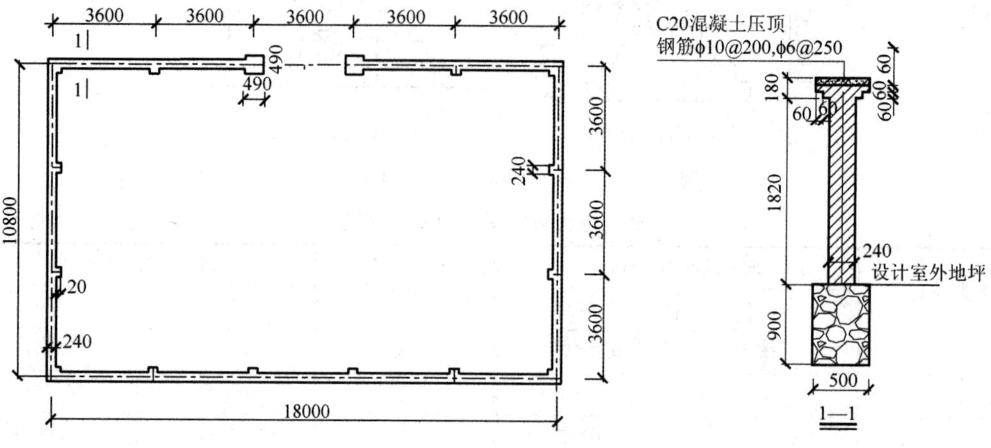

图 3-52　砖围墙平面示意图(尺寸单位:mm)

解:(1)人工挖地槽工程量

计算挖槽体积时,附墙垛和柱的挖方体积与墙挖方量合并计算。

公式：　$V=L(B+2C)H$

$L=(18+10.8)\times2-(3.6-0.49)_{大门}=54.49(m)$

$V=54.49\times(0.5+0.15\times2)\times0.9=39.23(m)$

墙垛增加体积 $V=(0.24+0.13\times2+0.15\times2)\times(0.12+0.13)\times0.9\times(10+2)$
$=2.16(m^3)$

柱垛增加体积 $V=(0.49+0.13\times2+0.15\times2)\times(0.125+0.13)\times4$
$=1.07(m^3)$

人工挖地槽工程量 $=54.49+2.16+0.96=57.61(m^3)$

(2)毛石基础工程量

$V=0.5\times0.9\times54.49=24.52(m^3)$

墙垛增加体积 $V=(0.24+0.13\times2)\times(0.12+0.13)\times(10+2)=1.5(m^3)$

门柱增加体积 $V=(0.49+0.13\times2)\times(0.12+0.13)\times4=0.75(m^3)$

毛石基础工程量 $=24.52+1.5+0.75=26.77(m^3)$

(3)砖围墙的工程量

墙身体积 $V=L\times H\times B=(54.49-0.49\times2)\times(1.82+0.06\times2)\times0.24$
$=24.91(m^3)$

压顶挑出体积 $V=54.49\times(0.12\times0.06+0.06\times0.06)\times2=1.18(m^3)$

墙垛体积 $V=0.24\times0.12\times(1.82+0.06\times2)\times(10+2)=0.67(m^3)$

门柱体积 $V=0.49\times0.49\times(1.82+0.06\times2)\times2=0.93(m^3)$

砖围墙的工程量 $=24.91+1.18+0.67+0.93=27.69(m^3)$

(4)回填土和余土外运的工程量

回填土 $V=57.61-26.77=30.84(m^3)$

余土 $V=26.77(m^3)$

(5)砌筑脚手架的工程量

学完脚手架工程量计算之后自己算一下。

【例 3-17】 图 3-30 和图 3-31 为某砖混建筑基础平面图、基础剖面图，构造柱从地圈梁生根，设计室外地坪标高－0.30m。试计算毛石基础的工程量。

解:断面面积 $S=0.62\times1.1=0.68(m^2)$

基础长度：

(1)外墙

Ⓓ轴，$L=3.3+0.065\times2=3.43(m)$

Ⓒ轴，$L=3+2.7+1.8=7.5(m)$

Ⓐ轴，$L=3+3.3+2.7+1.8+0.065\times2=10.93(m)$

①轴，$L=2.1+4.2+0.065\times2=6.43(m)$

②轴，$L=1.5m$

③轴，$L=1.5m$

⑤轴，同①轴　$L=6.43m$

合计外墙毛石基础长＝37.72m

(2)内墙

Ⓑ轴，①～③　$L=3+0.065+3.3-0.62/2-0.62-0.62/2=5.13(m)$

Ⓑ轴，④～⑤　$L=1.8+0.065-0.62/2=1.56(m)$

②轴，Ⓐ～Ⓒ　$L=2.1+4.2+0.065\times2-0.62=5.81(m)$

③轴，同上　$L=5.81m$

④轴，$L=2.1+0.065-0.62/2=1.86(m)$

合计内墙毛石基础长＝20.17m

毛石基础工程量 $V=S\times L=(37.72+20.17)\times0.68=39.50(m^3)$

【例 3-18】 图 3-53 为现浇钢筋混凝土平顶砖墙结构住宅，室内净高 2.9m，门窗均用钢筋砖过梁，门窗洞口尺寸见图，内外墙厚均为 240mm，用 M5.0 水泥混合砂浆砌筑。试计算砌筑工程量。

解:(1)计算 M5.0 混合砂浆砌砖基础工程量(同种材料从±0.000 分界)

$$S=(0.24+0.12)\times0.12+0.24\times(1-0.1-0.25-0.12)=0.17(m^2)$$

$$L_{外}=(14.4+4.8)\times2=38.4(m)$$

$$L_{内}=(4.8-0.24)\times3=13.68(m)$$

$$V=S\times L=(38.4+13.68)\times0.17=8.95(m^3)$$

(2)计算 M5.0 混合砂浆砌砖墙工程量

$$H=2.9m,B=0.24m,L_{外}=38.4m,L_{内}=13.68(m)$$

$$V=L\times H\times B=(38.4+13.68)\times2.9\times0.24=36.25(m^3)$$

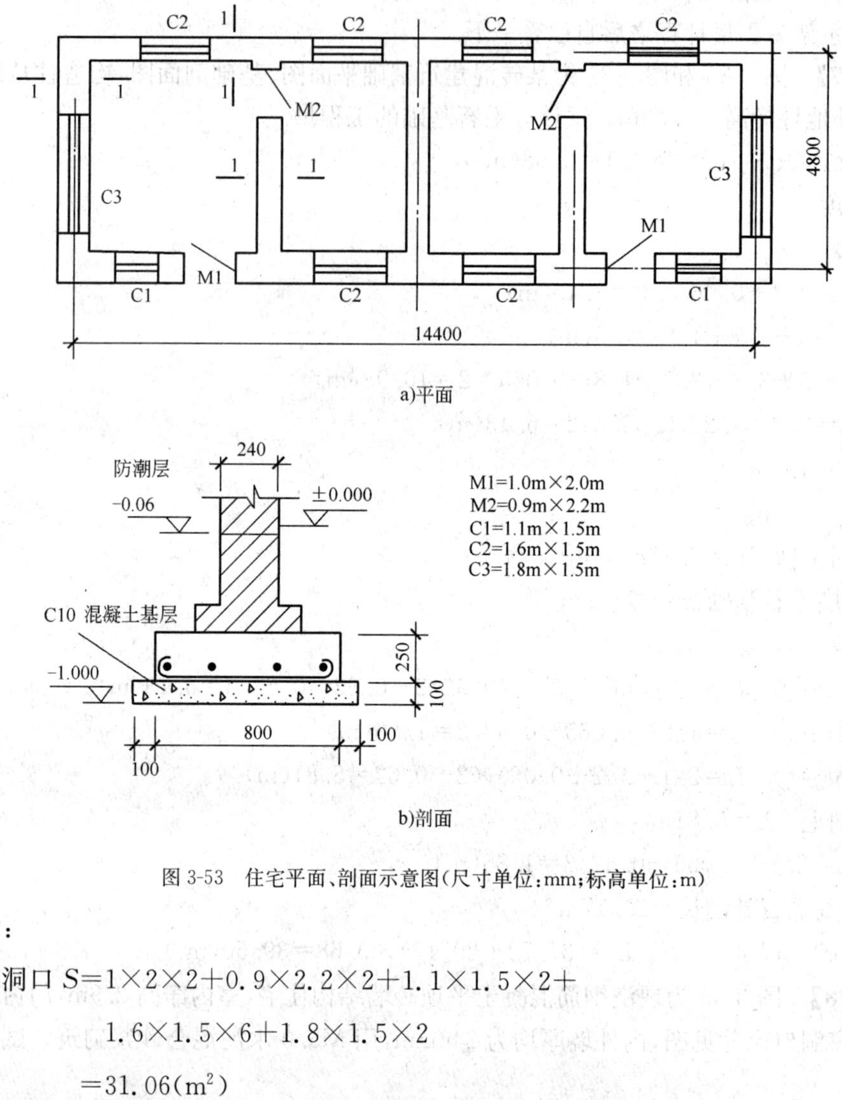

图 3-53　住宅平面、剖面示意图(尺寸单位:mm;标高单位:m)

扣除:

门窗洞口 $S=1\times2\times2+0.9\times2.2\times2+1.1\times1.5\times2+1.6\times1.5\times6+1.8\times1.5\times2=31.06(m^2)$

$V=S\times B=31.06\times0.24=-7.45(m^3)$

扣除钢筋砖过梁 $L=(1.0+0.5)\times2+(0.9+0.5)\times2+(1.1+0.5)\times2+(1.6+0.5)\times6+(1.8+0.5)\times2=26.2(m)$

$V=L\times0.44\times0.24=-2.77(m^3)$

M5.0 混合砂浆砌砖墙工程量 $=36.25-7.45-2.77=26.03(m^3)$

【例 3-19】 某砖混结构建筑平面图如图 3-54 所示,屋顶结构平面布置及说明见本章第七节例 3-23(图 3-77)。门窗表见表 3-12。所有窗顶标高是圈梁底标高。试计算结构砌体的工程量(不考虑门过梁的体积)。

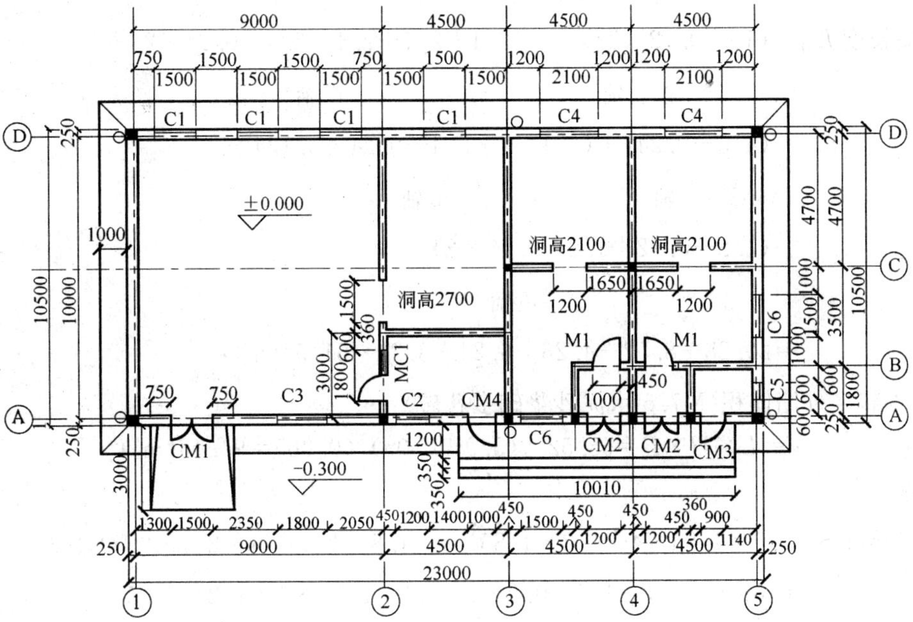

图 3-54 配电室平面图(尺寸单位:mm;标高单位:m)

门 窗 表 表 3-12

编 号	名 称	洞口尺寸(宽×高)(mm×mm)
CM1	彩钢平开门	1500×2850
CM2	彩钢平开门	1200×2850
CM3	彩钢平开门	900×2850
CM4	彩钢平开门	1000×2850
C1	塑钢推拉窗	1500×1850
C2	塑钢推拉窗	1200×1850
C3	塑钢推拉窗	1800×1850
C4	塑钢中悬窗	2100×900
C5	塑钢中悬窗	600×900
C6	塑钢中悬窗	1500×900
MC1	木门联窗	门 900×2700,窗 900×1800
M1	木镶板门	1000×2100

解:此结构为单层砖混结构,层高 3.9m,地圈梁顶标高−0.05m,外墙为一砖半墙,内墙为一砖墙。

外墙长度 $L_{外}$＝(10＋0.065×2＋22.5＋0.065×2)×2＝65.52(m)

内墙长度 $L_{内}$＝(10－0.12×2)×3＋(2.4＋2.1＋2.1＋2.4－0.24×2)＋

②、③、④轴　　　　　　　　Ⓒ轴

(4.5－0.24)＋(2.1×2＋2.4－0.24－0.12)＋

②～③轴　　　　　　　　Ⓑ轴

(1.8－0.12＋1.8－0.12×2)

Ⓐ～Ⓑ轴

＝29.28＋8.52＋4.26＋6.24＋3.24＝51.54(m)

(1)一砖半外墙体积(M7.5 水泥砂浆砌多孔砖)

$V=L\times H\times B$＝65.52×(3.9＋0.05)×0.365＝94.46(m^3)

扣除：

门窗洞口 S＝1.5×1.85×4＋1.2×1.85×1＋1.8×1.85×1＋2.1×0.9×2＋
0.6×0.9×1＋1.5×0.9×2＋1.5×2.85×1＋1.2×2.85×
2＋0.9×2.8×1＋1×2.85×1＝40.2(m^2)

$V=S\times B$＝40.2×0.365＝－14.67(m^3)

圈梁 V＝－5.51(m^3)　　(见例 3-23)

构造柱 V＝－(2.49＋2.76)＝－5.25(m^3)　　(见例 3-23)

一砖半外墙工程量＝94.46－14.67－5.51－5.25＝69.03(m^3)

(2)一砖内墙体积(M7.5 水泥砂浆砌多孔砖)

$V=L\times H\times B$＝54.54×(3.9＋0.05)×0.24＝51.7(m^3)

扣除：

门窗洞口 S＝2.7×1.5＋2.1×1.2×2＋0.9×2.7＋0.9×1.8
1×2.1×2＝17.34(m^2)

$V=S\times B$＝17.34×0.24＝－4.1(6m^3)

圈梁 V＝－2.91m^3　　(见例 3-23)

构造柱 V＝－0.64m^3　　(见例 3-23)

一砖内墙工程量＝51.7－4.16－2.91－0.64＝43.99(m^3)

【例 3-20】 计算本教材附图建筑中第三层⑦轴内墙砌体的工程量(不考虑门过梁)。

解:本图为框架结构,墙体为填充墙,做法是 M5 混合砂浆砌 MU10 烧结多孔砖 24 墙。层高 3.6m,⑦轴处梁的编号是 WKL_3,梁高 400mm,有 4 个框架柱,2 樘门。

墙净高 H＝3.6－0.4＝3.2(m)

墙净长 L＝13.5－0.28×2－0.4×2＝12.14(m)

墙体积 V＝3.2×12.14×0.24－1.2×2.1×2×0.24＝8.11(m^3)

第七节 混凝土及钢筋混凝土工程工程量计算

一 混凝土及钢筋混凝土工程工程量计算有关说明

(一)熟悉定额项目类型

在《全国统一建筑工程基础定额》中，本章包括模板工程、钢筋和混凝土工程三大部分。共9节，合计566个子目。

模板和混凝土项目主要有基础(桩)、柱、梁、墙、板和其他项目(阳台、雨篷、楼梯、挑檐天沟、栏板压顶、零星构件和后浇带)。

(二)混凝土有关概念解释

与混凝土有关的概念解释如下：

(1)桩承台：桩承台是上部结构与群桩之间相联系部分，通过桩承台将群桩连成一体，并将上部结构的荷载传给桩基础，如图3-55所示。按其受力特点，桩承台可分为独立桩承台和带形桩承台。独立桩承台运用于独立基础；带形桩承台运用于条形基础。

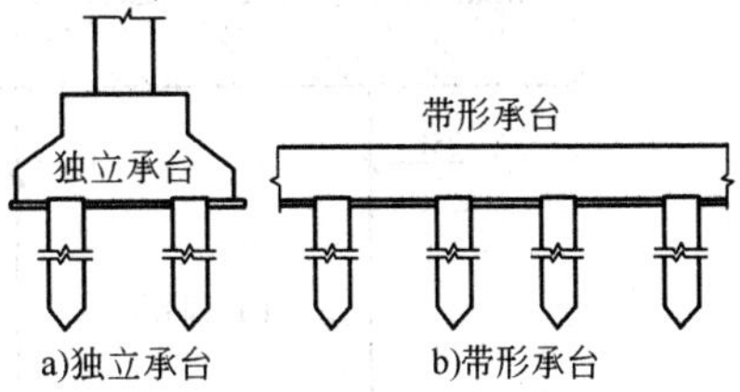

图3-55 桩承台图

(2)基础梁：凡在柱基之间承受上部墙身荷载而下部无其他承托的梁是基础梁。基础梁与圈梁的主要区别是梁下有无墙或基础作为支撑，无支撑者为基础梁。在计算模板和混凝土时一定要注意区分，如图3-56所示。

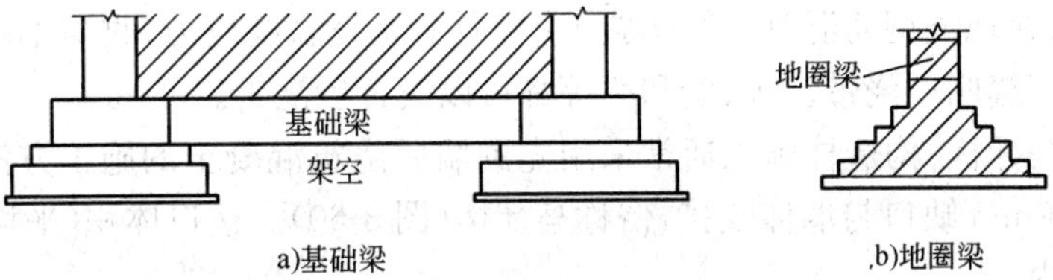

图3-56 基础梁与地圈梁

(3)二次灌浆：通常在混凝土基础顶面为设备(结构)的安装预留地脚螺栓孔(图3-57)，待设备安装后，再用细石混凝土浇灌固定，这种灌注混凝土的做法称为二次灌浆。

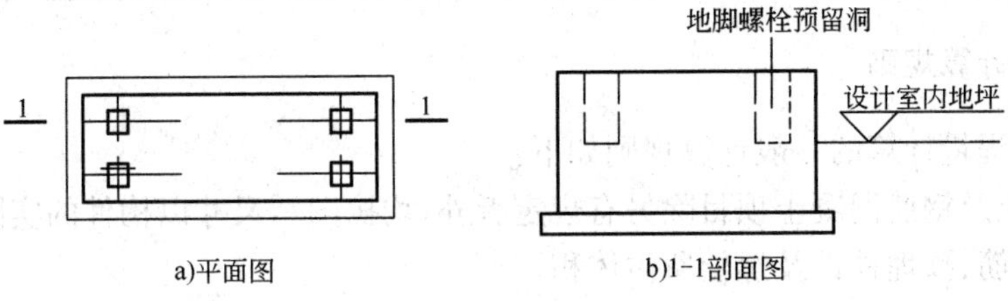

图3-57 设备基础预留洞

(4)毛石混凝土:就是在混凝土中加入大约20%左右的毛石,通常用于基础。

(5)主梁、次梁:按结构受力情况分析次梁是将楼板上的荷载传给主梁,是主梁的分支;主梁是承担与其连接的所有次梁传来的荷载,并将荷载传给柱。主梁断面要高于次梁断面。

(6)圈梁与过梁:在房屋的檐口、窗顶、楼层或基础顶面标高处,沿砌体水平方向设置封闭的按构造配筋的混凝土梁式构件叫圈梁。过梁是设在洞口顶部承受洞口上部荷载的梁。圈梁通过门窗洞口时,圈梁兼作过梁(图 3-58),长度通常按门窗洞口宽两端共加 50cm 作为过梁项目计算。

(7)异型梁:是指单梁或连系梁截面为 L、T、+、I 等字形的梁。

(8)单梁、连续梁、矩形梁:单梁和连系梁是两种支撑方式不同的梁的简称,分别是单跨剪支梁和多跨连系梁。单跨有两个支撑点(支撑到墙或柱上),连系梁有两个以上的支撑点。单梁、连续梁从形状上可设计成矩形和异形两种,为了区分,预算定额中不使用矩形梁这个名称。

(9)无梁板:无梁板是指不带梁而是用柱直接支撑的钢筋混凝土楼板。图 3-59 为无梁板与有梁板的比较。

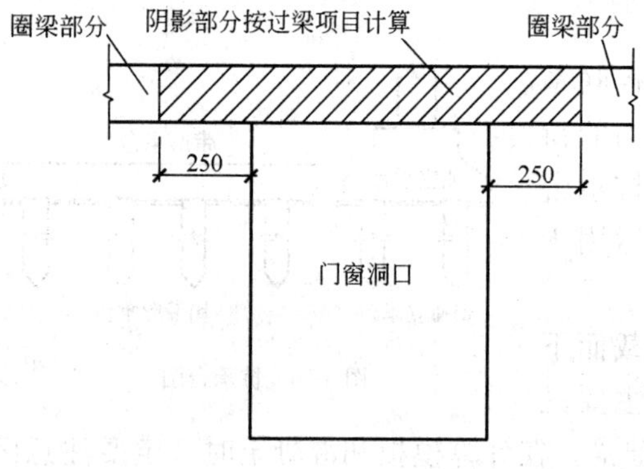

图 3-58　圈梁兼作过梁示意图(尺寸单位:mm)

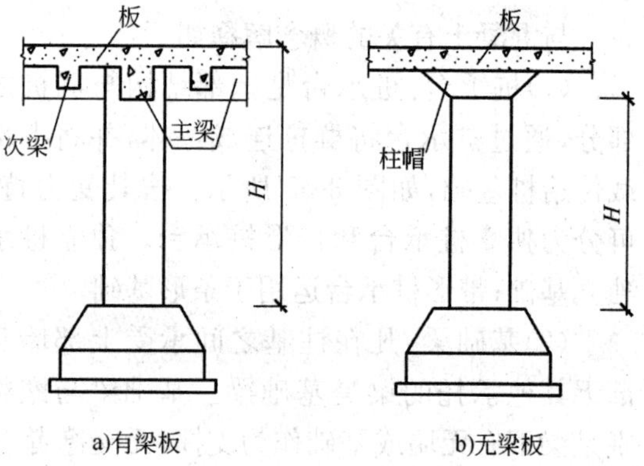

图 3-59　无梁板与有梁板的比较

(10)后浇带:在现浇钢筋混凝土结构施工中,为了克服温度应力、收缩不均产生有害裂缝而设置的临时施工缝叫后浇带。板、墙和梁等都可以设置后浇带。

(11)构造柱马牙槎:构造柱施工通常采用先砌墙后浇筑混凝土的施工方法。砌墙时一般每隔 5 批砖,留 60mm 缺口与墙体咬接,俗称马牙槎(图 3-60)。槎口体积(平均每边按 30mm)计入构造柱体积内。

(12)零星构件:定额中每个单体积在 0.05m^3 以内的未列项构件都可称为零星构件。

二 混凝土工程量计算

(一)一般计算规则

混凝土工程量计算的一般计算规则如下:

(1)混凝土及钢筋混凝土项目除另有规定者外,均按图示尺寸以构件的实际体积计算。不扣除构件内钢筋、预埋铁件及螺栓所占体积。

(2)混凝土及钢筋混凝土墙、板等构件,均不扣除孔洞面积在 0.3m^2 以内的混凝土体积,其预留孔洞工料也不增加。面积超过 $0.3m^2$ 的孔洞,应扣除孔洞所占的体积。

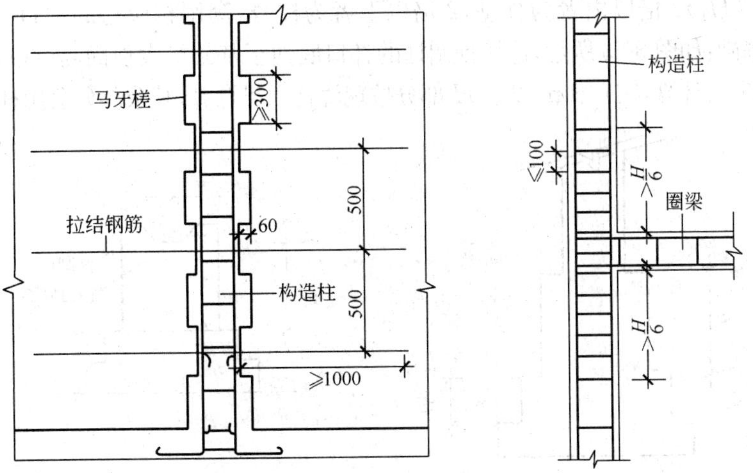

图 3-60　构造柱马牙槎示意图(尺寸单位:mm)

(二)现浇混凝土工程量计算

1. 基础

(1)有梁式带形混凝土基础。其梁高与梁宽之比在 4∶1 以内的,按有梁式带形基础计算;超过 4∶1 时,其基础底板按板式基础计算,上部按墙计算。

(2)满堂基础。按构造可分为无梁式(板式)、有梁式(片筏式)和箱式满堂基础,如图3-61所示。工程量按下列规定计算,套相应的定额项目。

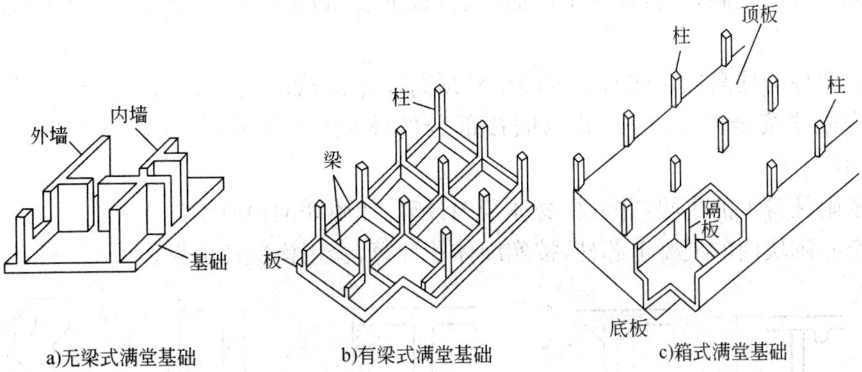

a)无梁式满堂基础　b)有梁式满堂基础　c)箱式满堂基础

图 3-61　满堂基础

①无梁式满堂基础相当于倒转的无梁楼板,其工程量按板的体积计算,套用无梁式满堂基础定额项目。如果有扩大或锥形柱脚(墩)时,其工程量并入板的体积内。

②有梁式满堂基础相当于倒置的肋形楼板或井字梁楼板,其工程量是把板和梁的工程量合并,以 m^3 计算,套用有梁式满堂基础定额项目。

③箱式满堂基础是上有顶盖,下有底板,中间有纵横墙板连接,四壁封闭的整体基础(混凝土地下室)应分别按无梁式满堂基础(底板)、柱、墙、梁、板的有关规定计算,分别套用相关定额项目。

(3)独立基础如图 3-62 所示,应分别按毛石混凝土和混凝土独立基础,以设计图示尺寸的实体积计算,其高度从垫层上表面算至柱基上表面。现浇独立柱基与柱的划分:高度(H)为相邻下一个高度(H_1)2倍以内者为柱基,2倍以上者为柱身,套用相应柱的项目。

(4)杯形基础:如图3-63所示,连接预制柱的杯口底面至基础扩大顶面高度(H)在0.50m以内的按杯形基础项目计算,在0.50m以上H部分按现浇柱项目计算;其余部分套用杯形基础项目。

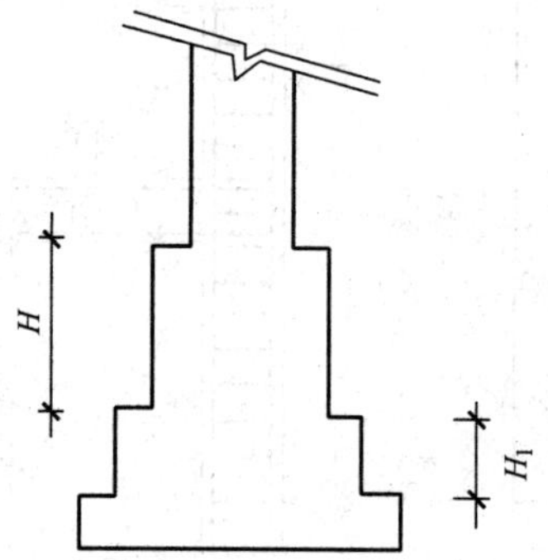

图3-62　独立基础

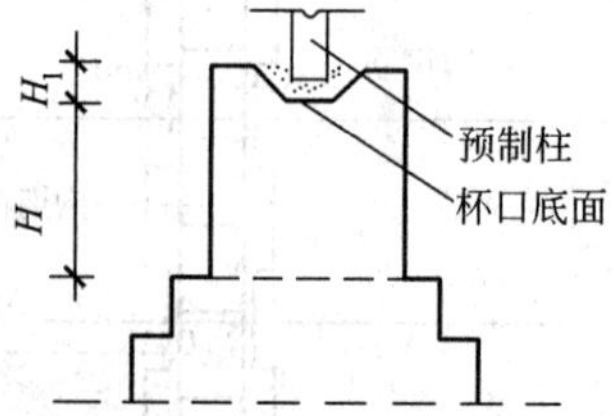

图3-63　杯形基础

(5)设备基础除块体以外,其他类型设备基础分别按基础、梁、柱、板、墙等有关规定计算,套相应的定额项目。

(6)桩承台按图示尺寸实体体积,以m^3计算。

2.柱

按图示断面尺寸乘以柱高,以m^3计算。柱高按下列规定计算:

(1)有梁板的柱高,应自柱基上表面(或楼板上表面)至上一层楼板上表面之间的高度计算,如图3-64a)所示。

(2)无梁板的柱高,应自柱基上表面(或楼板上表面)至柱帽下表面之间的高度计算,如图3-64b)所示。

(3)框架柱的柱高应自柱基上表面至柱顶高度计算,如图3-64c)所示。

(4)构造柱按全高计算,与砖墙嵌接部分的体积(马牙槎)并入柱身体积内计算,如图3-64d)所示。

(5)依附柱身上的牛腿,并入柱身体积内计算,如图3-64e)所示。

(6)空心砌块内的混凝土芯柱,按实灌体积计算,套用构造柱项目。

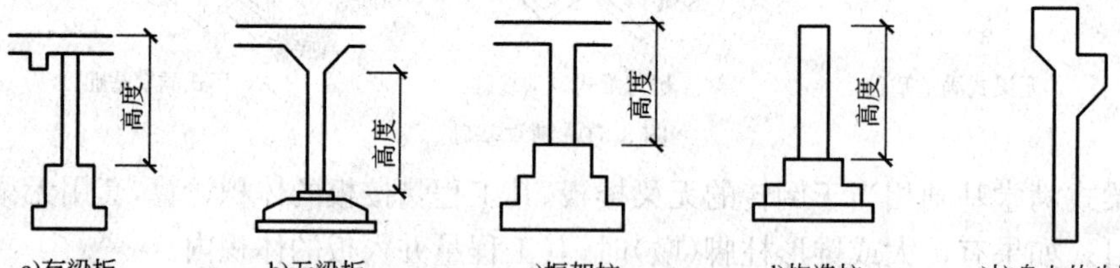

图3-64　柱高示意图

3.梁

按图示断面尺寸乘以梁长,以m^3计算。梁长按下列规定确定:

(1)梁与柱连接时,梁长算至柱侧面。

(2)主梁与次梁连接时，次梁长算至主梁侧面。伸入砖墙内梁头、梁垫体积并入梁体积内计算。

(3)圈梁、过梁应分别计算，圈梁通过门窗洞口时，可按门窗洞口宽度两端共加 50cm 并按过梁项目计算，其他按圈梁计算。

4. 板

按图示面积乘以厚度以 m^3 计算(梁板交接处不得重复计算)，其中：

(1)有梁板包括主、次梁与板，按梁、板体积之和计算。

(2)无梁板按板和柱帽体积之和计算。

(3)平板按板实体体积计算。

(4)现浇挑檐天沟与板(包括屋面板、楼板)连接时，以外墙为分界线，与圈梁(包括其他梁)连接时，以梁外边线为分界线。外墙边线以外或梁外边线以外为挑檐天沟。

(5)各类板伸入砖墙内的板头并入板体积内计算。

(6)预制板补现浇板缝时，按平板计算。

5. 墙

按图示墙长度乘以墙高及厚度，以 m^3 计算。计算各种墙体积时，应扣除门窗洞口及 $0.3m^2$ 以上的孔洞体积，墙垛及突出部分并入墙体积内计算。

(1)墙长：外墙按中心线长度计算，内墙按净长线计算，有柱的算至柱侧面(柱通常认为突出墙面 240mm 以上，暗柱要并入墙身体积内)。

(2)墙高：从墙基上表面或基础梁上表面算至墙顶，有梁者算至梁底面(与墙同宽的暗梁或连系梁并入墙身体积内)。

6. 其他

(1)现浇整体楼梯(包括板式、单梁式或双梁式楼梯)按楼梯和楼梯平台的水平投影面积计算。楼板与楼梯之间的楼梯梁包括在投影面积内，楼梯井宽度超过 50cm 时应扣除其所占面积，伸入墙内部分不另增加，楼梯基础及室外楼梯柱以下部分应另行计算，楼梯栏板、栏杆、扶手套用相应其他项目。

(2)阳台、雨篷(悬挑板)，按伸出外墙水平投影面积计算，伸入外墙的牛腿不另计算，带反挑梁的雨篷按展开面积并入雨篷内计算。

(3)栏板按 m^3 计算，伸入墙内的栏板，合并计算。

(4)栏杆按净长度以延长米计算。不计算伸入墙内的长度。

(5)预制钢筋混凝土框架柱的现浇接头(包括梁接头)按设计规定断面和长度，以 m^3 计算，套用框架柱接头项目计算。

(6)预制混凝土后浇带按图示尺寸以实体体积计算。

(三)预制混凝土工程量计算

(1)预制构件的制作工程量，应按图纸计算的实体积(即安装工程量)另加相应安装项目中规定的损耗量，以 m^3 计算，不扣除构件内钢筋、铁件及小于 300mm×300mm 以内孔洞面积。

(2)预制桩尖按虚体积，即以设计全长乘以最大截面面积计算体积。

(3)混凝土与钢杆件组合的构件，混凝土部分按构件实体体积，以 m^3 计算，钢构件部分以 t 计算，分别套相应定额项目。

(四)构筑物混凝土工程

构筑物混凝土除另有规定者外,均按图示尺寸扣除门窗洞口及 0.3m^2 以上孔洞所占体积以实体体积计算。

1.水塔

(1)筒身与槽底以槽底连接的圈梁底为界,以上为槽底,以下为筒身。

(2)筒式塔身及依附于筒身的过梁、雨篷挑檐等并入筒身体积内计算;柱式塔身、柱、梁合并计算。

(3)塔顶及槽底,塔顶包括顶板和圈梁,槽底包括底板挑出的斜壁板和圈梁等合并计算。

2.储水池

不分平底、锥底、坡底,均按池底计算;壁基梁、池壁不分圆形壁和矩形壁,均按池壁计算;其他项目均按现浇混凝土部分相应项目计算。

(五)混凝土计算公式

1.带形基础

(1)无梁式带形基础及 $h_3:b<4:1$ 时的有梁(肋)式带形基础(图 3-65),计算出工程量,套用带形基础定额。计算公式见式(3-18)和式(3-19):

无梁式

$$V=\left(Bh_1+\frac{B+b}{2}h_2\right)\times(L_{中}+L_{内}) \tag{3-18}$$

有梁式($b:h_3<4:1$)

$$V=\left(Bh_1+\frac{B+b}{2}h_2+bh_3\right)\times(L_{中}+L_{内}) \tag{3-19}$$

式中:V——基础体积,m^3;

B——基础底面宽度,m;

b——条形基础肋宽度,m;

h——各部分的高度,m;

$L_{中}$——外墙基中心线长度,m;

$L_{内}$——内墙基净长(断面各部分的净长是不同的),m。

(2)$h_3:b>4:1$ 时的有梁(肋)式带形基础(图 3-66),以基础扩大底面为界分别计算出工程量,下部套用带形基础定额,上部套用混凝土墙定额。

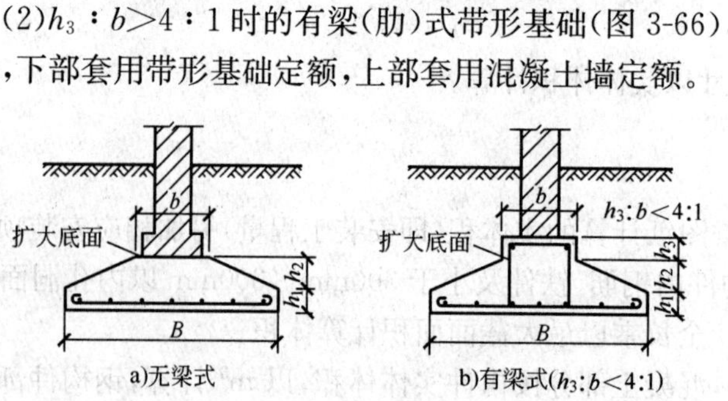

a)无梁式　　b)有梁式($h_3:b<4:1$)

图 3-65　带形基础

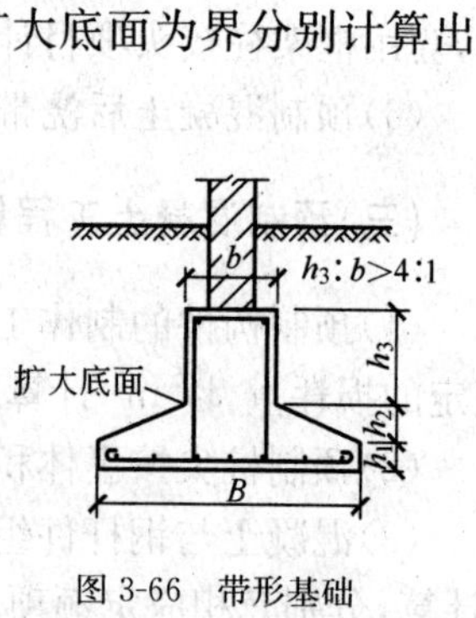

图 3-66　带形基础

计算公式见式(3-20)和式(3-21)：

带形基础

$$V=\left(Bh_1+\frac{B+b}{2}h_2\right)\times(L_{中}+L_{内}) \tag{3-20}$$

混凝土墙

$$V=bh_3\times(L_{中}+L_{内}) \tag{3-21}$$

式中：V——基础体积，m^3；

B——基础底面宽度，m；

b——条形基础肋宽度，m；

h——各部分的高度，m；

$L_{中}$——外墙基中心线长度，m；

$L_{内}$——内墙基净长(断面各部分的净长是不同的)，m。

2. 独立基础

如图3-67所示，计算公式见式(3-22)和式(3-23)：

a)形式

$$V=abh_1+a_1b_1h \tag{3-22}$$

b)形式

$$V=abh_1+\frac{h_2}{6}[ab+(a+a_1)(b+b_1)+a_1b_1] \tag{3-23}$$

式中：V——基础体积，m^3；

a、b——基础底面宽度，m；

a_1、b_1——扩大基础顶面宽度，m；

h_1、h_2——各部分的高度，m。

3. 杯形基础

如图3-68所示，计算公式见式(3-24)：

$$V=V_1+V_2+V_3-V_{杯口} \tag{3-24}$$

式中：V——杯形基础体积，m^3；

V_1——基础下部长方体的体积，m^3；

V_2——基础中部四棱台的体积，m^3；

V_3——上部短柱的体积，m^3。

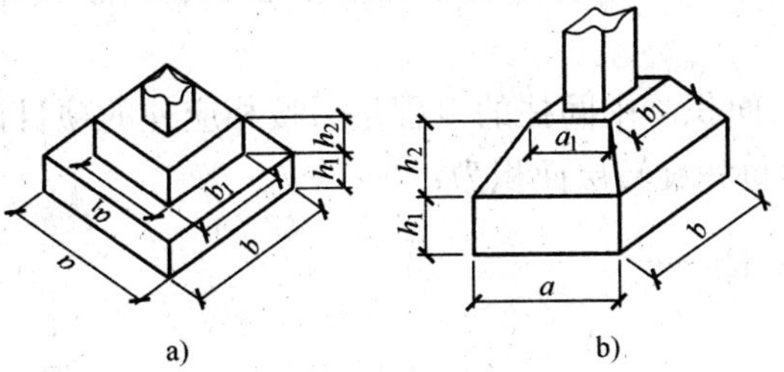

图3-67　独立基础

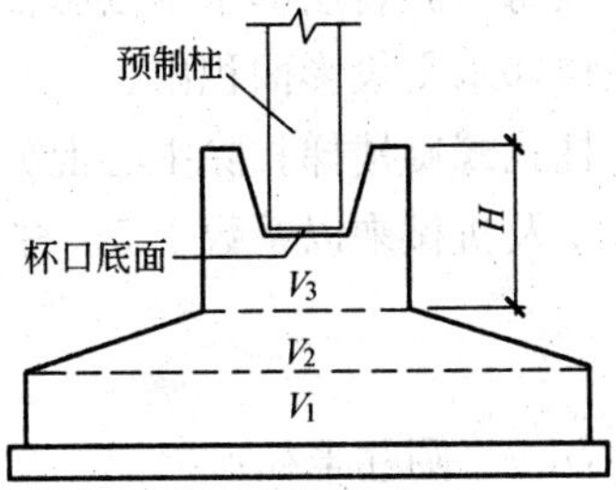

图3-68　杯形基础示意图

4. 楼梯

1)整体楼梯

如图 3-69 所示,计算公式见式(3-25)和式(3-26)。

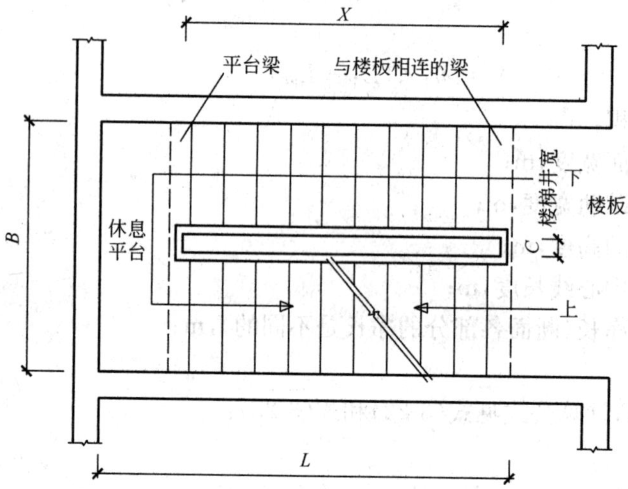

图 3-69　楼梯平面图

当 $C \leqslant 500\text{mm}$ 时

$$S = B \times L \times N \tag{3-25}$$

当 $C > 500\text{mm}$ 时

$$S = (BL - CX) \times N \tag{3-26}$$

式中:S——楼梯的面积;

B——楼梯间净宽;

L——楼梯间长度(从外墙里皮至梯梁外侧);

X——楼梯井长度;

C——楼梯井宽度;

N——楼梯的层数(不上人屋面通常 N=层数−1)。

2)整体螺旋楼梯、柱式螺旋楼梯

按每一旋转层的水平投影面积计算,楼梯与走道板分界以楼梯梁外边缘为界,该楼梯梁包括在楼梯水平投影面积内。

柱式螺旋楼梯扣除中心混凝土柱所占的面积。中间柱的工程量另按相应柱的项目计算,其人工及机械乘以系数 1.5。柱式螺旋楼梯每一旋转层面积为:

$$S = R^2 - r^2 \tag{3-27}$$

式中:r——圆柱半径;

R——螺旋楼梯半径。

三 钢筋工程量计算

(一)钢筋工程量计算有关规定

1.混凝土保护层厚度

为了保护钢筋不受大气的侵蚀而生锈,在钢筋的周围应留有混凝土保护层。保护层厚度是指钢筋的外表面到混凝土外表面的垂直距离。在无设计要求的情况下按下表3-13执行最小混凝土保护层厚度。梁、柱箍筋保护层一般取15mm,板、墙和壳箍筋保护层取10mm。

最小混凝土保护层厚度(单位:mm)　　表3-13

环境与条件	构件名称	混凝土强度等级		
		≤C20	C25或C30	≥C35
室内正常环境	板、墙、壳	20	15	15
	梁	30	25	25
	柱	30	30	30
露天或室内高潮湿环境(非严寒地区)	板、墙、壳	—	20	20
	梁、柱	—	30	30
有垫层	基础	40	40	40
无垫层		70	70	70

2.钢筋的锚固

混凝土中的钢筋在深入或穿过支座或支点时,应与支座有足够的锚固能力,因而必须保证钢筋深入支座或支点内有足够的长度。混凝土结构受拉钢筋的锚固长度按设计要求或现行《混凝土结构设计规范》(GB 50010—2010)执行。规范的具体内容见表3-14。

受拉钢筋的最小锚固长度 l_a　　表3-14

钢筋种类	混凝土强度等级									
	C20		C25		C30		C35		≥C40	
	$d\leqslant25$	$d>25$	$d\leqslant25$	$d>25$	$d\leqslant25$	$d>25$	$d\leqslant25$	$d>25$	$d\leqslant25$	$d>25$
HPB235	$31d$	$31d$	$27d$	$27d$	$24d$	$24d$	$22d$	$22d$	$20d$	$20d$
HRB335	$39d$	$42d$	$34d$	$37d$	$30d$	$33d$	$27d$	$30d$	$25d$	$27d$
HRB400	$46d$	$51d$	$40d$	$44d$	$36d$	$39d$	$33d$	$36d$	$30d$	$33d$

有抗震设防要求的混凝土构件纵向受拉钢筋抗震锚固长度 l_{aE}:

一、二级抗震等级　　$l_{aE}=1.15l_a$

三级抗震等级　　$l_{aE}=1.05l_a$

四级抗震等级　　$l_{aE}=l_a$

式中:l_a——纵向受拉钢筋锚固长度;

l_{aE}——纵向受拉钢筋抗震锚固长度。

在任何情况下,钢筋的锚固长度不得小于250mm。

下面介绍几种构件钢筋的锚固形式：

1)框架柱和框架梁纵向受力钢筋的锚固形式(图 3-70)

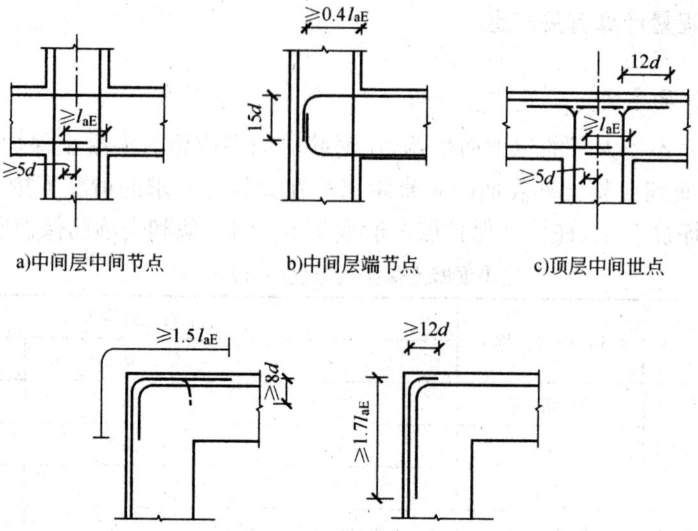

a)中间层中间节点　b)中间层端节点　c)顶层中间世点

d)顶层端节点一　e)顶层端节点二

图 3-70　框架梁和框架柱的纵向受力钢筋锚固

2)圈梁和构造柱搭接钢筋的锚固

设计图纸通常不表示出钢筋锚固的长度和钢筋构造配筋要求，在计算钢筋工程量时，圈梁、构造柱的钢筋锚固(搭接)和构造要求依据 97G329(三)、(四)有关规定执行。钢筋的锚固长度和搭接形式如图 3-71 所示，长度通常按表 3-15 执行。

圈梁和构造柱 l_a 和 l_l 长度(单位:mm)　表 3-15

纵向钢筋直径(mm)	ϕ12		ϕ14	
混凝土强度等级	C15	C20	C15	C20
l_a	600	480	700	560
l_l	720	580	840	670

3. 钢筋的接头

纵向钢筋绑扎搭接长度见式(3-28)和式(3-29)：

$$l_{lE}=\xi l_{aE}\quad 抗震地区\tag{3-28}$$

$$l_l=\xi l_a\quad 非抗震地区\tag{3-29}$$

式中：l_{lE}——纵向受拉钢筋的抗震搭接长度，mm；

l_l——纵向受拉钢筋的搭接长度，mm；

ξ——纵向受拉钢筋搭接长度修正系数，按表 3-16 计取。

纵向受拉钢筋搭接长度修正系数　表 3-16

纵向受拉钢筋搭接接头百分率(%)	≤25	50	100
ξ	1.2	1.4	1.6

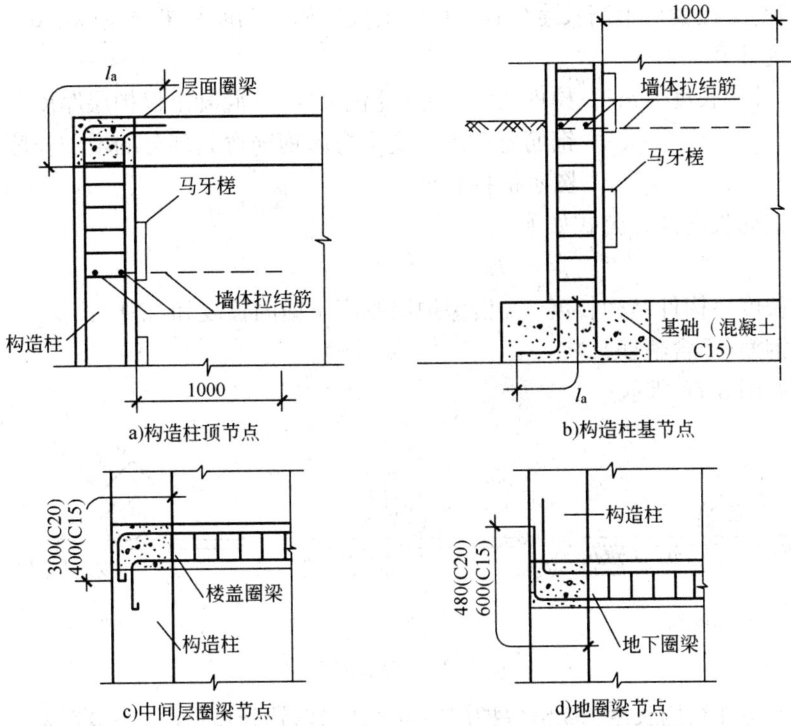

图 3-71 构造柱、圈梁纵筋的锚固(尺寸单位:mm)

轴心受拉及小偏心受拉杆件的纵向受力钢筋不得采用绑扎搭接接头。当受拉钢筋的直径 $d>28$mm 及受压钢筋的直径 $d>32$mm 时,不宜采用绑扎搭接接头,常用气压焊、电渣压力焊或机械连接。电渣压力焊用于竖直钢筋的连接,如框架柱和剪力墙的纵向钢筋。

在任何情况下,受拉钢筋的搭接长度不得小于 300mm,受压钢筋的搭接长度不得小于 200mm。

(二)钢筋工程量计算规则

钢筋工程量的计算规则如下:

(1)钢筋工程,应区别现浇构件钢筋、预制构件钢筋、预应力钢筋分别列项。钢筋工程量应区分不同钢筋类别、钢种和直径分别按设计长度乘以单位质量,以 t 计算。

(2)计算钢筋工程量时,设计已规定钢筋搭接长度的按规定搭接长度计算;设计未规定搭接长度的,已包括在钢筋的损耗率之内,不另计算搭接长度(本条规则各地区执行差异很大,工作中要加以注意)。

(3)气压焊、电渣压力焊和机械连接接头区分不同直径以个为计量单位。

(4)预应力钢筋应按施工图要求计算张拉预留量,如图纸未明确时,可按以下规定计算:先张法预应力钢筋,按构件外形尺寸计算长度,后张法预应力钢筋按设计图规定的预应力钢筋预留孔道长度,并区别不同的锚具类型,分别按有关规定计算。

(三)计算公式

钢筋工程量计算:

钢筋工程量＝钢筋长度(m)×相应根数×相应钢筋每米质量(kg/m)　(3-30)

1.钢筋长度计算

钢筋长度(外皮长度)(m)＝构件图示尺寸(外包尺寸)－混凝土保护层厚度＋钢筋弯钩加长度＋弯起钢筋弯起部分的增加长度＋图示搭接长度　(3-31)

不同形式钢筋长度计算公式如下：

1)直钢筋

钢筋长度＝构件结构长度－2倍保护层厚度＋锚固长度和(搭接长度)　(3-32)

2)带弯钩钢筋(不含箍筋)

弯钩形状如图3-72所示。

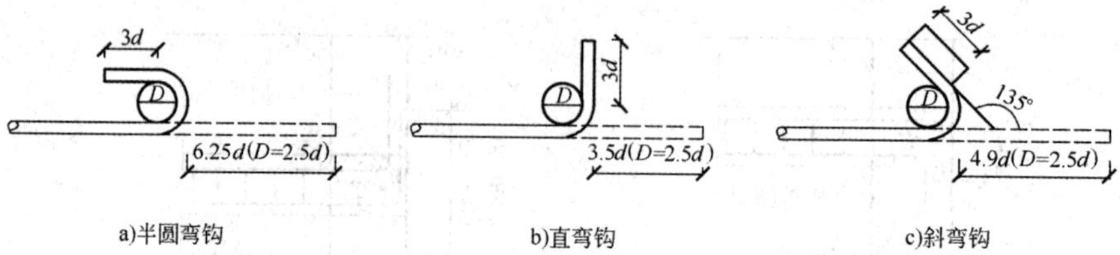

图3-72　弯钩示意图

钢筋长度＝构件结构长度－2倍保护层厚度＋2倍弯钩长度(通常一级钢末端加弯钩)＋锚固长度和(搭接长度)　(3-33)

纵筋弯钩长度见表3-17。

纵筋弯钩长度　表3-17

弯钩角度	180°	90°	135°
增加长度(Ⅰ级钢筋)	6.25d	3.5d	4.9d

各种弯钩尺寸见表3-18，h为构件净高。

钢筋弯起增加长度　表3-18

弯起角度	30°	45°	60°
S	2h	1.414h	1.155h
	1.155L	1.414L	2L
增加长度 $S-L$	0.268h	0.414h	0.575h
	0.155L	0.0414L	L

3)弯起钢筋

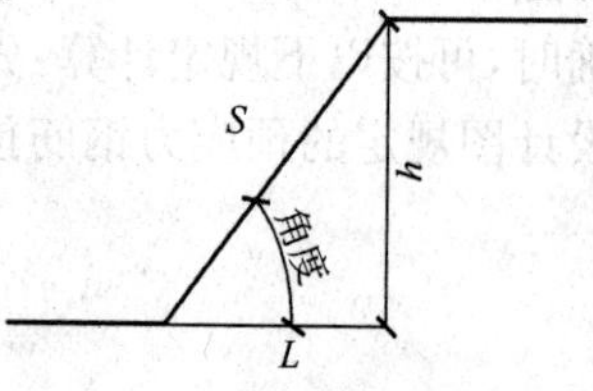

图3-73　弯起钢筋示意图

弯起钢筋形状如图3-73所示。

钢筋长度＝构件结构长度－2倍保护层厚度＋弯钩长度＋弯起钢筋长度增加值＋锚固长度和(搭接长度)　(3-34)

4)箍筋

(1)矩形箍筋

$$L=(b+h)\times 2-8\times \text{保护层厚度}+2\times \text{构件的弯钩长度}+8d-3\times \text{量度差(后两项合并后可忽略)} \quad (3\text{-}35)$$

式中：b——构件的宽度，m；

h——构件的高度，m；

d——箍筋直径，m。

(2)S箍

$$L=b-2\text{倍保护层厚度}+2\text{倍构件的弯钩长度} \quad (3\text{-}36)$$

(3)螺旋箍(图3-74)

$$L=H/P\times \sqrt{\pi^2\times (D-2a+d)^2+P^2} \quad (3\text{-}37)$$

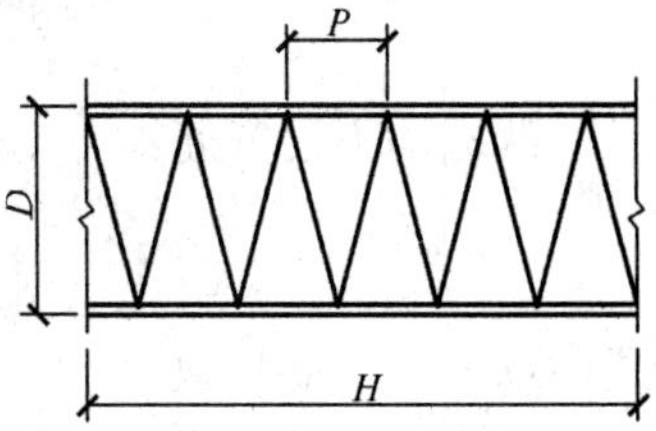

图3-74　螺旋箍示意图

式中：H——构件长度，m；

P——螺距，m；

D——构件直径，m；

a——混凝土保护层，m；

d——螺旋箍筋直径，m。

箍筋弯钩长度见表3-19。

箍筋弯钩长度　　表3-19

弯钩形式		180°	90°	135°
弯钩增加值	一般结构	8.25d	5.5d	6.87d
	抗震结构	13.25d	10.5d	11.87d

注：表中数值不同地区可能有所不同。d为钢筋直径。

5)量度差(调整值)

钢筋弯曲后弯曲处外皮延伸、内皮压缩、轴线长度不变，形成圆弧；而钢筋计算长度时采用外包直线长度(箍筋为内包长度)。因此，弯起钢筋的计算长度与实际长度有一个差值，此差值称为量度差(图3-75)。由于弯起半径的不同，此数值是变化的。根据理论和实际经验推算其大小见表3-20。

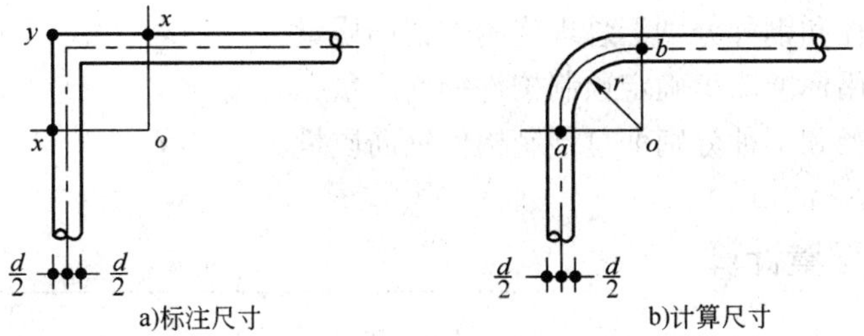

图3-75　量度差示意图

量度差估算值　　表3-20

钢筋弯曲角度	30°	45°	60°	90°	135°
钢筋弯曲调整值	0.35d	0.5d	0.85d	2d	3d

注：表中d为钢筋直径。

弯钩的计算中已考虑了量度差值，不用重复计算。

2. 钢筋根数

(1)梁、柱等构件纵向钢筋根数图纸会直接标出来。

(2)墙、板和柱梁的箍筋一般标注为钢筋的间距,钢筋根数可按下面公式计算。

两端均设箍筋:

$$n=\frac{l-2a}{s+1} \tag{3-38}$$

两端中只有一端设箍筋:

$$n=\frac{l-2a}{s} \tag{3-39}$$

两端均不设箍筋:

$$n=\frac{l-2a}{s-1} \tag{3-40}$$

式中:n——钢筋根数;

l——构件垂直于钢筋方向的长度,mm;

s——钢筋布置间距,mm;

a——混凝土保护层,mm。

3. 常用钢筋的理论质量(表 3-21)

钢筋的理论质量表　　表 3-21

公称直径(mm)	6	6.5	8	10	12	14	16	18	20	22	25	28	32
理论质量(kg/m)	0.222	0.26	0.395	0.617	0.888	1.21	1.58	2.00	2.47	2.98	3.85	4.83	6.31

4. 钢筋工程量计算步骤

(1)确定构件混凝土的强度等级和抗震级别(按设计图纸)。

(2)确定钢筋保护层的厚度(按设计图纸或规范)。

(3)计算钢筋的锚固长度 L_a,抗震锚固长度 L_{aE},钢筋的搭接长度 L_l,抗震搭接长度 L_{lE}(按设计图纸、各种规范、标准,常用的有 16G101、11G329 等)。

(4)计算钢筋的长度、根数和质量。

(5)按不同直径和钢种分别汇总现浇构件钢筋质量。

(6)计算或查用标准图集确定预制构件钢筋质量。

(7)按不同直径和钢种分别汇总预制构件钢筋质量。

四 模板工程量计算

(一)现浇混凝土模板计算规则

现浇混凝土及钢筋混凝土模板工程量,按以下规定计算:

(1)现浇混凝土及钢筋混凝土模板工程量,除另有规定者外,均应区别模板的不同材质,按混凝土与模板接触面的面积,以 m^2 计算。

(2)现浇钢筋混凝土柱、梁、板、墙的支模高度(即地坪至板底或板面至板底之间的高度)以 3.6m 以内为准,超过 3.6m 以上部分,另按超过部分计算增加支撑工程量。

(3)现浇钢筋混凝土墙、板上单孔面积在0.3m^2以内的孔洞，不予扣除，洞侧壁模板亦不增加；单孔面积在0.3m^2以外时，应予扣除，洞侧壁模板面积并入墙、板模板工程量之内计算。

(4)现浇钢筋混凝土框架分别按梁、板、柱、墙有关规定计算，附墙柱，并入墙内工程量计算。

(5)杯形基础杯口高度大于杯口大边长度的，套高杯基础定额项目。

(6)柱与梁、柱与墙、梁与梁等连接的重叠部分以及伸入墙内的梁头、板头部分，均不计算模板面积。

(7)构造柱外露面均应按图示外露部分计算模板面积。构造柱与墙接触面不计算模板面积。

(8)现浇钢筋混凝土悬挑板(雨篷、阳台)按图示外挑部分尺寸的水平投影面积计算。挑出墙外的牛腿梁及板边模板不另计算。

(9)现浇钢筋混凝土楼梯，以图示露明面尺寸的水平投影面积计算，不扣除小于500mm楼梯井所占面积。楼梯的踏步、踏步板平台梁等侧面模板，不另计算。

(10)混凝土台阶不包括梯带，按图示台阶尺寸的水平投影面积计算，台阶端头两侧不另计算模板面积。

(11)现浇混凝土小型池槽按构件外围体积计算，池槽内、外侧及底部的模板不应另计算。

(二)预制钢筋混凝土构件模板计算规则

预制钢筋混凝土构件模板工程量，按以下规定计算：

(1)预制钢筋混凝土模板工程量，除另有规定者外均按混凝土实体体积，以m^3计算。

(2)小型池槽按外形体积，以m^3计算。

(3)预制桩尖按虚体积(不扣除桩尖虚体积部分)计算。

(三)构筑物钢筋混凝土模板计算规则

构筑物钢筋混凝土模板工程量，按以下规定计算：

(1)构筑物工程的模板工程量，除另有规定者外，区别现浇、预制和构件类别，分别按现浇和预制混凝土项目的有关规定计算。

(2)大型池槽等分别按基础、墙、板、梁、柱等有关规定计算并套相应定额项目。

(3)液压滑升钢模板施工的烟筒、水塔塔身、储仓等，均按混凝土体积，以m^3计算。预制倒圆锥形水塔罐壳模板按混凝土体积，以m^3计算。

(4)预制倒圆锥形水塔罐壳组装、提升、就位，按不同容积以座计算。

五 计算实例

【例3-21】 已知某框架结构设备基础，有4个框架柱，柱下采用独立基础，尺寸和配筋如图3-76所示。请计算：(1)基础垫层、独立基础和柱混凝土工程量；(2)垫层、基础和柱模板的工程量；(3)计算基础和柱钢筋的工程量。

解：(1)混凝土工程量

①C10混凝土垫层：$V=(1.5+0.1\times2)\times(1.5+0.1\times2)\times0.1\times4=1.16(m^3)$

②独立基础混凝土：$V=(1.5\times1.5\times0.2+0.85\times0.85\times0.2)\times4=2.38(m^3)$

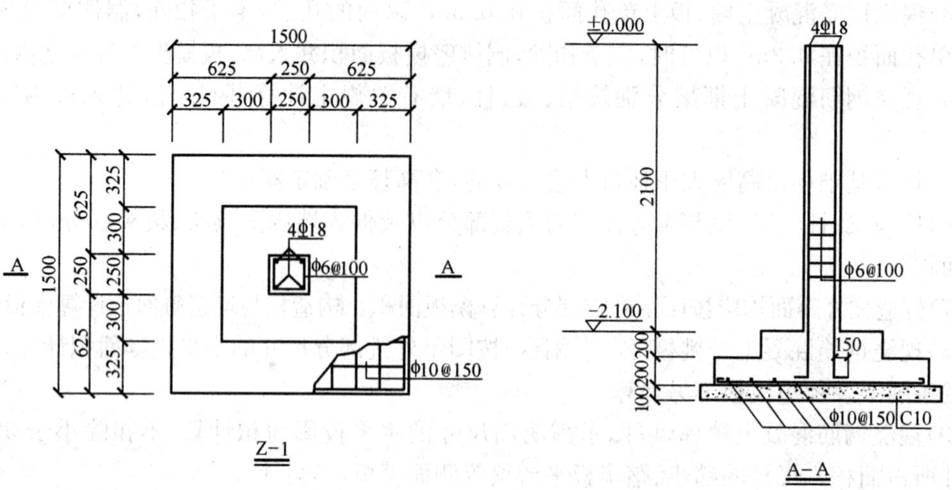

图 3-76　独立基础图(尺寸单位:mm;标高单位:m)

③柱混凝土:$V=0.25\times0.25\times2.1\times4=0.53(m^3)$

(2)模板的工程量

①C10 混凝土垫层模板:$S=(1.5+0.1\times2)\times4\times0.1\times4=2.72(m^2)$

②独立基础混凝土模板:$S=(1.5\times4\times0.2+0.85\times4\times0.2)\times4=7.52(m^2)$

③柱混凝土模板:$S=0.25\times4\times2.1\times4=8.4(m^2)$

(3)钢筋的工程量

①独立基础钢筋:

ϕ10@150 双向 $l=1.5-0.04\times2+12.5\times0.01=1.545(m)$

$n=(1.5-0.04\times2)/0.15+1=11$(根)

钢筋 ϕ10　　$1.545\times11\times2\times0.617\times4=83.89kg=0.084(t)$

②独立柱钢筋:

主筋 4Φ18　$l=2.1+0.2+0.2-0.03-0.04+12\times0.018$(顶)$+0.15$(底)$=2.796(m)$

$n=4$ 根

钢筋Φ18　　$2.796\times4\times2\times4=89.47(kg)=0.089(t)$

箍筋 ϕ6@100　$l=0.25\times4-0.03\times8+23.8\times0.006=0.90(m)$

$n=2+[(2.1-0.03)/0.1+1]=24$(根)

钢筋 ϕ6　　$0.90\times24\times0.26\times4=22.46(kg)=0.022(t)$

基础、柱钢筋小计:

6　0.022t

10　0.084t

Φ18　0.089t

【例 3-22】 图 3-30 和图 3-31 为某砖混建筑基础平面图、基础剖面图。请计算:(1)基础垫层混凝土工程量;(2)带形基础混凝土工程量;(3)垫层、带形基础模板工程量。

解:(1)垫层混凝土工程量

断面面积 $S = 1.4 \times 0.1 = 0.14(m^2)$

垫层长度

外墙:

合计外墙垫层长 = 37.72m(与沟槽、毛石基础相同)

内墙:

Ⓑ轴,①~③　$L = 3 + 0.065 + 3.3 - 1.4/2 - 1.4 - 1.4/2 = 3.57(m)$

Ⓑ轴,④~⑤　$L = 1.8 + 0.065 - 1.4/2 = 1.17(m)$

②轴,Ⓐ~Ⓒ　$L = 2.1 + 4.2 + 0.065 \times 2 - 1.4 = 5.03(m)$

③轴　同上 $L = 5.03(m)$

④轴　$L = 2.1 + 0.065 - 1.4/2 = 1.47(m)$

合计内墙垫层长 = 16.27(m)

垫层工程量 $V = S \times L = (37.72 + 16.27) \times 0.14 = 7.56(m^3)$

(2)带形基础混凝土工程量

断面面积 $S = 1.2 \times 0.35 = 0.42(m^2)$

带形基础长度

外墙:

合计外墙带形基础长 = 37.72m(与沟槽、毛石基础相同)

内墙:

Ⓑ轴,①~③　$L = 3 + 0.065 + 3.3 - 1.2/2 - 1.2 - 1.2/2 = 3.97(m)$

Ⓑ轴,④~⑤　$L = 1.8 + 0.065 - 1.2/2 = 1.27(m)$

②轴,Ⓐ~Ⓒ　$L = 2.1 + 4.2 + 0.065 \times 2 - 1.2 = 5.23(m)$

③轴　同上 $L = 5.23(m)$

④轴　$L = 2.1 + 0.065 - 1.2/2 = 1.57(m)$

合计内墙带形基础长 = 17.27(m)

带形基础工程量 $V = S \times L = (37.72 + 17.27) \times 0.42 = 23.1(m^3)$

(3)垫层、带形基础模板工程量

垫层模板　$S = (37.72 + 16.27) \times 0.1 \times 2 = 10.8(m^2)$

带形基础模板　$S = (37.72 + 17.27) \times 0.35 \times 2 = 38.49(m^2)$

【例 3-23】 某砖混结构屋面配筋图如图 3-77 所示,平面图如图 3-54 所示。试计算:(1)圈梁混凝土的工程量;(2)构造柱混凝土的工程量;(3)屋面板混凝土的工程量;(4)L1和①~②轴屋面板钢筋的工程量。

说明:

(1)墙体砌筑采用 MU10 页岩多孔砖,M7.5 水泥砂浆。

(2)构造柱、圈梁、过梁、顶板均采用 C25 混凝土。

(3)分布筋采用 φ6@250。

(4)GZ1 为 370mm×370mm,GZ2 为 370mm×240mm,GZ3 为 240mm×240mm。

构造柱从地圈梁生根，底标高为−0.050m。

(5)QL1 为 370mm×240mm，QL2 为 240mm×240mm。

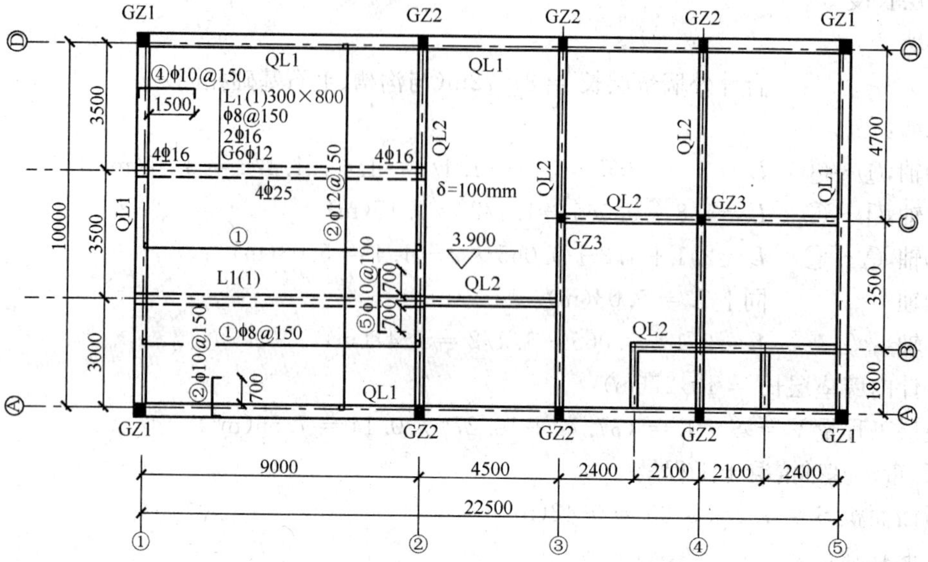

图 3-77　屋面板配筋图(尺寸单位：mm；标高单位：m)

解：(1)圈梁混凝土的工程量

QL1 长度　$L_{外}=(10+0.065\times2+22.5+0.065\times2)\times2$

$=65.52(m)$　(见例 3-19)

扣除GZ1　$0.37\times4=1.48(m)$

GZ2　$0.24\times6=1.44(m)$

L1　$0.3\times2=0.6(m)$

QL1 工程量 $=(65.52-1.48-1.44-0.6)\times0.37\times0.24=5.51(m)^3$

QL2 长度 $L_{内}=29.28+8.52+4.26+6.24+3.24=51.54(m)$　(见例 3-19)

扣除GZ3　$0.24\times2=0.48(m)$

L1　$0.3\times2=0.6(m)$

QL2 工程量 $=(51.54-0.48-0.6)\times0.24\times0.24=2.91(m^3)$

合计圈梁的工程量 $=5.51+2.91=8.42(m^3)$

(2)构造柱混凝土的工程量

GZ1　$V=[0.37\times0.37\times(3.9+0.05)+0.03\times0.37\times(3.9+0.05-0.24)\times2]\times4$

$=2.49(m^3)$

GZ2　$V=[0.37\times0.24\times(3.9+0.05)+0.03\times0.37\times(3.9+0.05-0.24)\times2+$

$0.03\times0.24\times(3.9+0.05-0.24)]\times6=2.76(m^3)$

GZ3　$V=0.24\times0.24\times(3.9+0.05)\times2+0.03\times0.24\times(3.9+0.05-0.24)\times7$

$=0.64(m^3)$

合计构造柱的工程量 $=2.49+2.76+0.65=5.89(m^3)$

(3)屋面板混凝土的工程量

①～②轴为有梁板：

板　(9－0.24)×(10－0.24)×0.1＝8.55(m^3)

梁　(9－0.24)×(0.8－0.1)×0.3×2＋(0.37＋0.24)×0.3×0.8×2＝3.97(m^3)

合计有梁板工程量＝12.52(m^3)

②～⑤轴为平板：

(4.5－0.24)×(3.5×2－0.24)×0.1＝2.88(m^3)　②～③轴

(4.5－0.24)×(3－0.24)×0.1＝1.18(m^3)　②～③轴

(2.4＋2.1－0.24)×(4.7－0.24)×0.1×2＝3.80(m^3)　③～⑤轴＋Ⓒ～Ⓓ轴

(2.4＋2.1－0.24)×(3.5＋1.8－0.24)×0.1×2－0.24×(1.8－0.12＋2.1－0.12＋2.1＋2.4－0.24＋1.8－0.24)×0.1＝4.07(m^3)　③～⑤轴＋Ⓐ～Ⓒ轴

合计平板工程量＝11.93m^3

(4)L1 和①～②轴屋面板钢筋的工程量

L1 钢筋的工程量(按平法标注直形非框架梁)：

下部 4Φ25　(9－0.24＋12×0.025×2)×4＝37.44(m)

上部 2Φ16　(9－0.24＋0.37－0.025＋0.24－0.025＋15×0.016×2)×2＝19.6(m)

上部支座 2Φ16　[(9－0.24)/5＋0.37－0.025＋15×0.016]×2＝4.67(m)

[(9－0.24)/5＋0.24－0.025＋15×0.016]×2＝4.41(m)

构造钢筋 6ϕ12　(9－0.24＋15×0.012×2)×6＝54.72(m)

箍筋 ϕ8@150　L＝(0.8＋0.3)×2－0.025×8＋23.8×0.006＝2.14(m)

n＝[(9－0.24－0.1)/0.15＋1]＋2×2(支座内)＝63(根)

ϕ8　2.14×63＝134.82(m)

拉筋 ϕ8　L＝0.3－0.025×2＋12.5×0.008＝0.35(m)

n＝(9－0.24－0.1)/0.3＋1＝30(根)

ϕ8　0.35×30×3＝31.5(m)

合计 L1 钢筋：Φ25　37.44×3.85×2＝0.288(t)

Φ16　(19.6＋4.67＋4.41)×1.58×2＝0.091(t)

ϕ12　54.72×0.888×2＝0.097(t)

ϕ8　(134.82＋31.5)×0.395×2＝0.131(t)

①～②轴屋面板钢筋的工程量(钢筋单根长度按 10m 考虑)：

①号 ϕ8@150　L＝9＋12.5×0.008＝9.1(m)

n＝[(3－0.12－0.15－0.1)/0.15＋1]＋[(3.5－0.3－0.1)/0.15＋1]＋[(3.5－0.15－0.12－0.1)/0.15＋1]

＝19＋22＋22＝63(根)

ϕ8　9.1×63＝573.3(m)

②号 ϕ12@150　L＝10＋12.5×0.012×2＋27×1.2×0.012(搭接)＝10.69(m)

$n=(9-0.12\times2-0.1)/0.15+1=59$(根)

Φ12　$10.69\times59=630.71$(m)

③号 Φ10@150　$L=0.7+0.37-0.025+(0.1-0.015)\times2=1.22$(m)

$n=(9-0.12\times2-0.1)/0.15+1=59$(根)

Φ10　$1.22\times59\times2=143.96$(m)

分布筋 Φ6@250　$L=9+30\times0.006$(搭接)$=9.18$(m)

$n=(0.7-0.125)/0.25+1=4$(根)

Φ6　$9.18\times4\times2=73.44$(m)

④号 Φ10@150　$L=1.5+0.37-0.025+(0.1-0.015)\times2=2.02$(m)

$n=63$ 根(同 ① 号筋)

Φ10　$2.02\times63=127.26$(m)

分布筋 Φ6@250　$L=10+30\times0.006=10.18$(m)

$n=(1.5-0.125)/0.25+1=7$(根)

Φ6　$10.18\times7=71.26$(m)

⑤号 Φ10@100　$L=0.7\times2+(0.1-0.015)\times2=1.57$(m)

$n=(9-0.24-0.1)/0.1+1=88$(根)

Φ10　$1.57\times88\times2=276.32$(m)

分布筋 Φ6@250　$L=9+30\times0.006=9.18$(m)

$n=[(0.7-0.125)/0.25+1]\times2=8$(根)

Φ6　$9.18\times8\times2=146.88$(m)

①～②轴屋面板钢筋的工程量合计:

Φ6　$(73.44+71.26+146.88)\times0.26=0.076$(t)

Φ8　$573.3\times0.395=0.226$(t)

Φ10　$(143.96+127.26+276.32)\times0.617=0.338$(t)

Φ12　$630.71\times0.888=0.560$(t)

【例 3-24】 图 3-78 为现浇钢筋混凝土单层厂房,梁、板、柱均采用 C30 商品混凝土。板厚 100mm;柱基础顶面标高−0.5m;柱截面尺寸(mm):Z1 为 300×500,Z2 为 400×500,Z3 为 300×400。请计算:(1)梁、板、柱混凝土的工程量;(2)梁、板、柱混凝土模板的工程量。

解:(1)梁、板、柱混凝土的工程量

①柱混凝土:

柱高　$h=5+0.5=5.5$(m)

$V_{Z1}=0.3\times0.5\times5.5\times4=3.3(m^3)$

$V_{Z2}=0.4\times0.5\times5.5\times4=4.4(m^3)$

$V_{Z3}=0.3\times0.4\times5.5\times4=2.64(m^3)$

柱混凝土工程量　$V=3.3+4.4+2.64=10.34(m^3)$

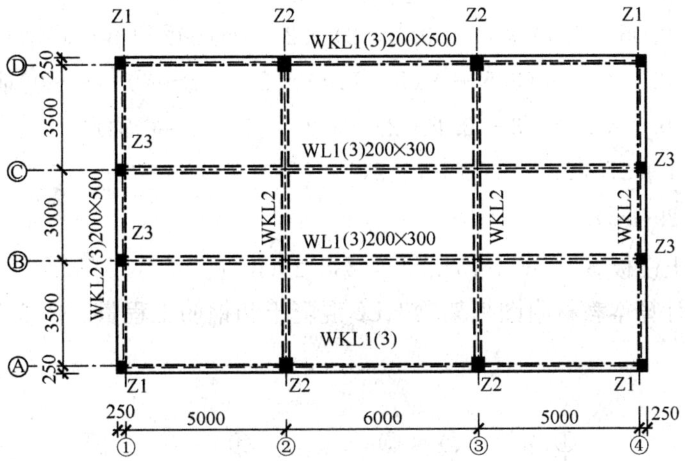

图 3-78　5.00m 标高梁布置图(尺寸单位:mm)

②有梁板混凝土:

WKL1　$V=[5+6+5-(0.3-0.25)\times2-0.4\times2]\times0.2\times(0.5-0.1)\times2=2.42(m^3)$

　　　　　　　　　　　　Z1　　　　Z2

WL1　$V=[5+6+5-(0.3-0.25)\times2-0.2\times2]\times0.2\times(0.3-0.1)\times2$

　　　　　　　　　　　　Z1　　　　WKL2

$=1.24(m^3)$

WKL2　$V=[3.5\times2+3-(0.5-0.25)\times2-0.4\times2]\times0.2\times(0.5-0.1)\times2$

　　　　　　　　　　　　Z1　　　　Z3

$=1.39(m^3)$

$V=[3.5\times2+3-(0.5-0.25)\times2]\times0.2\times(0.5-0.1)\times2$

$=1.52(m^3)$

板　　$V=(5+6+5+0.25\times2)\times(3.5\times2+3+0.25\times2)\times0.1=17.33(m^3)$

扣柱子体积:$(0.3\times0.5+0.4\times0.5+0.3\times0.4)\times4\times0.1=0.19(m^3)$

有梁板混凝土工程量 $V=2.42+1.24+1.39+1.52+17.33-0.19=23.71(m^3)$

(2)梁、板、柱混凝土模板的工程量

①柱混凝土模板:

$S=(0.3+0.5)\times2\times5.5\times4+(0.4+0.5)\times2\times5.5\times4+(0.3+0.4)\times2\times5.5\times4$

$=105.6(m^2)$

②有梁板混凝土模板:

梁 $S=[5+6+5-(0.3-0.25)\times2-0.4\times2]\times[(0.5-0.1)\times2+0.2]\times2+$

$[5+6+5-(0.3-0.25)\times2-0.2\times2]\times[(0.3-0.1)\times2+0.2]\times2+$

$[3.5\times2+3-(0.5-0.25)\times2-0.4\times2]\times[(0.5-0.1)\times2+0.2]\times2+$

$[3.5\times2+3-(0.5-0.25)\times2-0.2\times2]\times[(0.5-0.1)\times2+0.2]\times2$

$=30.2+18.6+18.2+19=86(m^2)$

板 $S=(5+0.05-0.1)\times(3.5+0.05-0.1)\times4$ （①～②＋Ⓐ～Ⓑ轴）＋

$(5+0.05-0.1)\times(3-0.1\times2)\times2$ （①～②＋Ⓑ～Ⓒ轴）＋

$(6-0.1\times2)\times(3.5+0.05-0.1)\times2$ （②～③＋Ⓐ～Ⓑ轴）＋

$(6-0.1\times2)\times(3-0.1\times2)$ （②～③＋Ⓑ～Ⓒ轴）

$=68.31+27.72+40.02+16.24$

$=152.29(m^2)$

有梁板混凝土模板 $S=86+152.29=238.29(m^2)$

【例 3-25】 计算本教材附图框架梁 KL2 混凝土和钢筋工程量。图 3-79 为二、三层梁钢筋图。

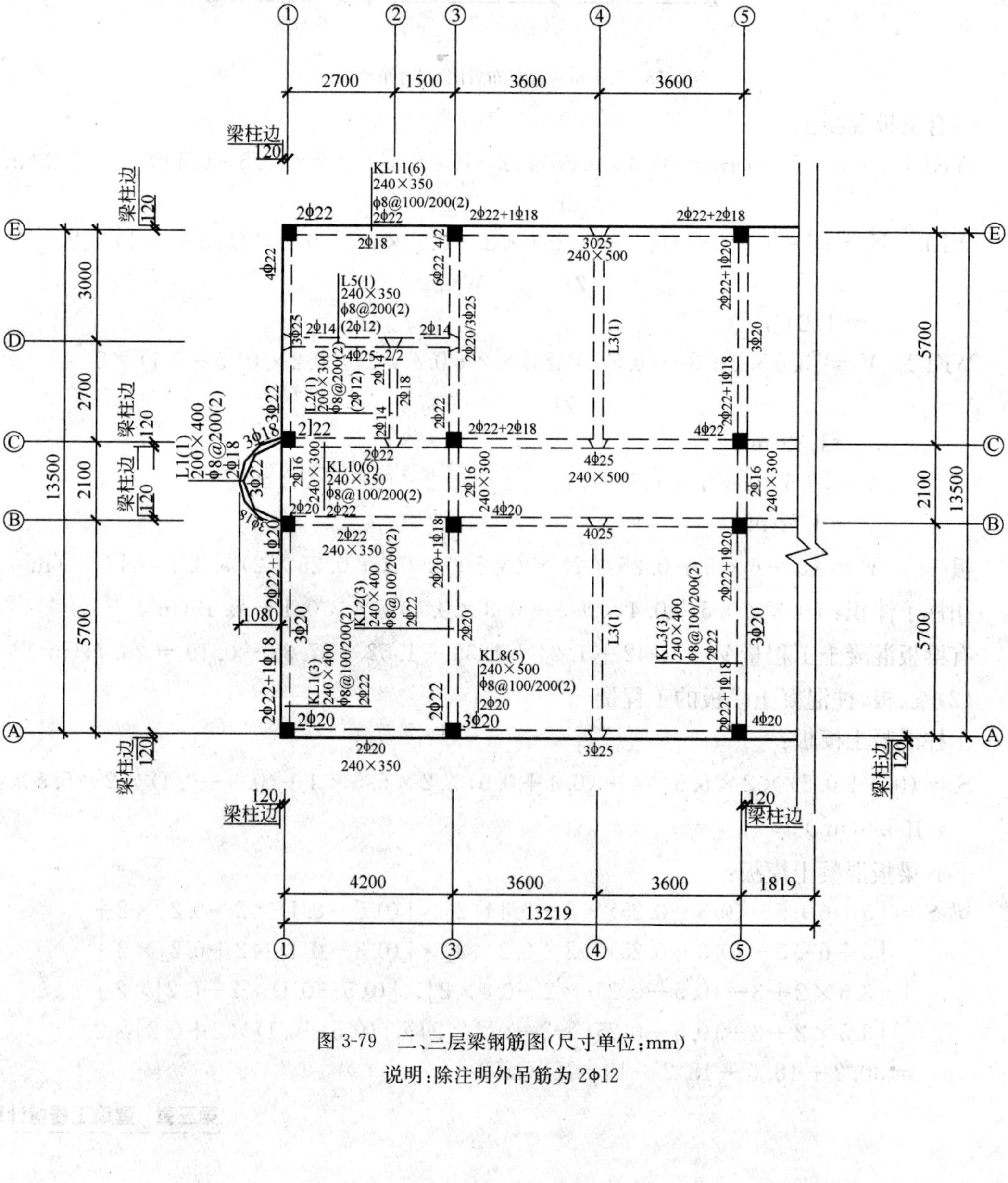

图 3-79　二、三层梁钢筋图(尺寸单位:mm)

说明:除注明外吊筋为 2ϕ12

解：(1)KL2 混凝土工程量

KL2 共 3 跨，截面 240mm×400mm，混凝土强度等级 C25。

KL2 长度(应扣除柱所占的长度)：$L=5.7+2.1+2.7+3+0.12\times2-0.4\times4=12.14(m)$

KL2 混凝土工程量：$V=12.14\times0.24\times0.4=1.17(m^3)$

(2)KL2 钢筋工程量

解题思路：

框架梁钢筋类型主要有：

①上部贯通筋 L=各跨长之和－左支座内侧－右支座内侧＋锚固＋搭接长度

②端支座负筋(L_n 净跨长)：上排钢筋长度$=L_n\div3$＋锚固

下排钢筋长度$=L_n\div4$＋锚固

③中间支座负筋：上排钢筋长度$=L_n\div3$(左)$+L_n\div3$(右)＋支座宽度

下排钢筋长度$=L_n\div4$(左)$+L_n\div4$(右)＋支座宽度

不等跨的框架梁 L_n 取相邻较大跨度净跨长，差异较大时，施工图应进行原位标注，小跨上部纵向受力钢筋通常设置。

④架立筋 $L=L_n\div3+2\times$搭接。

平法中规定，当贯通筋和架立筋同时存在时，搭接取 150mm。

⑤下部钢筋 L=净跨长度＋2×锚固(或 $0.5h_c+5d$)。

⑥腰筋 L=净跨长度＋2×锚固(构造钢筋、抗扭钢筋)。

当梁肋净高 $h_w\geqslant450$ 时，在梁的两侧应沿高度配置纵向构造钢筋；纵向构造钢筋间距 $a\leqslant200$mm，搭接与锚固取为 $15d$。当梁侧面为受扭纵向钢筋时，其搭接长度为 l_l 或 l_{lE}，其锚固长度与方式同框架梁下部钢筋。

⑦拉筋长度 L=梁宽－2×保护层$+2\times11.9d+2\times d$

拉筋根数 n=[(净跨长－50×2)÷非加密间距×2＋1)]×排数

拉筋如图 3-80 所示。

⑧吊筋 L=次梁宽＋2×50＋2×(梁高－2 倍保护层厚度)÷sin45°(60°)$+2\times20d$

吊筋夹角取值：梁高≤800mm 时，取 45°；梁高＞800mm 时，取 60°，有箍筋加密。吊筋如图 3-81 所示。

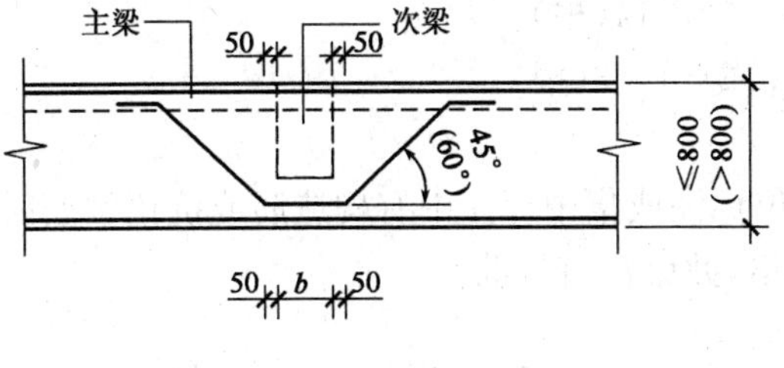

图 3-80 拉筋示意图(尺寸单位：mm)

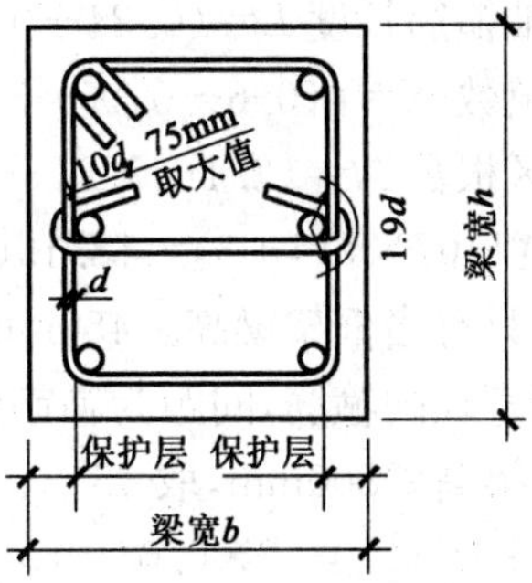

图 3-81 吊筋示意图

⑨箍筋 $L=2\times(H-2\times25+B-2\times25)+11.9\times2d+8d$

根数 n=2×[(加密区长度－50)÷加密间距＋1]＋(非加密区长度÷非加密间距－1)

具体计算如下：

根据设计说明抗震等级三级，C25 混凝土钢筋的锚固长度为 $35d(d\leqslant25)$。

①上部通长筋：2ф22，$d<25$，8m 一个搭接(也可按实际钢筋定尺长度)，搭接长度 35×1.2＝42d，如果设计要求钢筋为机械连接，不再计算搭接长度只按截面不同计算机械连接个数。

ф22 净长：5.7＋2.1＋5.7－0.38×2＝12.74(m)

锚固：0.4－0.025＋15×0.022＜35×0.022＝0.77(m)

搭接：42×0.022＝0.924(m)

ф22 上部贯通筋＝(12.74＋0.77×2＋0.924)×2＝30.41(m)

②Ⓔ轴端支座负筋：

上排钢筋长度 2ф22　[(5.7－0.28×2)÷3＋35×0.022]×2＝4.97(m)

下排钢筋长度 2ф22　[(5.7－0.28×2)÷4＋35×0.022]×2＝4.11(m)

③中间支座负筋：

上排钢筋长度1ф18　(5.7－0.28×2)÷3×2＋0.4＝3.82(m)

2ф22　[(5.7－0.28×2)÷3×2＋0.4]×2＝7.64(m)

由于(5.7－0.28×2)÷3＞2.1－0.24，小跨上部纵向受力钢筋一般通长设置。

④下部纵筋：

Ⓐ～Ⓑ轴 2ф20　[5.7－0.28×2＋35×0.02×2]×2＝13.08(m)

Ⓒ～Ⓔ轴2ф20　[5.7－0.28×2＋35×0.02×2]×2＝13.08(m)

3ф25　[5.7－0.28×2＋35×0.025×2]×3＝20.67(m)

Ⓑ～Ⓒ轴 2ф16　[2.1－0.24＋35×0.016×2]×2＝5.96(m)

⑤箍筋：Φ8@100/200。

Ⓐ～Ⓑ轴与Ⓒ～Ⓔ轴：

箍筋长度 L＝(0.24＋0.4)×2－8×0.025＋23.8×0.008＝1.27(m)

加密区长度抗震等级为三级，加密区长度≥1.5b≥500，取 600mm

加密区根数 N＝[(0.6－0.05)÷0.1＋1]×4＝28(根)

非加密区根数 N＝[(5.7－0.28×2－1.2)÷0.2－1]×2＝38(根)

合计 Φ8：1.27×(28＋38)＝83.82(m)

Ⓑ～Ⓒ轴箍筋长度 L＝(0.24＋0.3)×2－8×0.025＋23.8×0.008＝1.07(m)

加密区根数 N＝[(0.6－0.05)÷0.1＋1]×2＝14(根)

非加密区根数 N＝(2.1－0.24－1.2)÷0.2－1＝3(根)

合计 Φ8：1.07×(14＋3)＝18.19(m)

⑥拉筋：只有当框架梁高≥450mm 且原位标注或集中标注中有构造筋或抗扭腰筋时才有拉筋，拉筋的直径同箍筋，间距为箍筋间距 2 倍，此梁没有拉筋。

⑦吊筋：梁高≤800mm，取 45°。

2ф14　L＝[0.24＋2×0.05＋(0.4－2×0.025) ×1.414×2＋2×20×0.008]×2＝3.3(m)

箍筋加密：N＝[0.24×3＋(0.4－0.35)×2]÷0.2＝4(根)

Φ8　1.27×4＝5.08(m)

KL2 钢筋合计：

Φ25　20.67×3.85×1.03=81.97(kg)

Φ22　(20.41+4.97+4.11+7.64)×2.98×1.03=113.97(kg)

Φ20　(13.08+13.08)×2.47×1.03=66.55(kg)

Φ18　3.82×2×1.03=7.87(kg)

Φ16　5.96×1.58×1.03=9.7(kg)

Φ14　3.3×1.21×1.03=4.11(kg)

ϕ8　(83.82+18.19+5.08)×0.395×1.03=43.57(kg)

【例 3-26】 计算图 3-82 中 KZ2 混凝土和钢筋工程量。按照设计说明柱混凝土为 C25,抗震等级为 2 级,保护层 30mm,框架梁高按照 550mm 计取,基础见图 3-83。

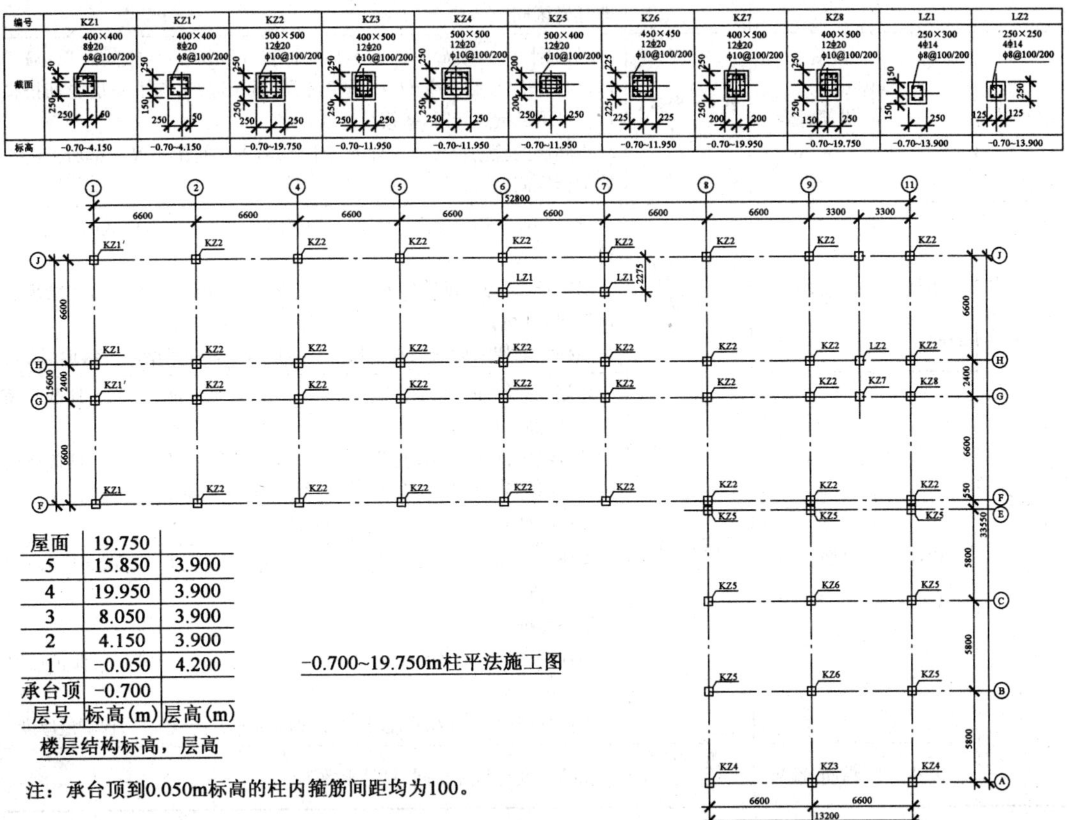

图 3-82　基础平面图(尺寸单位:mm)

解:(1)KZ2 C25 混凝土工程量

KZ2 包括角柱 2 个,中柱 15 个,边柱 14 个。

柱高:H=19.75+0.7=20.45(m)

混凝土工程量=20.45×0.5×0.5×31=158.49(m^3)

(2)KZ2 钢筋工程量(按照 06G101～143 页 B 详图配筋,以边柱为例)

计算思路见表 3-22。

①纵筋:12Φ20

本实例各层柱截面和钢筋都没有变化,钢筋搭接位置不影响钢筋长度,一般手工计算时可以简化。

KZ2钢筋工程量计算思路 表3-22

楼层名称	构件分类	计算哪些量		计算要点分析
基础层	无梁基础	基础插筋、箍筋	长度、根数、质量	基础插筋=基础底板厚度−保护层+首楼层净高 $H_n/3$+与首层纵筋搭接 L_{lE}(采用机械连接时,搭接长度取0)+max{10D,200mm};箍筋一般是按2根进行计算
	有梁基础			
首层		纵筋、箍筋	长度、根数、质量	纵向钢筋=层高−首楼层净高 $H_n/3$+ max{上一层楼层净高 $H_n/6$,500,柱截面长边}+与上一层纵筋搭接 L_{lE}(采用机械连接时,搭接长度取0); 中间层的箍筋根数=N个加密区÷加密区间距+N+非加密区÷非加密区间距−1
中间层		纵筋、箍筋	长度、根数、质量	纵向钢筋=层高−max{本楼层净高 $H_n/6$,500,柱截面长边}+max{上一层楼层净高 $H_n/6$;500,柱截面长边}+与上一层纵筋搭接 L_{lE}(采用机械连接时,搭接长度取0); 中间层的箍筋根数=N个加密区÷加密区间距+N+非加密区÷非加密区间距−1
顶层	中柱	纵筋、箍筋	长度、根数、质量	纵向钢筋=顶层层高−max{本楼层净高 $H_n/6$,500,柱截面长边}−梁高+锚固; 锚固长度:当柱纵筋伸入梁内的直段长<L_{aE}时,弯锚,L_{aE}=梁高−保护层+12d; 当柱纵筋伸入梁内的直段长≥L_{aE}时,直锚,L_{aE}=梁高−保护层
	角柱	纵筋、箍筋	长度、根数、质量	外侧纵向钢筋=顶层层高− max{本楼层净高 $H_n/6$,500,柱截面长边}−梁高+1.5L_{aE}; 外侧纵向钢筋=顶层层高− max{本楼层净高 $H_n/6$,500,柱截面长边}−保护层+柱截面尺寸−2倍保护层厚度+8d; (参看03G101-1第43页AB详图)
				内侧纵向钢筋=顶层层高− max{本楼层净高 $H_n/6$,500,柱截面长边}−梁高+锚固厚度; 锚固长度: 当柱纵筋伸入梁内的直段长<L_{aE}时,弯锚,L_{aE}=梁高−保护层厚度+12d; 当柱纵筋伸入梁内的直段长≥L_{aE}时,直锚,L_{aE}=梁高−保护层厚度
	边柱	纵筋、箍筋	长度、根数、质量	纵筋长度与角柱相同,只是根数不同

4 Φ20 (0.15+1.7−0.1−0.04+4.2+3.9×3+3.9−0.55+1.5×38×0.02+1.4×38×0.02×5)×4=109.68(m)

8 Φ20 (0.15+1.7−0.1−0.04+4.2+3.9×3+3.9−0.03+12×0.02+1.4×38×0.02×5)×8=216.32(m)

②箍筋:φ10@100/200

长度:L_1=(0.5+0.5)×2−8×0.03+23.8×0.01
=2(m)

L_2=[(0.5−2×0.03−0.02)÷3×1+0.02+(0.5−2×0.03)]×2+23.8×0.01=1.44(m)

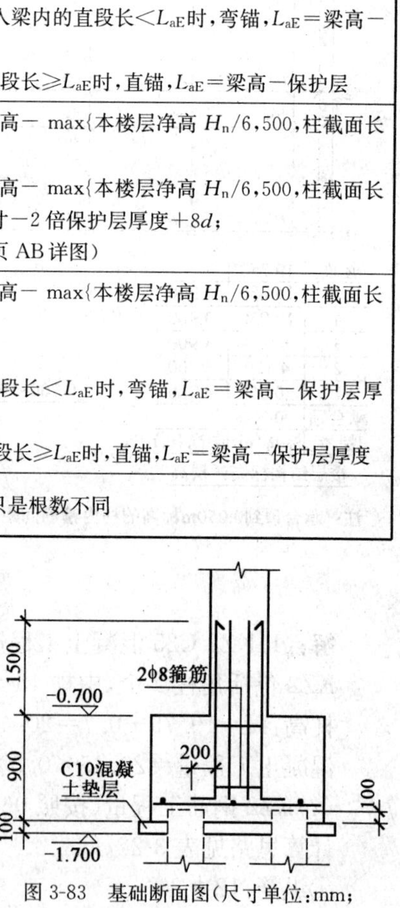

图3-83 基础断面图(尺寸单位:mm;标高单位:m)

根数：

一层:加密区,$H_n/3$　$N=[(0.7+4.2-0.55)\div 3]\div 0.1+1=16$(根)

$H_n/6$+梁高　$N=[(4.2+0.7-0.55)\div 6+0.55]\div 0.1+1=14$(根)

搭接区　$N=38\times 0.02\times 1.4\div 0.1=11$(根)

非加密区　$N=(4.35-4.35\div 6-4.35\div 3-38\times 0.02\times 1.4)\div 0.2-1=5$(根)

承台中箍筋:2(根)

合计:48 根

标准层:加密区,$H_n/6$　$N=(3.9-0.55)\div 6\div 0.1+1=7$(根)

$H_n/6$+梁高　$N=[(3.9-0.55)\div 6+0.55]\div 0.1+1=13$(根)

搭接区　$N=38\times 0.02\times 1.4\div 0.1=11$(根)

非加密区　$N=(3.35-3.35\div 6-3.35\div 6-38\times 0.02\times 1.4)\div 0.2-1=3$(根)

合计:34 根

ϕ10 箍筋:$L_1=2\times(43+34\times 4)=358$(m)

$L_2=1.44\times(43+34\times 4)\times 2=515.52$(m)

汇总 14 根 KZ2(边柱) 钢筋工程量:

Φ20　$(109.68+216.32)\times 14\times 1.03\times 2.47=11611kg=11.611$(t)

Φ10　$(358+515.52)\times 14\times 1.03\times 0.617=7772kg=7.772$(t)

【例 3-27】 图 3-84 是屋顶楼梯间剪力墙结构图,请计算 C30 混凝土墙的工程量(洞口体积为 9.85m^3)。

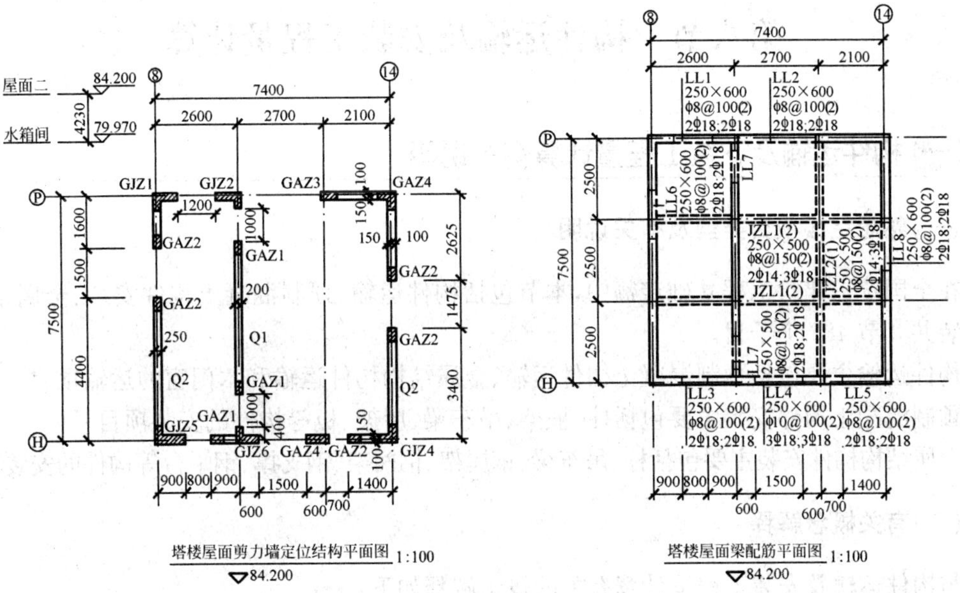

剪力墙身表						
编号	标　高	墙厚	排数	水平分布筋	垂直分布筋	拉　筋
Q_1	79.970~84.200	200	双排	ϕ10@200	ϕ10@200	ϕ8@400×400
Q_2	79.970~84.200	250	双排	ϕ10@200	ϕ10@200	ϕ8@400×400

图 3-84　屋顶楼梯间剪力墙结构图(尺寸单位:mm;标高单位:m)

解:所有与墙同宽的柱和连梁都并入墙体积内。

Q1　$V=(7.5-0.15\times2)\times0.2\times4.23=6.09(m^3)$

Q2　$V=(7.4-0.3+7.5+0.2)\times2\times0.25\times4.23=31.3(m^3)$

扣门窗洞口体积：　$9.85m^3$

剪力墙工程量 $=6.09+31.30-9.85=27.54(m^3)$

【例 3-28】　图 3-85 为屋面钢架支座预埋件示意图，请计算 20 个柱顶预埋件的工程量。

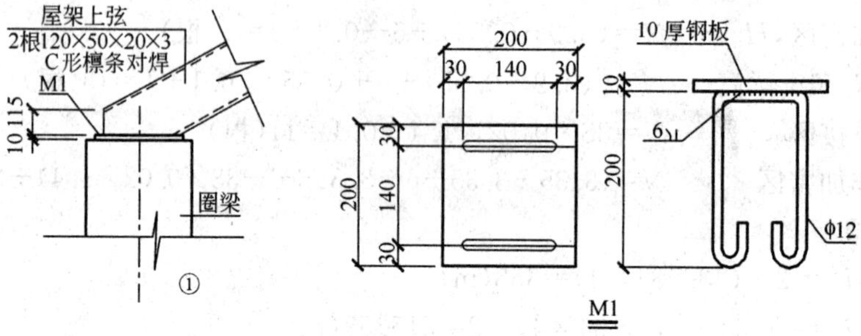

图 3-85　柱顶预埋件示意图(尺寸单位:mm)

解:－10 钢板　$0.2\times0.2\times0.01\times7850\times20=62.8(kg)$

Φ12 钢筋　$(0.2\times2+0.14+12.5\times0.012)\times2\times0.888\times20=24.51(kg)$

预埋铁件工程量 $=62.8+24.51=87.31kg=0.087(t)$

第八节　构件运输及安装工程量计算

一　构件运输及安装工程量计算有关说明

(一)熟悉定额项目类型及有关说明

在全国统一建筑工程基础定额中，本节包括构件运输、预制混凝土构件安装、金属结构构件安装共 3 节 483 个子目。

构件运输主要包括预制混凝土构件运输、金属结构构件运输和木门窗的运输项目。

预制混凝土构件安装主要包括柱、框架、吊车梁、屋架、板等构件的安装项目。

金属结构构件安装主要包括柱、吊车梁、钢屋架、钢网架、钢支撑、钢平台等构件的安装项目。

(二)有关概念解释

与构件运输及安装工程量计算有关的概念解释如下：

(1)钢屋架拼装:钢屋架在加工厂制作好后，为了运输方便，分件(或块段)运到施工现场，组装成整体，该项工作就是钢屋架拼装。

(2)本定额适用于由构件堆放场地或构件加工厂至施工现场的运输。

(3)本定额按构件的类型和外形尺寸划分。混凝土构件分为六类，金属结构构件分为三类。具体分类见表 3-23 和表 3-24。

预制混凝土构件分类 表 3-23

类别	项目
1	4m 以内空心板、实心板
2	6m 以内的桩、屋面板、工业楼板、进深梁、基础梁、吊车梁、楼梯休息板、楼梯段、阳台板
3	6m 以上至 14m 梁、板、柱、桩，各类屋架、桁架、托架(14m 以上另行处理)
4	天窗架、挡风架、侧板、端壁板、天窗上下挡、门框及单件体积在 0.1m^3 以内小构件
5	装配式内(外)墙板、大楼板、厕所板
6	隔墙板(高层用)

金属结构构件分类 表 3-24

类别	项目
1	钢柱、屋架、托架梁、防风桁架
2	吊车梁、制动梁、型钢檩条、钢支撑、上下挡、钢拉杆栏杆、盖板、垃圾出灰门、倒灰门、篦子、爬梯、零星构件平台、操作台、走道休息台、扶梯、钢吊车梯台、烟囱紧固箍
3	墙架、挡风架、天窗架、组合檩条、轻型钢屋架、滚动支架、悬挂支架、管道支架

二 构件运输及安装工程量计算

(一)构件运输工程量计算规则

构件运输工程量的计算规则如下：

(1)预制混凝土构件运输工程量计算方法与预制混凝土构件制作计算方法相同(计算规则见本章第七节混凝土与钢筋混凝土工程工程量计算)，即按构件图示尺寸，以实体体积(m^3)计算。

(2)钢构件运输工程量与构件制作工程量的计算方法相同(参见金属结构制作工程)，按构件设计图示尺寸，以质量(t)计算。所需螺栓、电焊条等质量不另计算。

(3)预制混凝土构件运输及安装损耗率，按表 3-25 规定计算后，并入构件运输工程量内。其中，预制混凝土屋架、桁架、托架及长度在，9m 以上的梁、板、柱，不计算损耗率。

预制混凝土构件运输及安装损耗率 表 3-25

名称	制作废品率(%)	运输堆放损耗(%)	安装(打桩)损耗(%)
各类预制构件	0.2	0.8	0.5
预制钢筋混凝土桩	0.1	0.4	1.5

(二)构件安装工程量计算规则

构件安装工程量的计算规则如下：

(1)预制混凝土构件安装工程量与制作工程量计算方式相同，即按构件图示尺寸，以实体体积计算。预制混凝土构件安装损耗按表 3-25 规定的损耗率计算，并入构件安装工程量内。其中，预制混凝土屋架、桁架、托架及长度在 9m 以上的梁、板、柱，不计算损耗率。

(2)焊接形成的预制钢筋混凝土框架结构的工程量，其柱安装按框架柱计算，梁安装按框架梁计算；节点浇注成形的框架，按连体框架梁、柱计算。

(3)预制钢筋混凝土工字形柱、矩形柱、空腹柱、双肢柱、空心柱、管道支架等安装,均按柱安装计算。

(4)组合屋架安装的工程量,以混凝土部分实体体积计算,钢杆件部分不另计算。

(5)预制钢筋混凝土多层柱安装、首层柱按柱安装计算,二层及二层以上按柱接柱计算。

(6)钢构件安装工程量,按图示构件钢材质量,以 t 计算。依附于钢柱上的牛腿及悬臂梁等,并入柱身主材质量内计算。

(7)金属构件中所用钢板设计为多边形者,按矩形计算,矩形的边长以设计尺寸中互相垂直的最大尺寸为准。

三 计算实例

【例 3-29】 某预制框架结构厂房,需要安装 14 根预制框架柱,柱截面尺寸为 500mm×700mm,柱高 10m,预制构件厂距施工现场 8km,请计算:(1)预制柱运输的工程量;(2)预制柱安装的工程量。

解:(1)计算预制柱运输工程量

$$0.5\times0.7\times10\times14\times(1+0.8\%+0.5\%)=49.64(m^3)$$

(2)计算预制柱安装的工程量

$$0.5\times0.7\times10\times14\times(1+0.5\%)=49.25(m^3)$$

第九节　门窗及木结构工程工程量计算

一 门窗及木结构工程工程量计算有关说明

(一)熟悉定额项目类型

在《全国统一建筑工程基础定额》中,门窗及木结构工程包括门窗、木结构两部分,合计 362 个子目。另含铝合金门五金配件表等五个附录。

1.门窗

门窗分为木门窗和金属门窗。

1)木门窗

木门的定额项目主要有普通木门和厂库房大门、特种门两类。普通木门又分类为镶板门、半截玻璃门、胶合板门、自由门、连窗门等项目;厂库房大门、特种门又分类为木板大门、钢木大门、钢木折叠门、冷藏库门和冷藏冻结间门、防火门、保温门、变电室门等项目。

木窗的定额项目主要有普通平开窗(包括单层玻璃窗、一玻一纱窗、双层玻璃窗、双玻内外开带纱窗)、木叶页窗、天窗(旋转窗)、推拉传递窗、圆形和半圆形玻璃窗等项目。

2)金属门窗

金属门窗的定额项目主要有铝合金门窗制作及安装,铝合金、不锈钢门窗安装,彩板组角钢门窗安装,塑料门窗安装,钢门窗安装等项目。

2. 木结构

木结构的定额项目主要有木屋架，屋面木基层，木楼梯、木柱、木梁，其他项目等。

(二)有关概念解释

1. 镶板门、半截玻璃门、胶合板门、全玻璃门、自由门、连窗门

镶板门是指用木制门芯板镶进门边和冒头槽内而形成的门，如图 3-86a)所示，一般设有1～3根冒头，多用于住宅门和内门。

半截玻璃门是指镶嵌玻璃高度超过门扇高度的 1/3 以上的门，如图 3-86b)所示。

胶合板门也称夹板门，是指中间为轻型骨架，一般用厚 32～35mm、宽 34～60mm 的方木作框，内为格形肋条。胶合板门上有做小玻璃窗和百叶窗的，如图 3-86c)所示。

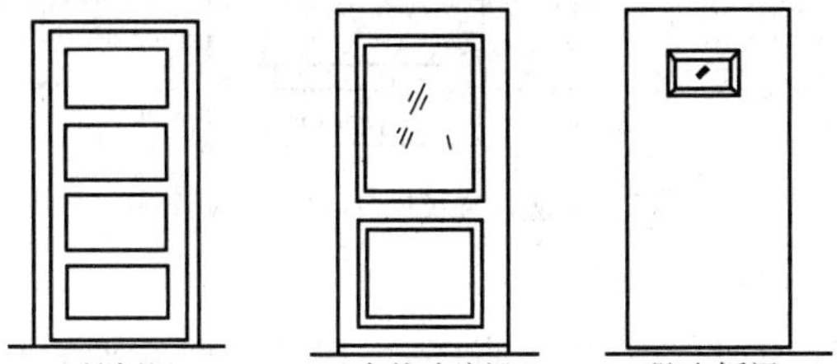
a)镶板门　b)半截玻璃门　c)胶合板门

图 3-86　普通木门

全玻璃门是指门扇冒头之间全部镶嵌玻璃的门。

自由门也称弹簧门，是指开启后能自动关闭的门，以弹簧作自动关闭机构，并有单面弹簧、双面弹簧之分。一般单面弹簧为单扇门；双面弹簧和地弹簧多用于双扇门的公共建筑。

连窗门是指为采光需要，将门框一侧作为窗框，将窗扇一边安装在门框上的联合体。

2. 木板大门、钢木大门

定额中的这两种门都是厂房或仓库常使用的大门，它们都没有门框，采用预埋在洞旁墙体内的钢铰轴与门扇连接。按开启方式分为平开门和推拉门。

木板大门是用木材作门扇的骨架，再镶拼木板做成大门。

钢木大门是用型钢做骨架，木板作面板，采用螺栓连接而成的大门。

3. 亮子、固定亮子

一般的门在门扇顶部，都装有一定大小的玻璃窗，这种窗称为亮子，也称为摇头窗。固定亮子是指亮窗的窗扇固定不动，不能随意开关，是相对于能开关的亮窗而言。

4. 单裁口与双裁口(图 3-87)

单裁口也称铲口，为使门窗崩与框之间能方便开启，在关闭时保持一定的密闭性，并在合页处能传递窗的自重和承受外力，一般在门窗框上要裁口，深度为 10～12mm。只在框的一边裁口者，为单裁口。

双裁口是指在框的两边裁口。一般多用于一玻一纱或双层门窗。

5. 一玻一纱窗、双层玻璃窗、百叶窗、天窗

一玻一纱窗是指一层玻璃扇一层纱窗扇的窗。

双层玻璃窗是指内外两层窗扇均为玻璃的窗。

百叶窗一般是用薄木板横条上下重叠成鱼鳞形状的窗扇，也有钢百叶窗、玻璃百叶窗。

天窗是指设在屋面上用于采光、通风的窗,一般用于工业厂房。

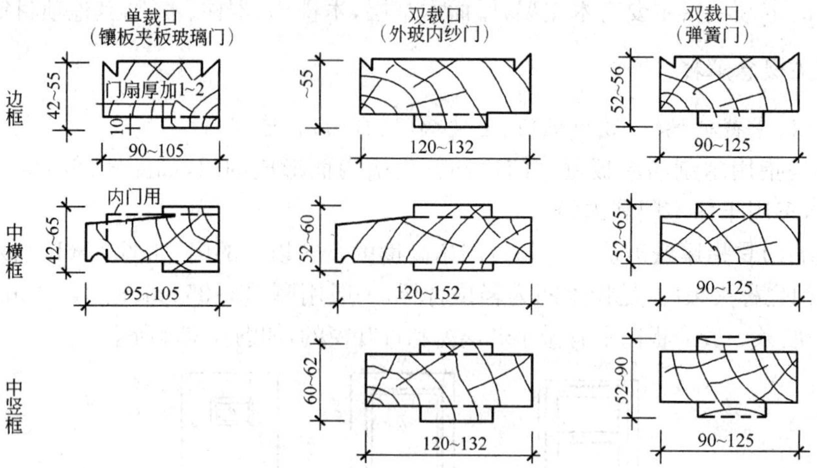

图 3-87　单裁口与双裁口(尺寸单位:mm)

6. 筒子板与贴脸(图 3-88)

筒子板是指在门窗洞口的两个立边垂直面,做成与外墙齐平的装饰面,既要满足外墙平整要求,又要墙缝宽度一致、黏接牢固,故此处质量要求较高,多为木材制成。

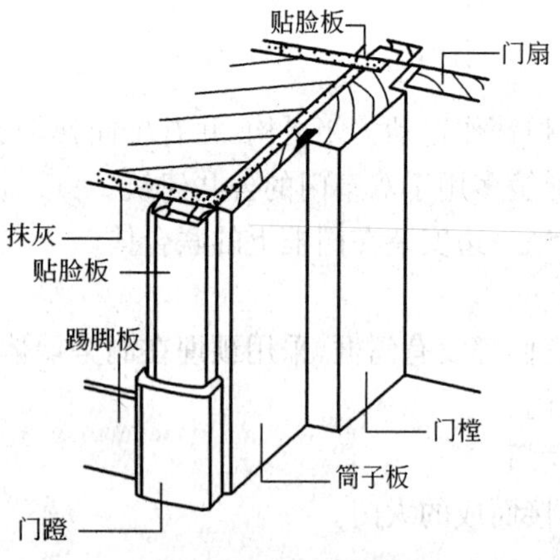

图 3-88　筒子板与贴脸

贴脸是指当门窗框与内墙面齐平时,框与墙总有一条明显缝口,在门窗使用筒子板时,也与墙面存有缝口,为盖这种缝口而装订的木板盖缝条。

7. 披水条与盖口条(图 3-89)

披水条是指为防止雨水从向内开启的门窗上冒头缝或下冒头缝流入室内,在冒头缝口处装订的挡水条。上冒头缝口的披水条一般做在门窗框上,即门窗框带披水条。下冒头缝口的披水条是嵌钉在门窗扇的下冒头上,即门窗钉披水条。它的作用是整洁,阻止通风,一般用于高级装饰。

另外,当两扇门窗扇关闭时,也存在缝口,为遮盖此缝口而装订的盖缝条叫盖口条,它装订在先行开启的一扇上,主要作用是遮风挡雨。

8. 门窗扇包镀锌铁皮

它指的是将门扇或窗扇的木材表面,用镀锌铁皮包护起来,以免受火直接烧烤,这种门一般作为防火门、防腐门等。

9. 彩板组角钢门窗

它是以彩色镀锌钢板经机械加工而成的门窗。它具有质量轻、硬度高、采光面积大、防尘、隔声、保温密封性好、造型美观、色彩绚丽、耐腐蚀等特点。

彩板组角钢门窗目前有两种类型,即带副框和不带副框两种。当外墙面为花岗石、大理石等贴面材料时,常采用带副框的门窗(图 3-90)。当外墙装修为普通粉刷时,常用不带副框的做法(图 3-91)。

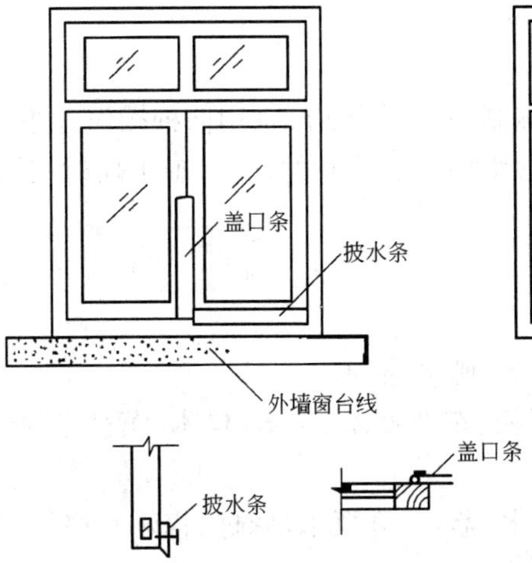

图 3-89　披水条与盖口条

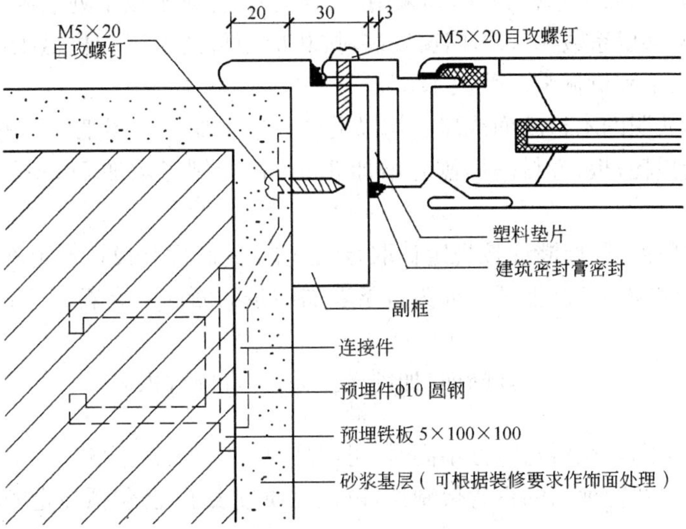

图 3-90　带副框的彩板组角钢门窗(尺寸单位:mm)

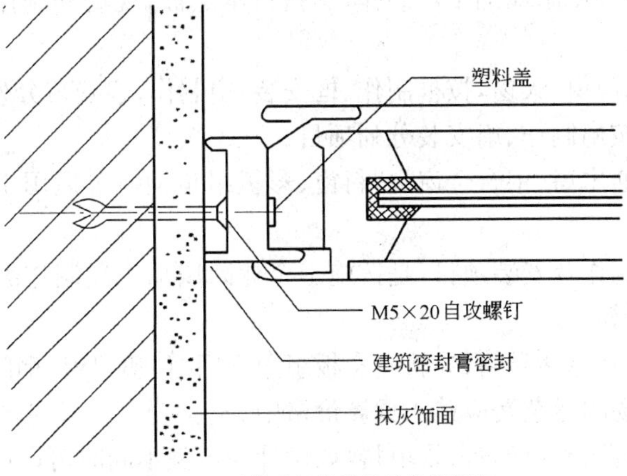

图 3-91　不带副框的彩板组角钢门窗

(三)定额相关说明

(1)定额是按机械和手工操作综合编制的。不论实际采用何种操作方法,均按定额执行。

(2)定额中木材以自然干燥条件下含水率为准编制的,需人工干燥时,其费用可列入木材价格内由各地区另行确定。

(3)本定额木材木种分类如下:

①一类:红松、水桐木、樟子松。

②二类:白松(方杉、冷杉)、杉木、杨木、柳木、椴木。

③三类:青松、黄花松、秋子木、马尾松、东北榆木、柏木、梓木、黄菠萝、椿木、楠木、柚木、樟木。

④四类:栎木(柞木)、檀木、色木、槐木、荔木、麻栗木(麻栎、青刚)、桦木、荷木、水曲柳、华北榆木。

木材木种均以一、二类木种为准,如采用三、四类时,分别乘以下列系数:木门窗制作,按相应项目人工和机械乘以系数1.3;木门窗安装,按相应项目的人工和机械乘以系数1.16;其他项目按相应项目人工和机械乘以系数1.35。

(4)定额中所注明的木材断面或厚度均以毛料为准。如设计图纸注明的断面或厚度为净料时,应增加刨光损耗;板、方材一面刨光增加3mm;两面刨光增加5mm;圆木每立方米材积增加$0.05m^3$。

(5)定额中木门窗框、扇断面按规定计取,定额取定的断面与设计规定不同时,应按比例换算。框断面以边框断面为准(框裁口如为钉条者加贴条的断面),扇料以主挺断面为准。换算公式为:

$$\frac{\text{设计断面(加刨光损耗)}\times\text{定额材积}}{\text{定额断面}} \tag{3-41}$$

(6)保温门的中间填充料与定额不同时,可以换算,其他工料不变。

(7)厂库房大门及特种门的钢骨架制作,以钢材质量表示,已包括在定额项目中,不再另列项目计算。

(8)木门窗不论现场或附属加工厂制作,均执行本定额,现场外制作点至安装地点的运输另行计算。

(9)定额中普通木门窗、天窗,按框制作、框安装、扇制作、扇安装分列项目;厂库房大门,钢木大门及其他特种门按扇制作、扇安装分列项目。

(10)定额中的普通木窗、铝合金窗、塑料窗、彩板组角钢窗等适用于平开式,推拉式,中转式,上、中、下悬式。

(11)铝合金门窗制作及安装项目,是按施工企业附属加工厂制作编制的。加工厂至现场堆放点的运输,另行计算。

(12)铝合金卷闸门(包括卷筒、导轨)、彩板组角钢门窗、塑门窗、钢门窗安装以成品安装编制的。由供应地至现场的运杂费应计入预算价格中。

(13)玻璃厚度、颜色、密封油膏、软填料,如设计与定额不同时可以调整。

(14)钢门窗,钢材含量与定额不同时,钢材用量可以换算,其他不变。

二 门窗、木结构工程工程量计算规则

门窗、木结构工程工程量计算规则如下：

(1)各类门、窗制作、安装工程量均按门、窗洞口面积计算。

①门、窗盖口条、贴脸、披水条，按图示尺寸以延长米计算，执行木结构其他项目。

②普通窗上部带有半圆窗的工程量应分别按半圆窗和普通窗计算(图 3-92)。其分界线以普通窗和半圆窗之间的横框上裁口线为分界线。

③门窗扇包镀锌铁皮，按门、窗洞口面积以 m^2 计算；门窗框包镀锌铁皮，钉橡皮条、钉毛毡按图示门窗洞口尺寸以延长米计算。

(2)铝合金门窗制作及安装，铝合金、不锈钢门窗、彩板组角钢门窗、塑料门窗、钢门窗安装，均按设计门窗洞口面积计算。

(3)卷闸门安装按洞门高度增加 600mm 乘以门实际宽度，以 m^2 计算。电动装置安装以套计算，小门安装以个计算。

(4)不锈钢片包门框按框外表面面积以 m^2 计算；彩板组角钢门窗附框安装按延长米计算。

(5)木屋架的制作安装工程量，按以下规定计算：

①木屋架制作安装均按设计断面竣工木料以 m^3 计算，其后备长度及配制损耗均不另行计算。

②方木屋架一面刨光时增加 3mm，两面刨光时增加 5mm，圆木屋架按屋架刨光时木材体积每立方米增加 0.05m^3 算。附属于屋架的夹板、垫木等已并入相应的屋架制作项目中，不另行计算；与屋架连接的挑檐木、支撑等，其工程量并入屋架竣工木料体积内计算。

③屋架的制作安装应区别不同跨度。其跨度应以屋架上下弦杆的中心线交点之间的长度为准。带气楼的屋架并入所依附屋架的体积内计算。

④屋架的马尾、折角和正交部分半屋架(图 3-93)，应并入相连接屋架的体积内计算。

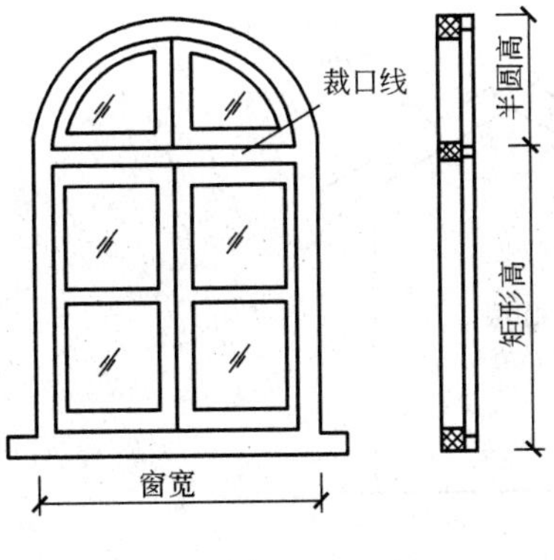

图 3-92 半圆窗

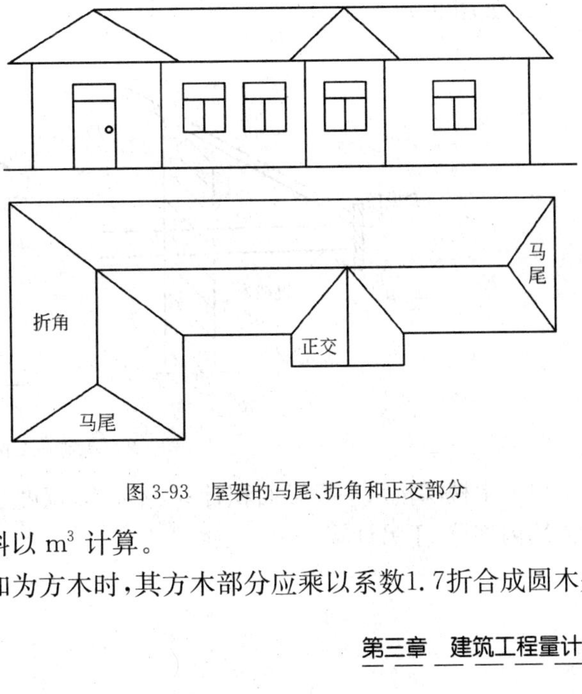

图 3-93 屋架的马尾、折角和正交部分

⑤钢木屋架区分圆、方木，按竣工木料以 m^3 计算。

(6)圆木屋架连接的挑檐木、支撑等如为方木时，其方木部分应乘以系数1.7折合成圆木并

入屋架竣工木料内。单独的方木挑檐,按矩形檩木计算。

(7)檩木按竣工木料以 m^3 计算。简支檩长度按设计规定计算,如设计无规定者,按屋架或山墙中距增加 200mm 计算,如两端出山,檩条长度算至博风板;连续檩条(图 3-94)的长度按设计长度计算,其接头长度按全部连续檩木总体积的 5%计算。檩条垫木已计入相应的檩木制作安装项目中,不另计算。

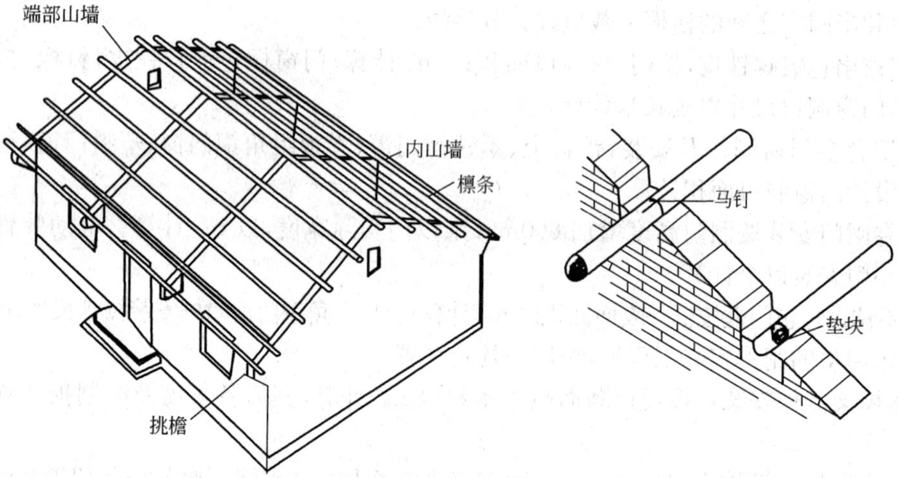

a)山墙支檀屋顶　　b)檀条在山墙上的搁置形式

图 3-94　连续檩条

(8)屋面木基层,按屋面的斜面积计算。天窗挑檐重叠部分按设计规定计算,屋面烟囱及斜沟部分所占面积不扣除。

(9)封檐板按图示檐口外围长度计算,博风板按斜长度计算,每个大刀头增加长度 500mm,如图 3-95 所示。

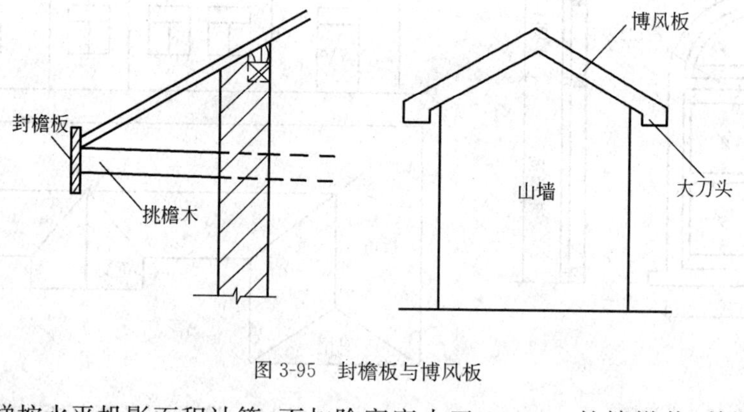

图 3-95　封檐板与博风板

(10)木楼梯按水平投影面积计算,不扣除宽度小于 300mm 的楼梯井,其踢脚板、平台和伸入墙内部分,不另计算。

三 门窗、木结构工程工程量计算实例

【例 3-30】 根据图 3-96 中门框断面的净尺寸计算含刨光损耗的毛断面。

解：门框毛断面＝(9.5＋0.5)×(4.2＋0.3)＝45(cm^2)

门扇毛断面＝(9.5＋0.5)×(4.0＋0.5)＝45(cm^2)

【例 3-31】 根据图 3-97 中所示尺寸计算铝合金卷帘门工程量。

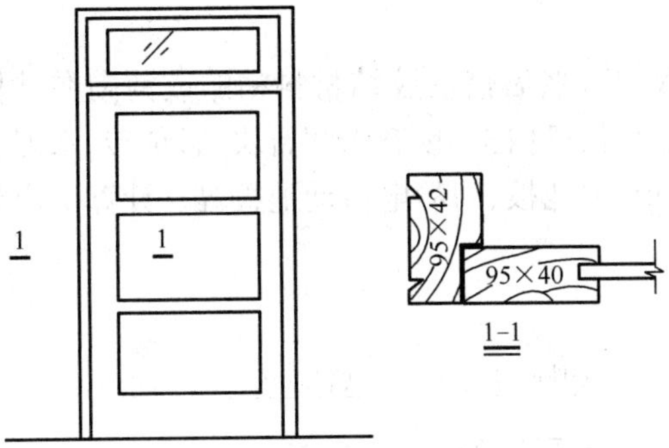

图 3-96 门立面及门框断面图(尺寸单位：mm)

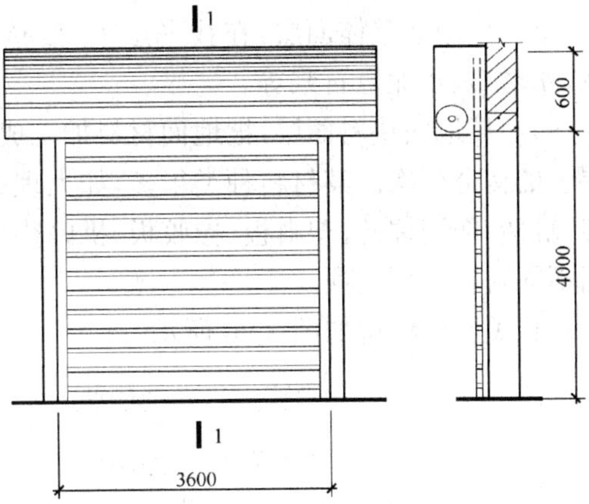

图 3-97 铝合金卷帘门立面及断面图(尺寸单位：mm)

解：铝合金卷帘门工程量＝3.60×(4.0＋0.6)＝16.56(m^2)

【例 3-32】 试计算本教材图 3-54 配电室门窗部分工程量。

解：(1)彩钢平开门安装工程量＝1.5×2.85×1＋1.2×2.85×2＋0.9×2.85×1＋1×2.85×1＝16.53(m^2)

(2)塑钢推拉窗安装工程量＝1.5×1.85×4＋1.2×1.85×1＋1.8×1.85×1＝16.65(m^2)

(3)塑钢中悬窗安装工程量＝2.1×0.9×2＋0.6×0.9×1＋1.5×0.9×2＝7.02(m^2)

合计塑钢窗安装工程量＝16.65＋7.02＝23.67(m^2)

(4)木门联窗制作安装工程量＝0.9×2.7＋0.9×1.8＝4.05(m^2)

(5)木镶板门制作安装工程量＝1×2.1×2＝4.2(m^2)

第十节 楼地面工程工程量计算

一 楼地面工程工程量计算有关说明

(一)熟悉定额项目类型

在《全国统一建筑工程基础定额》中，楼地面工程包括垫层、找平层、整体面层、块料面层、栏杆扶手五大部分，合计 162 个子目。

(二)有关概念解释

与楼地面工程工程量计算有关的概念解释如下：

(1)地面垫层:能够承受上部地面荷载并将其传递给地基的构造层次。地面垫层的材料有灰土、三合土、砂、砂石、毛石、碎砖、碎石、原土夯砾石、炉(矿)渣、炉(矿)渣混凝土、混凝土、钢筋混凝土等,其中钢筋混凝土垫层按混凝土部分垫层项目执行,其钢筋部分按钢筋混凝土工程中的相应项目及规定计算。

(2)楼地面找平层:在地面垫层上、楼板上或填充层(楼地面隔热层、防水层)上起找平、找坡或加强作用的构造层次。楼地面找平层的材料有水泥砂浆和细石混凝土等。

(3)楼地面整体面层:在找平层上,按整体做法成型的装饰、硬化层次。其材料有水泥砂浆、水磨石、水泥豆石浆等。

(4)楼地面块料面层:把地面材料加工成块(板)状,然后借助胶结材料粘贴或铺砌在结构层上的构造层次。其材料种类很多,如大理石、花岗岩、汉白玉、预制水磨石块、彩釉砖、水泥花砖、缸砖、陶瓷锦砖、塑料板、橡胶板、拼碎块料、红砖、木地板、防静电活动地板等。计算中应根据不同材料分别列项。

相关层次结构如图 3-98 所示。

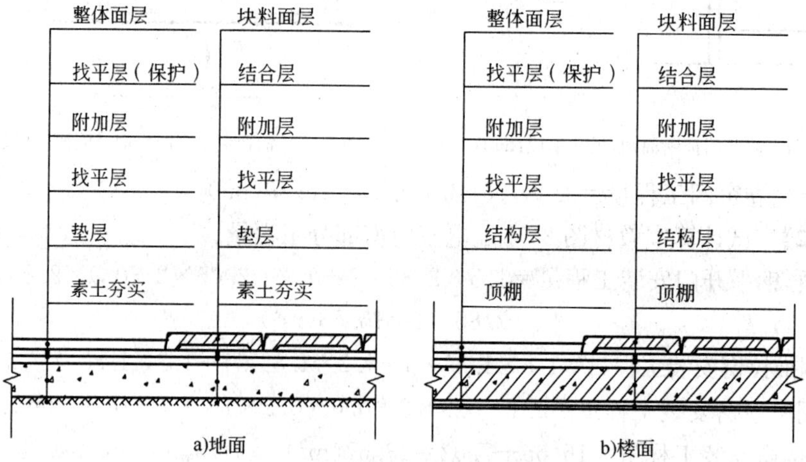

图 3-98 楼地面构造层次示意图

(三)定额相关说明

楼地面工程工程量计算在定额中的相关说明如下:

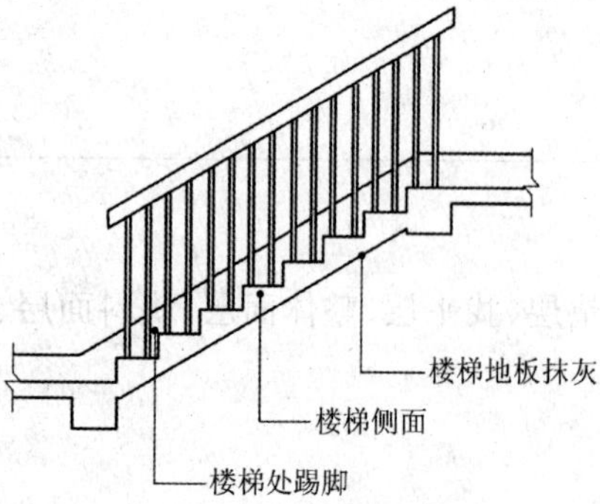

图 3-99 楼梯示意图

(1)本节水泥砂浆、水泥石子浆、混凝土等的配合比,如设计规定与定额不同时,可以换算。

(2)整体面层、块料面层中的楼地面项目,均不包括踢脚板工料,楼梯(图 3-99)不包括踢脚板、侧面及板底抹灰,另按相应定额项目计算。

(3)踢脚板高度是按 150mm 编制的。超过时材料用量可以调整,人工、机械用量不变。

(4)扶手、栏杆、栏板适用于楼梯、走廊、回廊及其他装饰性栏杆、栏板。扶手不包括弯头制安,另按弯头单项定额计算。

(5)台阶不包括牵边、侧面装饰。

(6)定额中的"零星装饰"项目,适用于小便池、蹲位、池槽等。未列的项目,可按墙、柱面中相应项目计算。

(7)木地板中的硬、杉、松木板,是按毛料厚度 25mm 编制的,设计厚度与定额厚度不同时,可以换算。

(8)地面伸缩缝可按屋面及防水工程相应项目及规定计算。

(9)碎石、砾石灌沥青垫层按防腐保温隔热工程相应项目计算。

二 楼地面工程工程量计算规则

楼地面工程工程量计算规则如下:

(1)地面垫层按室内主墙间净空面积乘以设计厚度,以 m^3 计算。应扣除凸出地面的构筑物、设备基础、室内铁道、地沟等所占体积,不扣除柱、垛、间壁墙、附墙烟囱及面积在 0.3m^2 以内孔洞所占体积。

(2)整体面层、找平层均按主墙间净空面积,以 m^2 计算。应扣除凸出地面构筑物、设备基础、室内管道、地沟等所占面积,不扣除柱、垛、间壁墙、附墙烟囱及面积在 0.3m^2 以内的孔洞所占面积,但门洞、空圈、暖气包槽、壁龛的开口部分亦不增加。

(3)块料面层桉图示尺寸实铺面积以 m^2 计算,门洞、空圈、暖气包槽和壁龛的开口部分的工程量并入相应的面层内计算。

(4)楼梯面层(包括踏步、平台以及小于 500mm 宽的楼梯井)按水平投影面积计算。

(5)台阶面层(包括踏步及最上一层踏步沿 300mm)按水平投影面积计算。

(6)其他:

①踢脚板按延长米(m)计算,洞口、空圈长度不予扣除,洞口、空圈、垛、附墙烟囱等侧壁长度亦不增加。

②栏杆、扶手(图 3-100)包括弯头长度按延长米(m)计算。

③防滑条(图 3-101)按楼梯踏步两端距离减 300mm,以延长米(m)计算。

④散水(图 3-102)、防滑坡道按图示尺寸以 m^2 计算。

⑤明沟(图 3-102)按图示尺寸以延长米(m)计算。

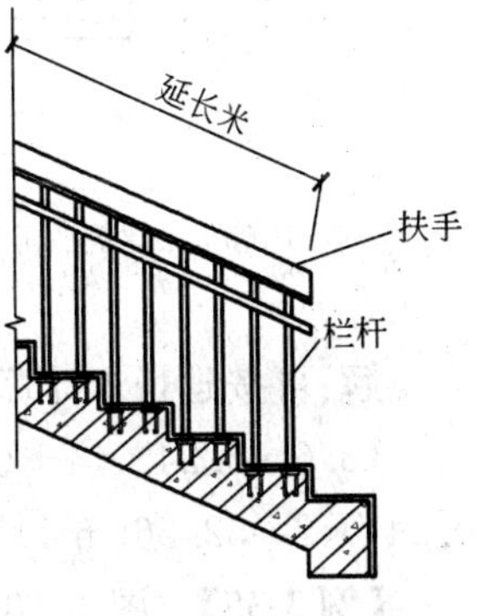

图 3-100 栏杆与扶手

三 楼地面工程工程量计算实例

【例 3-33】 某建筑平面如图 3-103 所示,墙体厚度均为 240mm,室内地面和室外台阶均采用 15mm 厚 1∶3 水泥砂浆找平,15mm 厚水磨石面层,散水宽 800mm。试计算楼地面工程量。

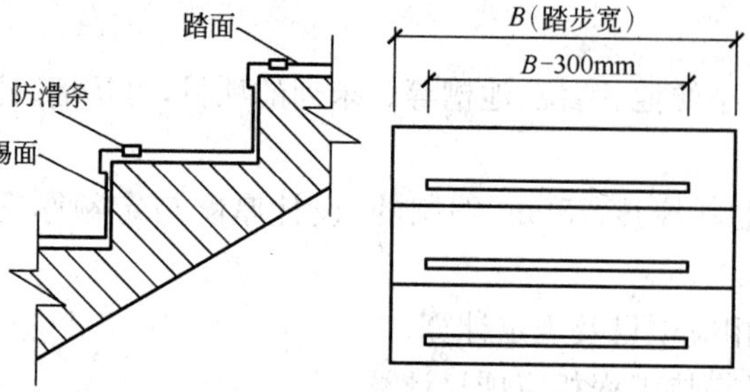

图 3-101　楼梯防滑条

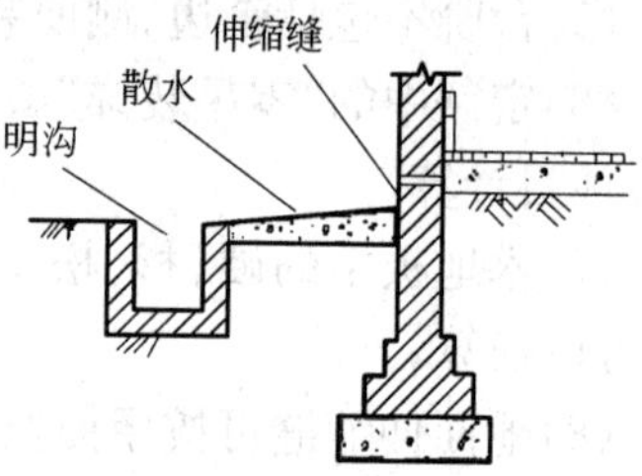

图 3-102　散水与明沟

解:已知该建筑采用整体面层,室外台阶与地面分界处如图 3-103 中虚线所示。

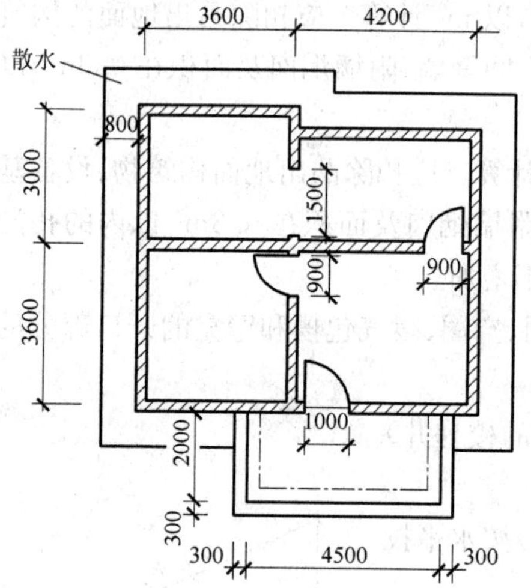

图 3-103　某建筑平面图(尺寸单位:mm)

(1)水磨石面层、水泥砂浆找平层工程量(按主墙间净空面积以 m² 计算)

(3.6－0.24)×(3－0.24＋3.6－0.24)＋(4.2－0.24)×(2.4－0.24＋3.6－0.24)＋(4.5－0.3×2)×(2－0.3)(室外台阶平台部分)＝49.05(m²)

(2)台阶面层工程量(可按中心线长乘以台阶宽度计算)

(4.5＋2×2)×(0.3＋0.3)＝5.1(m²)

(3)散水工程量(可按中心线长×散水宽度计算)

散水中心线长:(3.6＋4.2＋0.4×2)×2－(4.5＋0.3×2)＋(3.6＋3＋0.4×2)＋(3－2.4)＋(3.6＋2.4＋0.4×2)＝26.9(m)

散水工程量:26.9×0.8＝21.52(m²)

【例 3-34】　图 3-103 中,室内采用 150mm 水磨石踢脚。试计算踢脚工程量。

解:可按延长米计算,洞口、空圈长度不予扣除,其侧壁长度亦不增加。

(3.6－0.24)×4＋(3－0.24＋3.6－0.24)×2＋(4.2－0.24)×4＋(2.4－0.24＋3.6－0.24)×2＝52.56(m²)

【例 3-35】　图 3-103 中,室内地面和室外台阶均采用花岗岩面层。试计算面层工程量。

解:已知该建筑采用块料面层,可按主墙间净空面积＋门洞开口面积计算,则

49.05＋(1.5＋1＋0.9×2)×0.24＝50.08(m²)

【例 3-36】　某楼梯间平面图如图 3-104 所示,试计算水泥砂浆面层工程量。

解:楼梯面层(包括踏步、平台以及小于 500mm 宽的楼梯井)按水平投影面积计算本题楼梯井 180mm 小于 500mm,不扣除。平台梁宽 400mm,应计入。则

(3.3－0.12×2)×(1.62－0.12＋3.3＋0.4)＝15.91(m²)

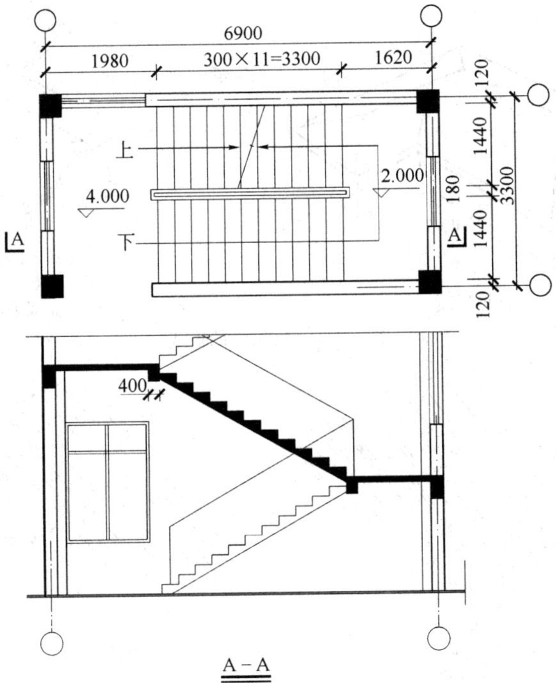

图 3-104　楼梯平面图及剖面图(尺寸单位:mm;标高单位:m)

第十一节　屋面及防水工程工程量计算

一　屋面及防水工程工程量计算有关说明

(一)熟悉定额项目类型

在《全国统一建筑工程基础定额》中,屋面及防水工程包括屋面、防水、变形缝三部分,合计154个子目。

屋面包括瓦屋面、卷材屋面、涂膜屋面、屋面排水,防水包括卷材防水、涂膜防水,变形缝包括填缝、盖缝。

(二)有关概念解释

与屋面及防水工程工程量计算有关的概念解释如下:

(1)坡屋顶。即排水坡度较大(大于10%)的屋顶,由各类屋面防水材料覆盖。根据坡面组织不同,主要有单坡顶、双坡顶、四坡顶等,如图3-105所示。屋面板材料主要有水泥瓦、黏土瓦、小青瓦、波形石棉瓦、金属压型板等,如图3-106所示。

(2)平屋顶。平屋顶一般为现浇或预制的钢筋混凝土平屋顶作基层,上铺设卷材防水层、涂膜防水层、刚性防水层等,如图3-107和图3-108所示。为了排水通畅,常用1%~5%的坡度。

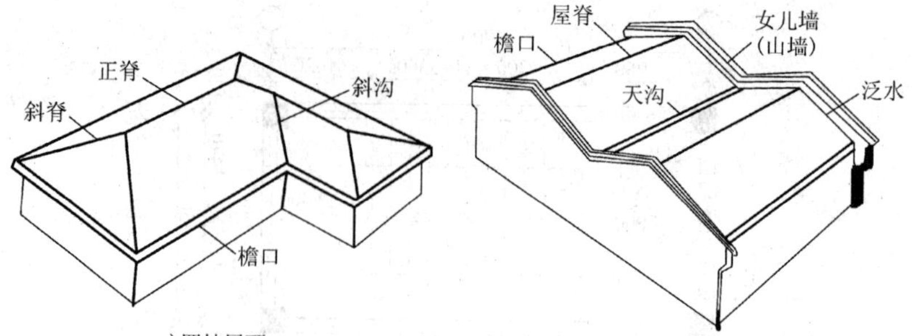

a)四坡屋顶　　b)井立双坡屋顶

图 3-105　坡屋面的形式

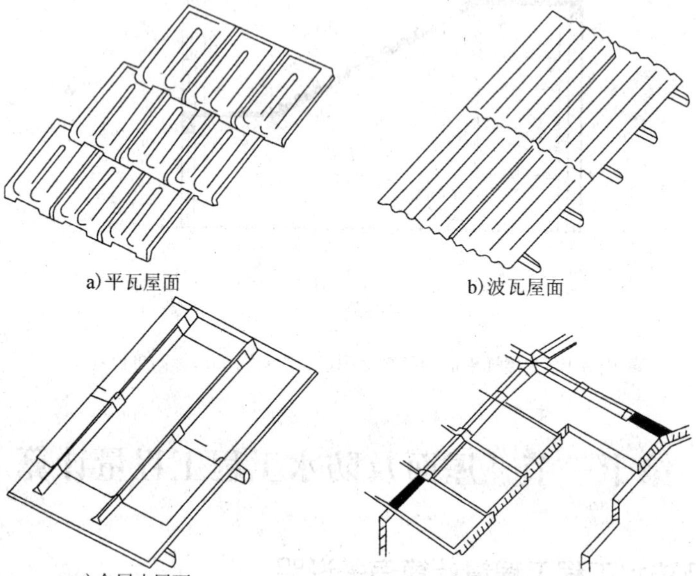

a)平瓦屋面　　b)波瓦屋面

c)金属皮屋面　　d)构件自防水屋面

图 3-106　屋面板材料

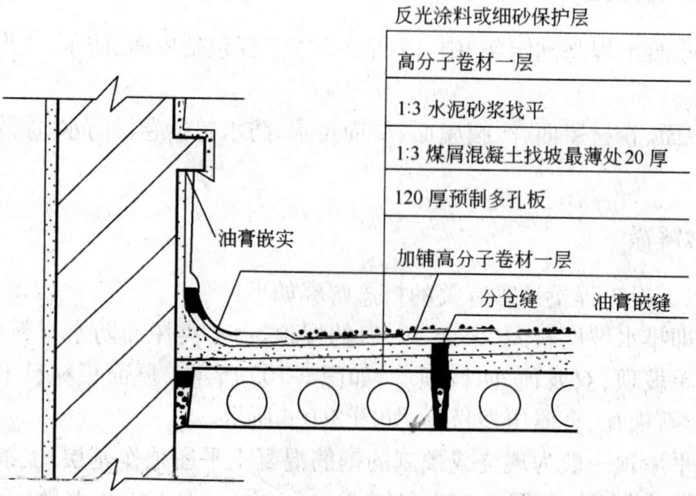

图 3-107　卷材防水实例

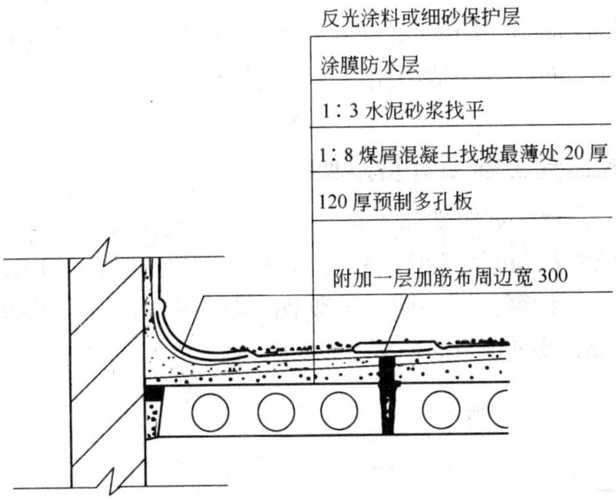

图 3-108　涂膜防水实例

(3)变形缝的填缝和盖缝(图 3-109)。填缝用油浸麻丝、泡沫塑料条等填塞变形缝,或铺设、预埋止水带等;盖缝用木板、硬橡胶板、铁皮将变形缝遮盖。

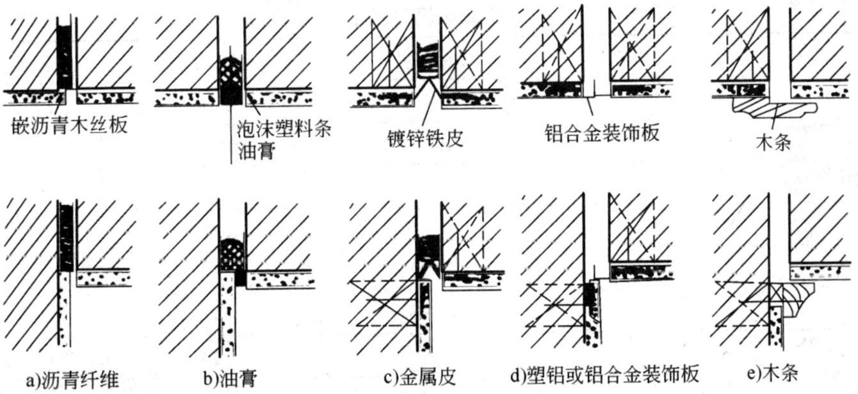

图 3-109　填缝与盖缝

(三)定额相关说明

定额中,屋面及防水工程工程量计算的相关说明如下:

(1)水泥瓦、黏土瓦、小青瓦、石棉瓦规格与定额不同时,瓦材的数量可以换算,其他不变。

(2)高分子卷材厚度,再生橡胶卷材按 1.5mm,其他均按 1.2mm 取定。

(3)防水工程适用于楼地面、墙基、墙身、构筑物、水池、水塔及室内厕所、浴室等防水。建筑物室内地坪以下的防水、防潮工程按防水工程相应项目计算。

(4)变形缝填缝:建筑油膏聚氯乙烯胶泥断面取定 3cm×2cm;油浸木丝板取定 2.5cm×15cm;紫铜板止水带系 2mm 厚展开宽 45cm;氯丁橡胶宽 30cm,涂刷式氯丁胶贴玻璃止水片宽 35cm。其余均为 15cm×3cm。如设计断面不同时,用料可以换算,人工不变。

(5)盖缝:木板盖缝断面为 20cm×2.5cm,如设计断面不同时,用料可以换算,人工不变。

(6)屋面砂浆找平层、面层按楼地面相应定额项目计算

二 屋面及防水工程工程量计算规则

屋面及防水工程工程量计算规则如下:

(1)瓦屋面、金属压型板(包括挑檐部分):均按图 3-110 中尺寸的水平投影面积乘以屋面坡度系数(表 3-26),以 m^2 计算。不扣除房上烟囱、风帽底座、风道、屋面小气窗、斜沟等所占面积,屋面小气窗的出檐部分亦不增加。

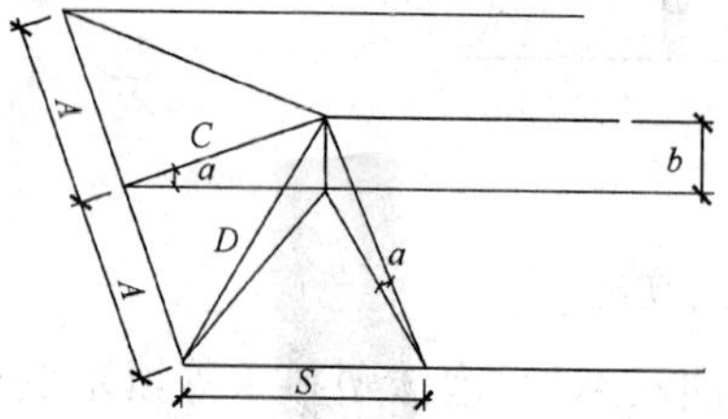

注:1. 两坡排水屋面(或坡度相等的四坡顶)面积为屋面水平投影面积乘以延尺系数C;
2. 四坡排水屋面斜脊长度=A×D(当S=A时);
3. 沿山墙泛水长度=A×C

图 3-110 屋面坡度系数

屋面坡度系数表

表 3-26

坡度 B(A=1)	坡度 B/2A	坡度角度 α	延尺系数 C	隅延尺系数 D
1	1/2	45°	1.4142	1.7321
0.75		36°52′	1.2500	1.6008
0.70		35°	1.2207	1.5779
0.666	1/3	33°40′	1.2015	1.5620
0.65		33°01′	1.1926	1.5564
0.60		30°58′	1.1662	1.5362
0.577		30°	1.1547	1.5270
0.55		28°49′	1.1413	1.5170
0.50	1/4	26°34′	1.1180	1.5000
0.45		24°14′	1.0966	1.4939
0.40	1/5	21°48′	1.0770	1.4697
0.35		19°17′	1.0594	1.4569
0.30		16°42′	1.0440	1.4457
0.25		14°02′	1.0308	1.4362
0.20	1/10	11°19′	1.0198	1.4283
0.15		8°32′	1.0112	1.4221
0.125		7°8′	1.0078	1.4191
0.100	1/20	5°42′	1.0050	1.4177

续上表

坡度 B(A=1)	坡度 B/2A	坡度角度 α	延尺系数 C	隅延尺系数 D
0.083		4°45′	1.0035	1.4166
0.066	1/30	3°49′	1.0022	1.4159

(2)卷材屋面:工程量按以下规定计算。

①卷材屋面按图示尺寸的水平投影面积乘以规定的坡度系数,以 m^2 计算,但不扣除房上烟囱、风帽底座、风道、屋面小气窗和斜沟所占的面积,屋面的女儿墙、伸缩缝和天窗等处的弯起部分,按图示尺寸并入屋面工程量计算。如图纸无规定时,伸缩缝、女儿墙的弯起部分可按250mm 计算。天窗弯起部分可按 500mm 计算,如图 3-111 所示。

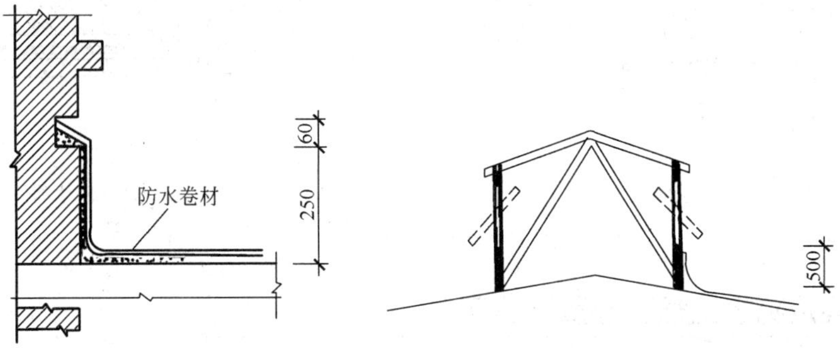

图 3-111 防水弯起部分(尺寸单位:mm)

②卷材屋面的附加层、接缝、收头、找平层的嵌缝、冷底子油已计入定额内,不另计算。

(3)涂膜屋面的工程量计算同卷材屋面。涂膜屋面的油膏嵌缝、玻璃布盖缝、屋面分格缝,以延长米计算。

(4)屋面排水工程量按以下规定计算:

①铁皮排水可按图示尺寸以展开面积计算,咬口和搭接等已计入定额项目中,不另计算。

②铸铁、玻璃钢水落管区别不同直径按图示尺寸以延长米计算,雨水口、水斗、弯头、短管以个计算。

(5)防水工程工程量按以下规定计算:

①建筑物地面防水、防潮层,按主墙间净空面积计算,扣除凸出地面的构筑物、设备基础等所占的面积,不扣除柱、垛、间壁墙、烟囱及 0.3m^2 以内孔洞所占面积。与墙面连接处高度在500mm 以内者按展开面积计算,并入平面工程量内;超过 500mm 时,按立面防水层计算。

②建筑物墙基防水、防潮层(图 3-112),外墙长度按中心线,内墙按净长乘以宽度,以 m^2 计算。

③构筑物及建筑物地下室防水层(图 3-113),按实铺面积计算,但不扣除 0.3m^2 以内的孔洞面积。平面与立面交接处的防水层,其上卷高度超过 500mm 时,按立面防水层计算。

④防水卷材的附加层、接缝、收头、冷底子油等人工材料均已计入定额内,不另计算。

(6)变形缝按延长米(m)计算。

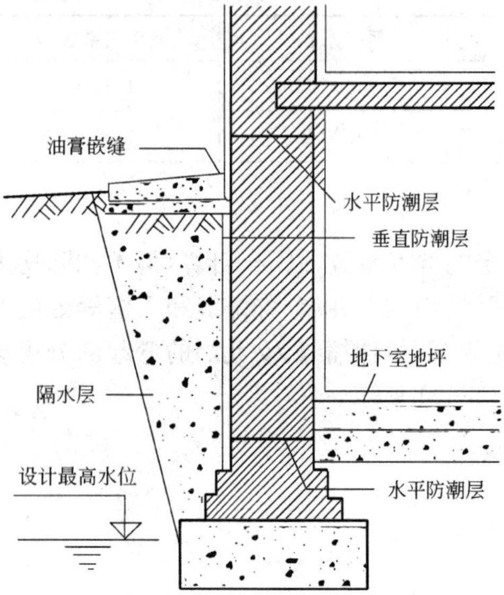

图 3-112　墙基防潮层

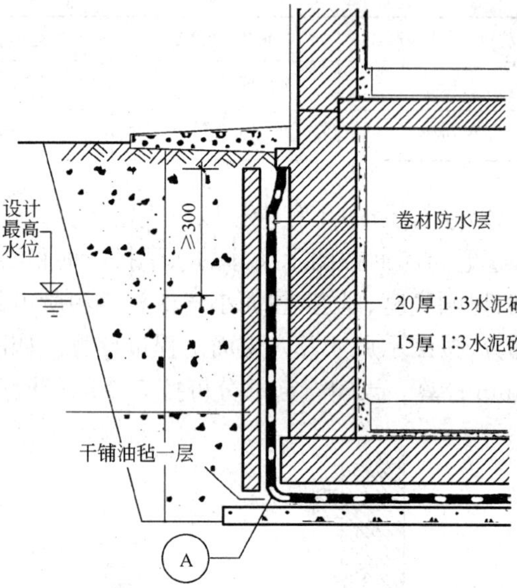

图 3-113　地下室防水层(尺寸单位:mm)

三 屋面及防水工程工程量计算实例

【例 3-37】　如图 3-114 所示,四坡顶金属压型板建筑带有小窗,四坡坡度均为26°34′。试计算屋面工程量、屋脊长度。

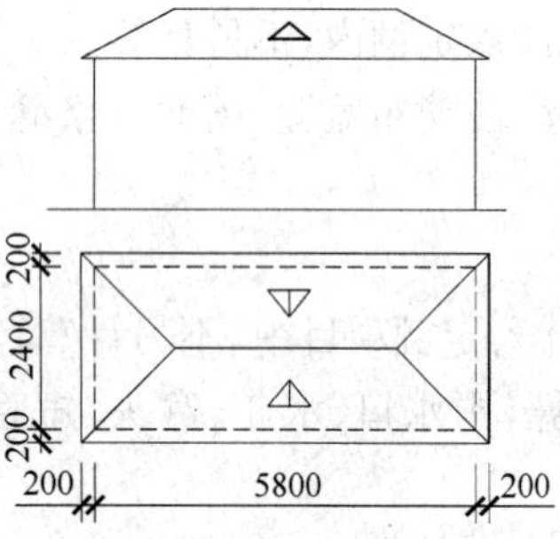

图 3-114　金属压型板层面坡度图
(尺寸单位:mm)

解:(1)屋面工程量

按图示尺寸(包括挑檐部分)乘以屋面坡度延尺系数,小气窗不扣除,与屋面重叠部分不增加。由表 3-24 知,C=1.1180。

(5.8+0.2×2)×(2.4+0.2×2)×1.1180=19.41(m²)

(2)屋脊长度

①正脊长度:

5.8−2.4÷2×2=3.4(m)

②斜脊长度:

由表 3-24 知,D=1.5000。

(2.4+0.2×2)÷2×1.5×4=8.4(m)

屋脊长度=3.4×8.4=28.56(m)

【例 3-38】　根据图 3-103 条件,计算墙基 1∶2 防水砂浆防潮层工程量。

解:外墙长度按中心线,内墙按净长乘以宽度,以 m² 计。

外墙中心线:(3.6+4.2)×2+3.6+3.0+3.6+2.4+0.6=28.8(m)

内墙净长线:(3.6+2.4−0.24)+(2.4−0.24)+(3.6−0.24)=11.28(m)

防潮层工程量:(28.8+11.28)×0.24=9.62(m²)

【例 3-39】　根据图 3-115,计算屋面防水工程量。女儿墙厚均为 240mm。

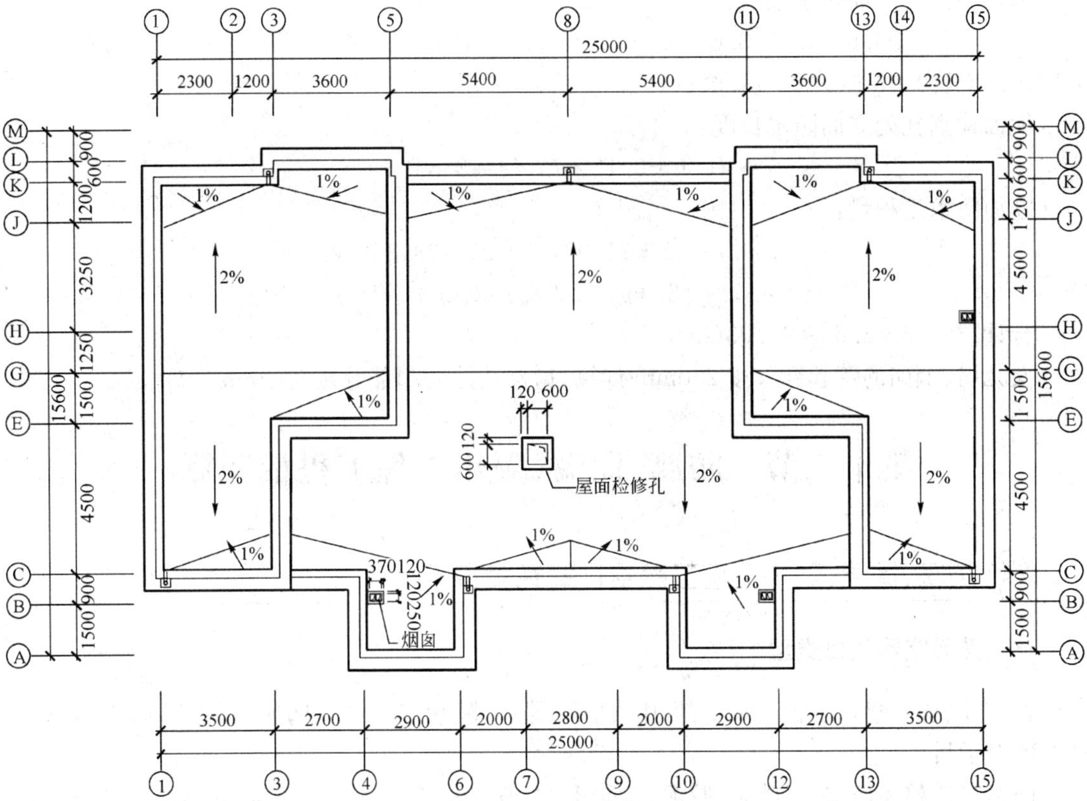

图 3-115　某建筑屋顶平面图(尺寸单位:mm)

解:(1)平面防水工程量

①～⑤轴,Ⓒ～Ⓛ轴屋面处平面防水长度(⑪～⑮轴,Ⓒ～Ⓛ轴处屋面同):

(1.2+3.25+1.25+1.5+4.5−0.24)×(3.5−0.24)+(3.6−0.24)×(0.6+1.2+3.25+1.25+1.5)+(1.2+3.25+1.25+1.5)×0.24

=65.30(m^2)

⑤～⑪轴,Ⓔ～Ⓚ轴屋面处平面防水长度:

(1.2+3.25+1.25+1.5−0.12+0.12)×(5.4+5.4−0.24)=76.03(m^2)

③～⑬轴,Ⓒ～Ⓔ轴屋面处平面防水长度:

(2.7+2.9+2.0+2.8+2.0+2.9+2.7−0.24)×(4.5−0.24)=75.66(m^2)

④～⑥轴,Ⓐ～Ⓒ轴屋面处平面防水长度:(⑩～⑫轴,Ⓐ～Ⓒ轴处屋面同):

(2.9−0.24)×(1.5+0.9−0.12+0.12)=6.38(m^2)

合计:65.30×2+76.03×75.66+6.38×2=295.05(m^2)

考虑到屋面坡度较小,以水平投影面积计算水平防水工程量。

(2)立面防水工程量

①～⑤轴,Ⓒ～Ⓛ轴屋面处立面防水长度(⑪～⑮轴,Ⓒ～Ⓛ轴处屋面同):

1.2+4.5+1.5+4.5+3.5+4.5+3.6+1.5+4.5+1.2+0.6+3.6+0.6+3.5+0.49×2(烟囱)+8×0.12=40.74(m)

屋面中部处立面防水长度：

(5.4+1.2+4.5+1.5+3.6+4.5+2.7+0.9+1.5+2.9+1.5+0.9+2.0+1.4+0.49×2)×2(对称)+8×0.12=71.92(m)

屋面检查孔处立面防水长度：

$$(0.6+0.12\times2)\times4=3.36(m)$$

立面防水工程量：

$$(40.74\times2+71.92)\times0.25=38.35(m^2)$$

$$3.36\times0.5=1.68(m^2)$$

合计：$38.35+1.68=40.03(m^2)$

女儿墙、烟囱的弯起部分按250mm计算，检修孔的弯起部分按500mm计算。

第十二节　防腐、保温、隔热工程工程量计算

一　防腐、保温、隔热工程工程量计算有关说明

(一)熟悉定额项目类型

在《全国统一建筑工程基础定额》中，防腐、保温、隔热工程包括防腐、保温隔热两部分，合计224个子目。

防腐包括整体面层(如砂浆、胶泥、混凝土、玻璃钢面层)、隔离层、平面砌块料面层、池沟槽砌块料、耐酸防腐涂料。

保温隔热包括屋面保温(如泡沫混凝土块、现浇水泥珍珠岩、现浇水泥蛭石、干铺蛭石、干铺珍珠岩等)、天棚保温(如聚苯乙烯塑料板等)、墙体保温(如聚苯乙烯泡沫板、砌加气混凝土块等)、楼地面隔热(如聚苯乙烯塑料板、砌加气混凝土块等)、其他保温(如柱子保温)。

(二)有关概念解释

与防腐、保温、隔热工程工程量计算有关的概念解释如下：

(1)在防水层下的保温层(屋面处)，如图3-116所示。

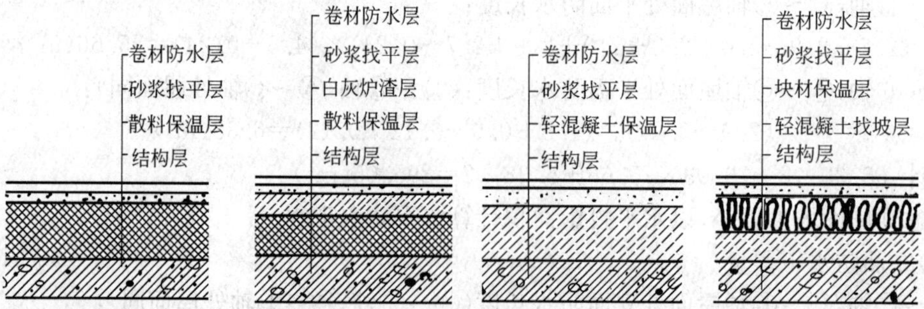

a)散料保温层　b)散料保温层　c)轻混凝土保温层　d)块料保温层

图3-116　防水层下的保温层(本图只绘制了主要层次)

(2)在防水层上的保温层(屋面处),如图 3-117 所示。

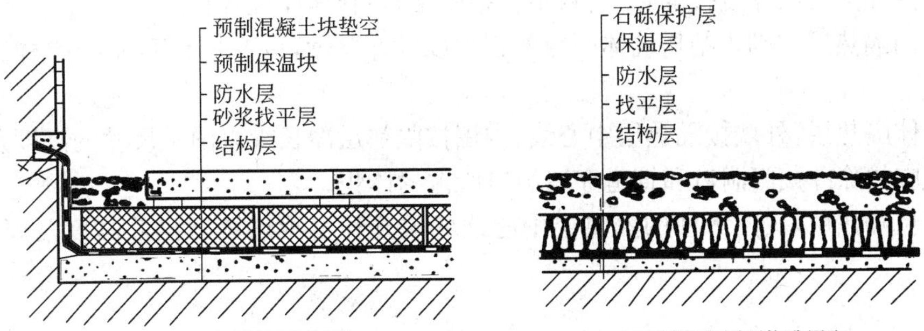

a)上人倒铺保温屋面　　b)倒铺保温屋面构造层次

图 3-117　防水层上的保温层

(三)定额相关说明

1. 耐酸防腐工程

(1)整体面层、隔离层适用于平面、立面的防腐耐酸工程,包括沟、坑、槽。

(2)块料面层以平面砌为准。砌立面者按平面砌相应项目,人工乘以系数 1.38,踢脚板人工乘以系数 1.56,其他不变。

(3)各种砂浆、胶泥、混凝土材料的种类,配合比及各种整体面层的厚度,如设计与定额不同时,可以换算,但各种块料面层的结合层砂浆或胶泥厚度不变。

(4)本章的各种面层,除软聚氯乙烯塑料地面外,均不包括踢脚板。

2. 保温隔热工程

(1)本定额适用于中温、低温及恒温的工业厂(库)房隔热工程,以及一般保温工程。

(2)本定额只包括保温隔热材料的铺贴,不包括隔气防潮、保护层或衬墙等。

(3)隔热层铺贴,除松散稻壳、玻璃棉、矿渣棉为散装外,其他保温材料均以石油沥青(30号)作胶结材料。

(4)墙体铺贴块体材料,包括基层涂沥青一遍。

二 防腐、保温、隔热工程工程量计算规则

1. 防腐工程量

(1)防腐工程项目应区分不同防腐材料种类及其厚度,按设计实铺面积以 m^2 计算。应扣除凸出地面的构筑物、设备基础等所占的面积,砖垛等凸出墙面部分按展开面积计算并入墙面防腐工程量之内。

(2)踢脚板按实铺长度乘以高度,以 m^2 计算,应扣除门洞所占面积并相应增加侧壁展开面积。

(3)平面砌筑双层耐酸块料时,按单层面积乘以系数 2 计算。

(4)防腐卷材接缝、附加层、收头等人工材料,已计入在定额中,不再另行计算。

2. 保温隔热工程量

(1)保温隔热层应区别不同保温隔热材料,除另有规定者外,均按设计实铺厚度以 m^3

计算。

(2)保温隔热层的厚度按隔热材料(不包括胶结材料)净厚度计算。

(3)地面隔热层按围护结构墙体间净面积乘以设计厚度,以 m^3 计算,不扣除柱、垛所占的体积。

(4)墙体隔热层,外墙按隔热层中心线、内墙按隔热层净长乘以图示尺寸的高度及厚度,以 m^3 计算。应扣除冷藏门洞口和管道穿墙洞口所占的体积。

(5)柱包隔热层,按图示柱的隔热层中心线的展开长度乘以图示尺寸高度及厚度,以 m^3 计算。

三 防腐、保温、隔热工程工程量计算实例

【例 3-40】 已知某平屋顶平面图 3-118 和女儿墙详图 3-119,试计算保温层、找平层、防水层工程量。

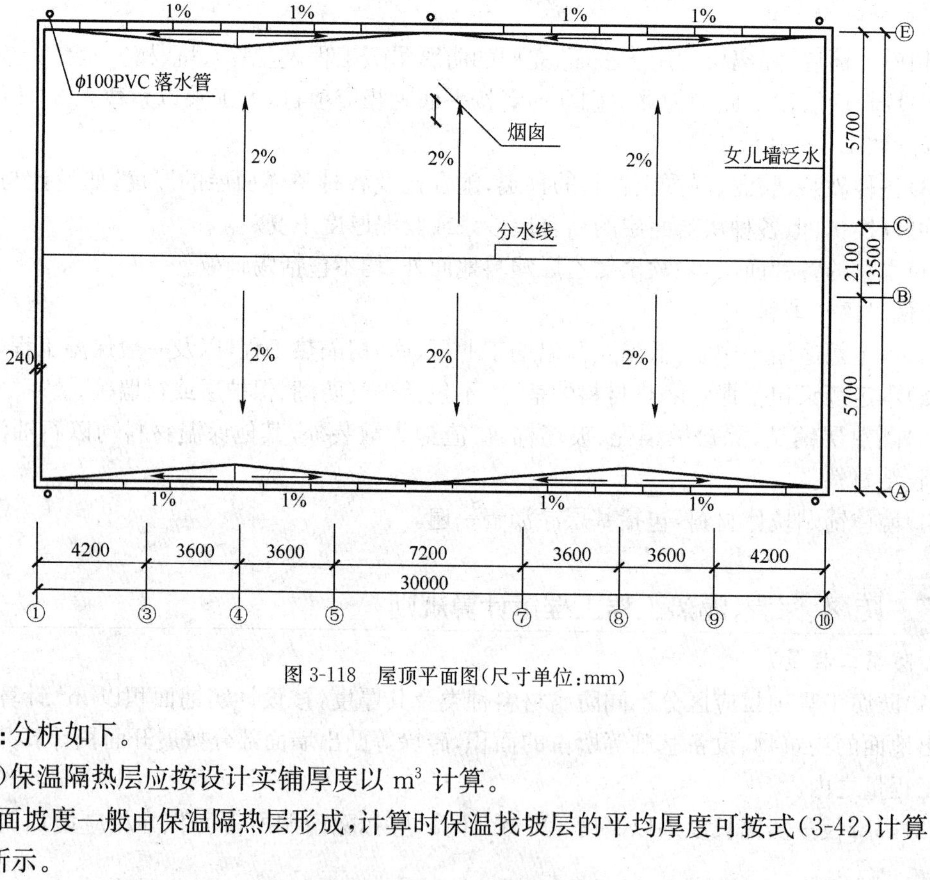

图 3-118 屋顶平面图(尺寸单位:mm)

解:分析如下。

(1)保温隔热层应按设计实铺厚度以 m^3 计算。

屋面坡度一般由保温隔热层形成,计算时保温找坡层的平均厚度可按式(3-42)计算,如图 3-120 所示。

$$保温找坡层平均厚度=坡宽(L)\times坡度系数(i)\times1/2+最薄处厚 \quad (3\text{-}42)$$

(2)找平层以 m^2 计算,套用楼地面找平层子目。

(3)卷材防水按图示尺寸的水平投影面积(坡度很小,可忽略)以 m^2 计算。屋面的女儿墙、天窗等处的弯起部分,按图示尺寸并入屋面工程量计算;卷材屋面的冷底子油已计入定额

内，不另计算。如图纸无规定时，伸缩缝、女儿墙的弯起部分可按 250mm 计算。则具体计算如下：

①保温隔热层工程量：

面积＝(13.5－0.24)×(30－0.24)＝394.62(m^2)

平均厚度＝0.03＋(13.5－0.24)÷2×2%÷2＝0.096(m)

保温隔热层工程量＝面积×平均厚度＝394.62×0.096＝37.88(m^3)

②找平层工程量：

平面：(13.5－0.24)×(30－0.24)＝394.62(m^2)

立面：(13.5－0.24＋30－0.24)×2×0.25＝21.51(m^2)

找平层工程量＝平面＋立面＝394.62＋21.51＝416.13(m^2)

③卷材防水工程量：416.13m^2(同找平层工程量)。

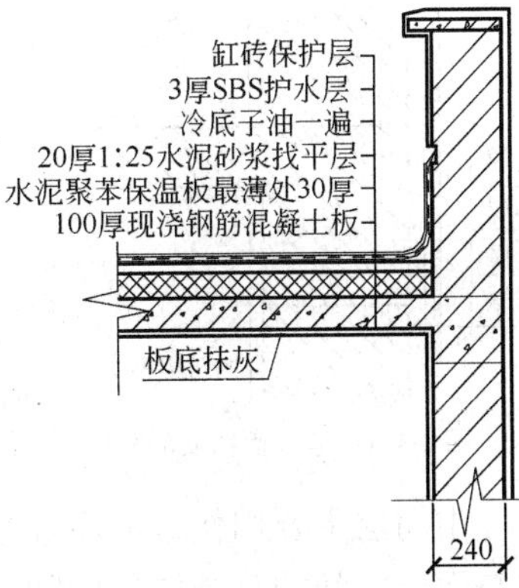

图 3-119　女儿墙详图

(尺寸单位：mm)

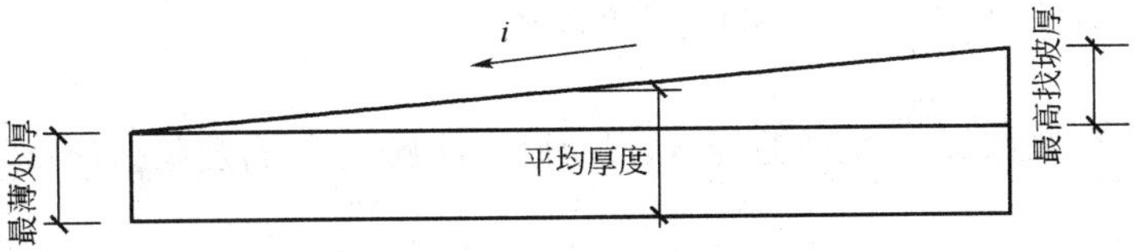

图 3-120　找坡厚度

第十三节　装饰工程工程量计算

一　装饰工程工程量计算有关说明

(一)熟悉定额项目类型

在《全国统一建筑工程基础定额》中，装饰工程包括墙柱面装饰、天棚装饰、油漆涂料裱糊装饰三大部分，合计 670 个子目。另含 U 形吊顶轻钢龙骨及配件表等 7 个附录。

墙柱面装饰包括一般抹灰、装饰抹灰、镶贴块料面层、墙柱面装饰(主要包括墙柱面铺设各种龙骨再装配以不同饰面板的装饰工程及幕墙、隔墙、隔断)和其他(包括压条、木材等其他材料装饰线、窗台板、筒子板、窗帘盒、窗帘轨等装饰工程)，共 5 部分。

天棚装饰包括抹灰面层、天棚龙骨、天棚面层、龙骨及饰面(包括龙骨和饰面的综合项目)和送(回)风口，共 5 部分。

油漆涂料裱糊装饰包括木材面油漆、金属面油漆、抹灰面油漆、涂料及裱糊，共 4 部分。

(二)有关概念解释

1. 墙柱面抹灰的分层

抹灰层均有一定厚度，外墙一般为 20～25mm，内墙为15～20mm。为避免抹灰出现裂缝、保证抹灰与基层黏结牢固，墙面抹灰层不宜太厚，而且需分层构造，如图 3-121 所示。

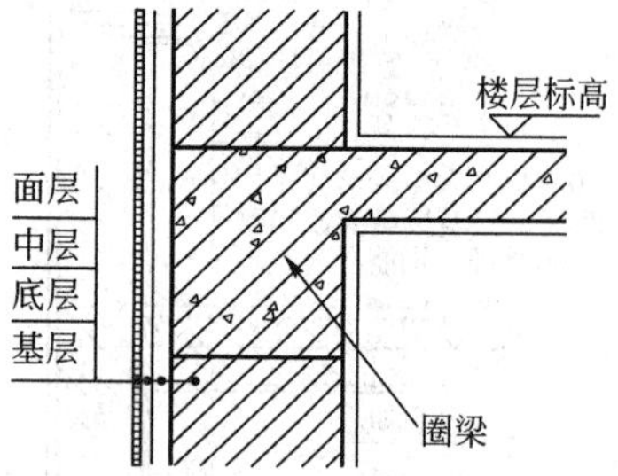

图 3-121　墙柱面抹灰的分层

底层抹灰具有使装修层与基层墙体黏牢和初步找平的作用,故又称找平层或打底层,施工上也称刮糙。对普通砖墙常用石灰砂浆或混合砂浆打底即可,而对混凝土墙体或有防潮、防水要求的墙体则需用混合砂浆或水泥砂浆打底。

面层抹灰又称罩面。对墙体的使用质量和美观起重要作用。作为面层,要求表面平整、无裂痕、颜色均匀。面层抹灰依所处部位和装修质量要求不同有纸筋灰罩面、麻刀灰罩面、砂浆罩面或石渣浆罩面等。

中间层主要用作进一步找平,减少底层砂浆干缩导致面层开裂的可能。同时亦可作为底层与面层之间的黏结层。中间层所用材料视装修要求而定。

在内墙抹灰中,当遇到人群活动频繁,且常受到碰撞的墙面或防潮、防水要求较高的墙体,如门厅、公共走廊、厨房、浴室、厕所等处,为保护墙身,常对那些易受碰撞或易受潮的墙面,做保护处理,称之为墙裙。墙裙又称台度,其高一般为1.0～1.8m。做墙裙的方法较多,如水泥砂浆抹灰、贴瓷砖、贴石板、钉胶合板、喷、刷涂料等。

2. 一般抹灰

常用的有石灰砂浆抹灰、水泥砂浆抹灰、混合砂浆抹灰、纸筋石灰浆抹灰、麻刀石灰浆抹灰。

3. 装饰抹灰

常用的有水刷石面、斩假石面、水磨石面、干粘石面、拉条灰等。装饰抹灰多采用石渣类饰面材料,以水泥为胶结材料,以石渣为集料做成水泥石渣浆作为抹灰面层,然后用水刷、斧剁、水磨等方法除去表面水泥浆皮,或者在水泥砂浆面上甩黏小粒径石渣,使饰面显露出石渣的颜色、质感,具有丰富的装饰效果。

1)水刷石饰面

水刷石是一种传统的外墙饰面,是用水泥和石子等加水搅拌,抹在建筑物的表面,半凝固后,用喷枪、水壶喷水,或者用硬毛刷蘸水,刷去表面的水泥浆,使石子半露。水刷石饰面主要适用于外墙、窗套、阳台、雨篷、勒脚及花台等部位的饰面。若采用不同颜色的石屑,将得到不同的装饰效果。

2)斩假石饰面

斩假石又称剁斧石。它是以水泥石渣浆或水泥石屑浆,涂抹在水泥砂浆基层上,待凝结硬化具有一定强度后,用斧子和各种凿子等工具,在面层上剁斩出具有石材经雕琢后的纹理效果的一种人造石料装饰方法。其装饰的效果类似毛面的天然花岗岩,造价高,故一般用于公共建筑重点装饰部位,如外墙面、勒脚、室外台阶等。

3)水磨石饰面

水磨石是指在基层用水泥砂浆打底后,在其上按图案嵌固玻璃条(或铜条、铝条)进行分格,再在分格内浇入搅拌好的水泥石渣浆,水泥石渣浆应略高于分格,养护上强度后用磨石机磨光,打蜡。

4)干粘石饰面

干粘石饰面是用拍子将小粒径石渣甩到黏结砂浆上,然后拍实。这种饰面效果与水刷石饰面相似,但比水刷石饰面节约水泥 30%～40%,节约石渣 50%,提高工效 30%左右,故应用较多,但其黏结力较低。

5)拉条灰、甩毛灰

拉条灰是基层找平后,上抹水泥石灰砂浆,随即用棕刷蘸上砂浆往墙上垂直拍拉,或用铁抹子贴在墙面上立即抽回,如此往复抽拉,就可在表面拉出像山峰形的水泥毛刺儿。甩毛灰是用排刷等工具将面层灰浆甩在墙面上的装饰做法。

4. 镶贴块料面层

块料面层的主要材料有大理石、花岗岩、汉白玉、预制水磨石、凸凹假麻石、陶瓷锦砖、釉面砖、金属面砖、劈离砖等。

对于较轻、较薄、尺寸较小的饰面材料,如陶瓷锦砖、釉面砖等,一般采用粘贴的方法施工。

对于较重、较厚、尺寸较大的饰面材料,如大理石、花岗岩等,一般可采用挂贴或干挂的方法施工。

挂贴是指先在墙面基层预埋环状锚拉钢筋,成格状布置;再在环状锚拉钢筋上布置横纵向钢筋网;在饰面的边缘钻孔;用铜丝或铁钩穿过饰面的钻孔,并固定在钢筋网上;最后在饰面板与墙面间灌注细石混凝土或水泥砂浆的施工方法具体如图 3-122 所示。

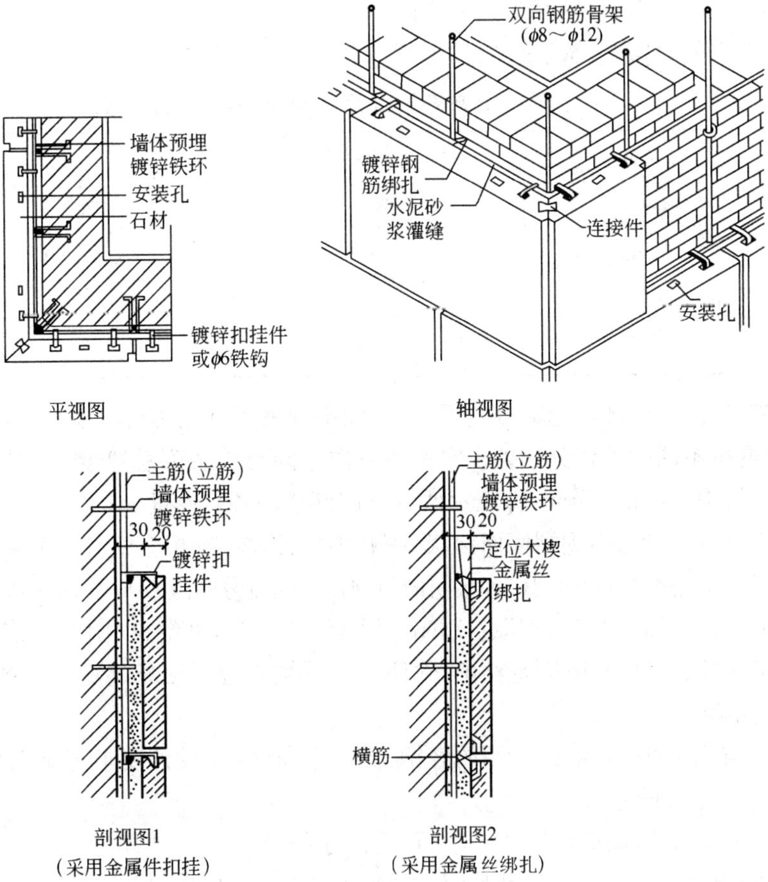

图 3-122　挂贴石材(尺寸单位:mm)

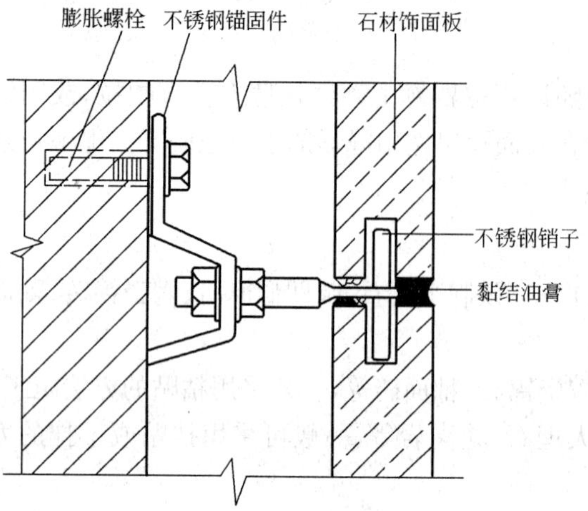

图 3-123　干挂石材

干挂是指在墙面基层预埋铁件或打孔安装膨胀螺栓；再在埋铁或膨胀螺栓上固定锚固件(马鞍支架)；再将饰面板侧向制成槽孔；最后将用卡件螺栓将饰面板与锚固件固定在一起，并嵌缝。具体如图 3-123 所示。

(三)定额相关说明

1. 墙、柱面装饰

(1)定额中凡注明砂浆种类、配合比、饰面材料型号规格的(含型材)如与设计规定不同时，可按设计规定调整，但人工数量不变。

(2)墙面抹石灰砂浆分两遍、三遍、四遍，其标准如下：

①两遍：一遍底层，一遍面层。

②三遍：一遍底层，一遍中层，一遍面层。

③四遍：一遍底层，一遍中层，两遍面层。

(3)抹灰等级与抹灰遍数、工序、外观质量的对应关系见表 3-27。

抹灰等级与抹灰遍数、工序、外观质量的对应关系表　　表 3-27

名称	普通抹灰	中级抹灰	高级抹灰
遍数	两遍	三遍	四遍
主要工序	分层找平、修整、表面压光	阳角找方、设置标筋、分层找平、修整、表面压光	阳角找方、设置标筋、分层找平、修整、表面压光
外观质量	表面光滑、洁净、接槎平整	表面光滑、洁净、接槎平整、压线、清晰、顺直	表面光滑、洁净、颜色均匀、无抹纹压线、平直方正、清晰美观

(4)抹灰厚度，如设计与定额取定不同时，除定额项目有注明可以换算外，其他一律不做调整。抹灰厚度按不同的砂浆分别列在定额项目中。同类砂浆列总厚度，不同砂浆分别列出厚度，如定额项目中 18mm＋6mm 即表示两种不同砂浆的各自厚度。

(5)圆弧形、锯齿形、不规则墙面抹灰、镶贴块料、饰面，按相应项目人工乘以系数 1.15。

(6)外墙贴块料釉面砖、劈离砖和金属面砖项目灰缝宽分密缝、10mm 以内和 20mm 以内列项，其人工、材料已综合考虑。如灰缝超过 20mm 以上者，其块料及灰缝材料用量允许调整，其他不变。

(7)面层、隔墙(间壁)、隔断定额内，除注明者外均未包括压条、收边、装饰线(板)，如设计要求时，应按定额相应项目计算。

(8)幕墙、隔墙(间壁)、隔断所用的轻钢、铝合金龙骨，如设计要求与定额规定不同时允许按设计调整，但人工不变。

(9)块料镶贴和装饰抹灰的“零星项目”适用于挑檐、天沟、腰线、窗台线、门窗套、压顶、栏板、扶手、遮阳板、雨篷周边等。一般抹灰的“零星项目”适用于各种壁柜、碗柜、过人洞、暖气壁龛、池槽、花台以及 $1m^2$ 以内的抹灰。一般抹灰的“装饰线条”适用于门窗套、挑檐腰线、压顶、遮阳板、楼梯边梁、宣传栏边框等凸出墙面或灰面展开宽度小于 300mm 以内的竖、横线条抹灰。超过 300mm 的线条抹灰按“零星项目”执行。如图 3-124 所示。

(10)压条、装饰条以成品安装为准。

(11)木龙骨基层是按双向计算的，设计为单向时，材料、人工用量乘以系数 0.55。

(12)玻璃幕墙、隔墙如设计有平、推拉窗者，扣除平、推拉窗面积另按门窗工程相应定额执行。

(13)墙柱面抹灰，装饰项目均包括 3.6m 以下简易脚手架的搭设及拆除。

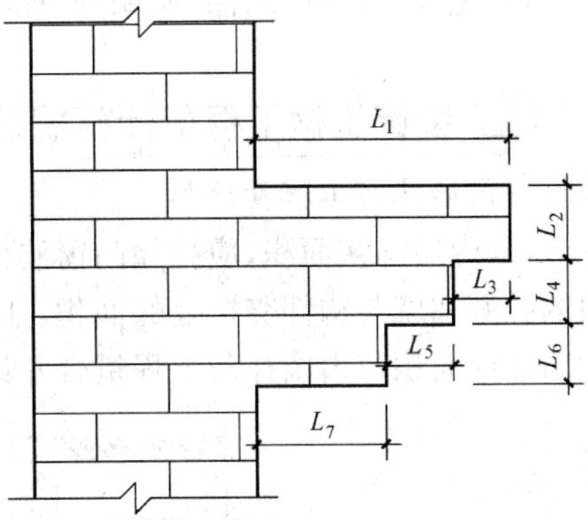

图 3-124　一般抹灰的“零星项目”和“装饰线条”($L_1 \sim L_7$ 累加宽度小于 30mm 属“零星项目”；$L_1 \sim L_7$ 累加宽度超过 300mm 属“装饰线条”)

2. 天棚面装饰

(1)砂浆种类和配合比、饰面材料型号规格的，如定额与设计不同时，可按设计规定调整。

(2)本章龙骨是按常用材料及规格组合编制的，如与设计规定不同时，可以换算，人工不变。

(3)天棚面层在同一标高者为一级天棚；天棚面层不在同一标高者，且高差在 200mm 以上者为二级天棚(图 3-125)或三级天棚。

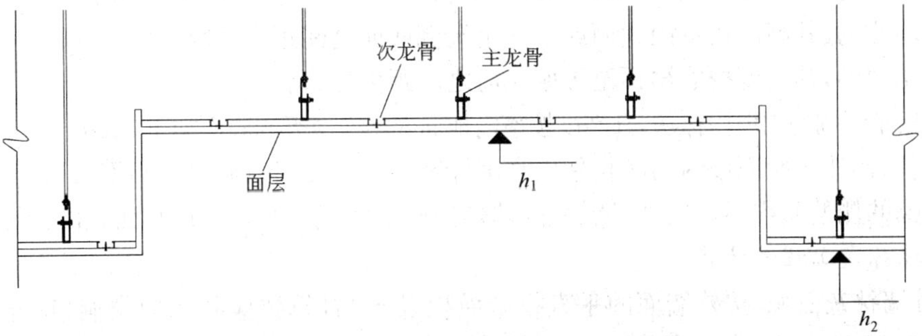

图 3-125　二级天棚(当 $h_1 - h_2 > 200$mm 时)

(4)天棚骨架、天棚面层分别列项，按相应项目配套使用。对于二级或三级以上造型的天棚，其面层人工乘以系数 1.3。

(5)吊筋安装，如在混凝土板上钻眼、挂筋者，按相应项目每 100m² 增加人工 3.4 工日；如在砖墙上打洞搁放骨架者，按相应天棚项目 100m² 增加人工 1.4 工日。上人型天棚骨架吊筋为射钉者，每 100m² 减少人工 0.25 工日，吊筋3.8kg；增加钢板27.6kg，射钉 585 个。

(6)装饰天棚顶项目已包括 3.6m 以下简易脚手架搭设及拆除。

3. 油漆、喷涂、裱糊

(1)按规定刷涂、刷油采用手工操作，喷塑、喷涂、喷油采用机械操作，操作方法不同时不另调整。

(2)油漆浅、中、深各种颜色已综合在定额内，颜色不同，不另调整。

(3)在同一平面上的分色及门窗内外分色已综合考虑，如需做美术图案者另行计算。

(4)定额规定的喷、涂、刷遍数,如与设计要求不同时,可按每增加一遍定额项目进行调整。

二 装饰工程工程量计算规则

1. 内墙抹灰工程量计算

(1)内墙抹灰面积,应扣除门窗洞口和空圈所占的面积,不扣除踢脚板、挂镜线、0.3m^2以内的孔洞和墙与构件交接处的面积,如图 3-126 所示,洞口侧壁和顶面亦不增加。墙垛和附墙烟囱侧壁面积与内墙抹灰工程量合并计算。

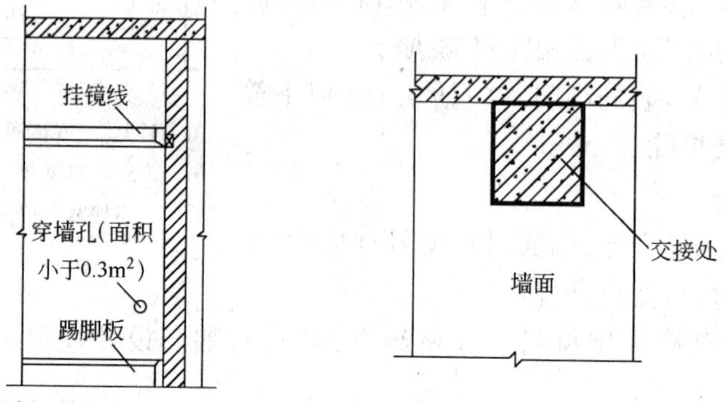

a)踢脚板、挂镜线、0.3m²以内的孔洞　　b)墙与构件(梁)交接处

图 3-126　墙面抹灰

(2)内墙面抹灰的长度,以主墙间的图示净长尺寸计算。其高度确定如下:

①无墙裙的,其高度按室内地面或楼面至天棚底面之间距离计算。

②有墙裙的,其高度按墙裙顶至天棚底面之间距离计算。

③钉板条天棚的内墙面抹灰,其高度按室内地面或楼面至天棚底面加 100mm 计算。

(3)内墙裙抹灰面积按内墙净长乘以高度计算。应扣除门窗洞口和空圈所占的面积,门窗洞口和空圈的侧壁面积不另增加,墙垛、附墙烟囱侧壁面积并入墙裙抹灰面积内计算。

2. 外墙抹灰工程量计算

(1)外墙抹灰面积,按外墙面的垂直投影面积以m^2计算。应扣除门窗洞口、外墙裙和大于 0.3m^2孔洞所占面积,洞口侧壁面积不另增加。附墙垛、梁、柱侧面抹灰面积并入外墙面抹灰工程量内计算。栏板、栏杆、扶手、压顶、窗台线、门窗套、挑檐、遮阳板、凸出墙外的腰线等,另按相应规定计算。

(2)外墙裙抹灰面积按其长度乘高度计算,扣除门窗洞口和大于 0.3m^2孔洞所占的面积,门窗洞口及孔洞的侧壁不增加。

(3)栏板、栏杆(包括立柱、扶手或压顶等)抹灰按立面垂直投影面积乘以系数 2.2,以m^2计算。

(4)窗台线、门窗套、挑檐、遮阳板、腰线等展开宽度在 300mm 以内者,按装饰线以延长米计算;如展开宽度超过 300mm 以上时,按图示尺寸以展开面积计算,套零星抹灰定额项目。

(5)阳台底面抹灰按水平投影面积以m^2计算,并入相应天棚抹灰面积内。阳台如带悬臂梁者,其工程量乘系数 1.30。

(6)雨篷底面或顶面抹灰分别按水平投影面积以m^2计算,并入相应天棚抹灰面积内。雨篷顶面带反沿或反梁者，其工程量乘系数 1.20，底面带悬臂梁者，其工程量乘以系数 1.20。雨篷外边线按相应装饰或零星项目执行。

(7)墙面勾缝按垂直投影面积计算，应扣除墙裙和墙面抹灰的面积，不扣除门窗洞口、门窗套、腰线等零星抹灰所占的面积，附墙柱和门窗洞口侧面的勾缝面积亦不增加。独立柱、房上烟囱勾缝，按图示尺寸以 m^2 计算。

3. 外墙装饰抹灰工程量计算

(1)外墙各种装饰抹灰均按图示尺寸以实抹面积计算。应扣除门窗洞口、空圈的面积，其侧壁面积不另增加。

(2)栏杆、栏板、压顶、窗台线、门窗套、挑檐、天沟、腰线等均按图示尺寸展开面积以 m^2 计算，并入相应的外墙面积内。

4. 块料面层工程量计算

(1)墙面贴块料面层均按图示尺寸以实贴面积计算。

(2)墙裙以高度在 1500mm 以内为准，超过 1500mm 时按墙面计算，高度低于 300mm 以内时，按踢脚板计算。

5. 木隔墙、墙裙、护壁板工程量计算

均按图示尺寸长度乘以高度按实铺面积，以 m^2 计算。

6. 玻璃隔墙工程量计算

按上横挡顶面至下横挡底面之间高度乘以宽度(两边立梃外边线之间)，以 m^2 计算。

7. 浴厕木隔断计算

按下横挡底面至上横挡顶面高度乘以图示长度，以 m^2 计算。门扇面积并入隔断面积内计算。

8. 铝合金、轻钢隔墙、幕墙工程量计算

按四周框外围面积计算。

9. 独立柱装饰工程量计算

(1)一般抹灰、装饰抹灰、镶贴块料按结构断面周长乘以柱的高度，以 m^2 计算。

(2)柱面装饰按柱外围饰面尺寸乘以柱的高，以 m^2 计算。

10. 各种"零星项目"工程量计算

均按图示尺寸以展开面积计算。

11. 天棚抹灰工程量计算

(1)天棚抹灰面积，按主墙间的净面积计算，不扣除间壁墙、垛、柱、附墙烟囱、检查口和管道所占的面积。带梁天棚，梁两侧抹灰面积，并入天棚抹灰工程量内计算。

(2)密肋梁和井字梁天棚抹灰面积，按展开面积计算。

(3)天棚抹灰如带有装饰线时，区别按三道线以内或五道线以内按延长米计算，线角的道数以一个凸出的棱角为一道线。

(4)檐口天棚的抹灰面积，并入相同的天棚抹灰工程量内计算。

(5)天棚中的折线、灯槽线、圆弧形线、拱形线等艺术形式的抹灰，按展开面积计算。

12. 各种吊顶天棚龙骨工程量计算

按主墙间净空面积计算，不扣除间壁墙、检查口、附墙烟囱、柱、垛和管道所占面积，但天棚中的折线、跌落等圆弧形，高低吊灯槽等面积也不展开计算。

13. 天棚面装饰工程量计算

(1)天棚装饰面积，按主墙间实铺面积以 m^2 计算，不扣除间壁墙、检查口、附墙烟囱、附墙垛和管道所占面积，应扣除独立柱及与天棚相连的窗帘盒所占的面积。

(2)天棚中的折线：跌落等圆弧形、拱形、高低灯槽及其他艺术形式天棚面层均按展开面积计算。

14. 喷涂、油漆、裱糊工程量计算

(1)楼地面、天棚面、墙、柱、梁面的喷(刷)涂料、油漆及裱糊工程，均按楼地面、天棚面、墙、柱、梁面装饰工程相应的工程量计算规则规定计算。

(2)木材面、金属面油漆的工程量分别按表 3-28～表 3-36 规定计算，并乘以表列系数以 m^2 计算。

①木材面油漆(表 3-28～表 3-32)。

单层木门工程量系数表

表 3-28

项目名称	系数	工程量计算方法
单层木门	1.00	按单面洞口面积
双层(一板一纱)木门	1.35	
双层(单裁口)木门	2.00	
单层全玻门	0.83	
木百叶门	1.25	
厂库大门	1.10	

单层木窗工程量系数表

表 3-29

项目名称	系数	工程量计算方法
单层玻璃窗	1.00	按单面洞口面积
双层(一玻一纱)窗	1.36	
双层(单裁口)窗	2.00	
三层(两玻一纱)窗	2.60	
单层组合窗	0.83	
双层组合窗	1.13	
木百叶窗	1.50	

木扶手(不带托板)工程量系数表

表 3-30

项目名称	系数	工程量计算方法
木扶手(不带托板)	1.00	按延长米
木扶手(带托板)	2.60	
窗帘盒	2.04	
封檐板、顺水板	1.74	
挂衣板、黑板框	0.52	
生活园地框、挂镜线、窗帘棍	0.35	

其他木材面工程量系数表 表 3-31

项目名称	系 数	工程量计算方法
木板、纤维板、胶合板、天棚、檐口	1.00	长×宽
清水板条天棚、檐口	1.07	
木方格吊顶天棚	1.20	
吸音板，墙面、天棚面	0.87	
鱼鳞板墙	2.48	
木护墙、墙裙	0.91	
窗台板、筒子板、盖板	0.82	
暖气罩	1.28	
屋面板(带檩条)	1.11	斜长×宽
木间壁、木隔断	1.90	单面外围面积
玻璃间壁露明墙筋	1.65	
木栅栏、木栏杆(带扶手)	1.82	
木屋架	1.79	跨度(长)×中高×1/2
衣柜、壁柜	0.91	投影面积(不展开)
零星木装修	0.87	展开面积

木地板工程量系数表 表 3-32

项目名称	系 数	工程量计算方法
木地板、木踢脚线	1.00	长×宽
木楼梯(不包括底面)	2.30	水平投影面积

②金属面油漆(表 3-33～表 3-36)。

单钢门窗工程量系数 表 3-33

项目名称	系 数	工程量计算方法
单层钢门窗	1.00	洞口面积
双层(一玻一纱)钢门窗	1.48	
钢百页钢门	2.74	
半截百页钢门	2.22	
满钢门或包铁皮门	1.63	
钢折叠门	2.30	
射线防护门	2.96	框(扇)外围面积
厂库房平开、推拉门	1.70	
钢丝网大门	0.81	
间壁	1.85	长×宽
平板屋面	0.74	斜长×宽
瓦垄板屋面	0.89	斜长×宽
排水、伸缩缝盖板	0.78	展开面积
吸气罩	1.63	水平投影面积

其他金属屋面工程量系数 表 3-34

项目名称	系数	工程量计算方法
钢屋架、天窗架、挡风架、屋架梁、支撑、檩条	1.00	质量(t)
墙架(空腹式)	0.50	
墙架(格板式)	0.82	
钢柱、吊车梁、花式梁柱、空花构件	0.63	
操作台、走台、制动梁钢梁车挡	0.71	
钢栅栏门、栏杆、窗橱	1.71	
钢爬梯	1.18	
轻型屋架	1.42	
踏步式钢扶梯	1.05	
零星铁件	1.32	

平板屋面涂刷磷化、锌黄底漆工程量系数表 表 3-35

项目名称	系数	工程量计算方法
平板屋面	1.00	斜长×宽
瓦垄板屋面	1.20	
排水、伸缩缝盖板	1.05	展开面积
吸气罩	2.20	水平投影面积
包镀锌铁皮门	2.20	洞口面积

抹灰工程量系数表 表 3-36

项目名称	系数	工程量计算方法
槽形底板、混凝土折板	1.30	长×宽
有梁板底	1.10	
密肋、井字梁底板	1.50	
混凝土平板式楼梯底	1.30	水平投影面积

三 装饰工程工程量计算实例

【例 3-41】 根据图 3-127,计算内墙面抹灰工程量。已知室内净高 3.3m,四樘窗洞口尺寸均为 1200mm×1500mm,门洞口高 2.2m。水磨石踢脚板 150mm。一房间按图示尺寸进行吊顶,铝合金龙骨,石膏板面层。

分析：本题内墙抹灰面积，应扣除门窗洞口和空圈所占的面积，不扣除踢脚板面积，洞口侧壁和顶面亦不增加。柱侧面面积与内墙抹灰工程量合并计算(柱处于墙角可不加不减)。

吊顶天棚龙骨按主墙间净空面积计算，不扣除柱所占面积。但天棚中的折线面积也不展开计算；天棚装饰面积，按主墙间实铺面积以 m^2 计算，不扣除附墙垛所占面积。

天棚中的折线按展开面积计算。

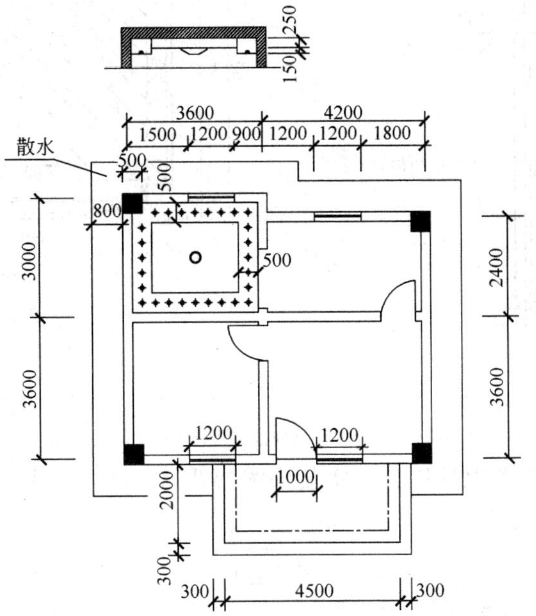

图 3-127　某建筑平面图(尺寸单位：mm)

解：(1)内墙抹灰

应扣除门窗洞口：1.2×1.5×4＋0.9×2.2×2×2＋1.0×2.2×1＋1.5×2.2×2＝23.92(m^2)

内墙抹灰长度：(3.6－0.24)×4＋(4.2－0.24)×4＋(3.0－0.24)×2＋(2.4－0.24)×2＋(3.6－0.24)×4＝52.56(m)

内墙抹灰工程量：52.56×3.3－23.92＝149.53(m^2)

(2)吊顶龙骨工程量

(3.6－0.24)×(3－0.24)＝9.27(m^2)

(3)吊顶面层工程量

9.27＋(3.6－0.24－0.5×2)×2×0.15＋(3－0.24－0.5×2)×2×0.15＝10.51(m^2)

【例 3-42】　根据图 3-128，计算 6 根柱子装饰面工程量。若改为镶贴面砖，工程量为多少？

解：对于独立柱，柱面装饰按柱外围饰面尺寸乘以柱的高以 m^2 计算；镶贴块料按结构断面周长乘以柱的高度，以 m^2 计算。

柱面装饰周长：(0.4＋0.08×2)×2＋0.05×2×2＋$2\pi R$×45°/360°×2＝2.89(m)

柱面装饰面工程量：2.89×3.5×6＝60.69(m^2)

若改为镶贴面砖，工程量为：(0.4＋0.45)×2×3.5×6＝35.7(m^2)

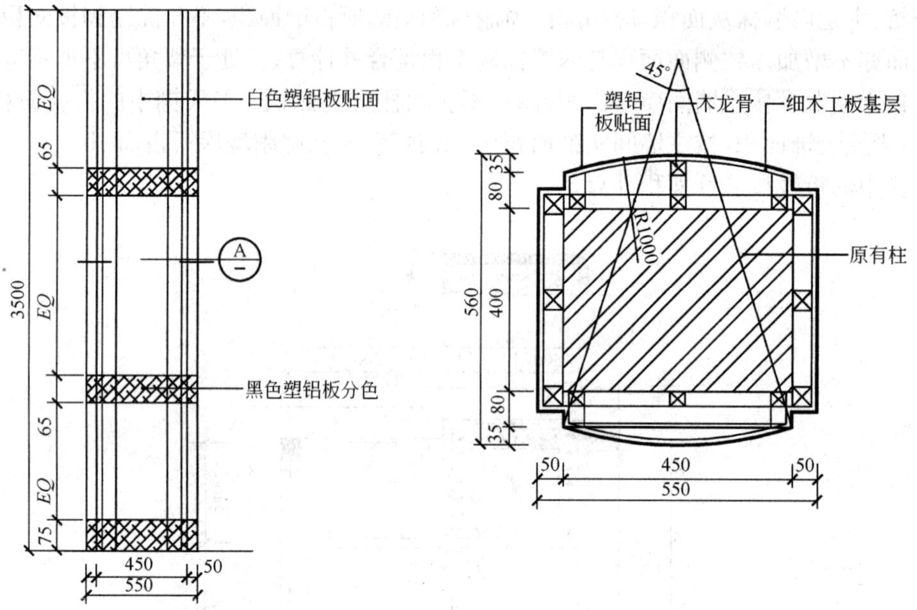

a)大厅立柱立面图　　b)A剖面图

图 3-128　大厅立柱立面及剖面图(尺寸单位:mm)

【例 3-43】 图 3-129 为某医院监察室装饰图纸,图 3-130 为 CT 室窗口、门口剖面图,试按图计算 A、B 墙面装修的工程量。

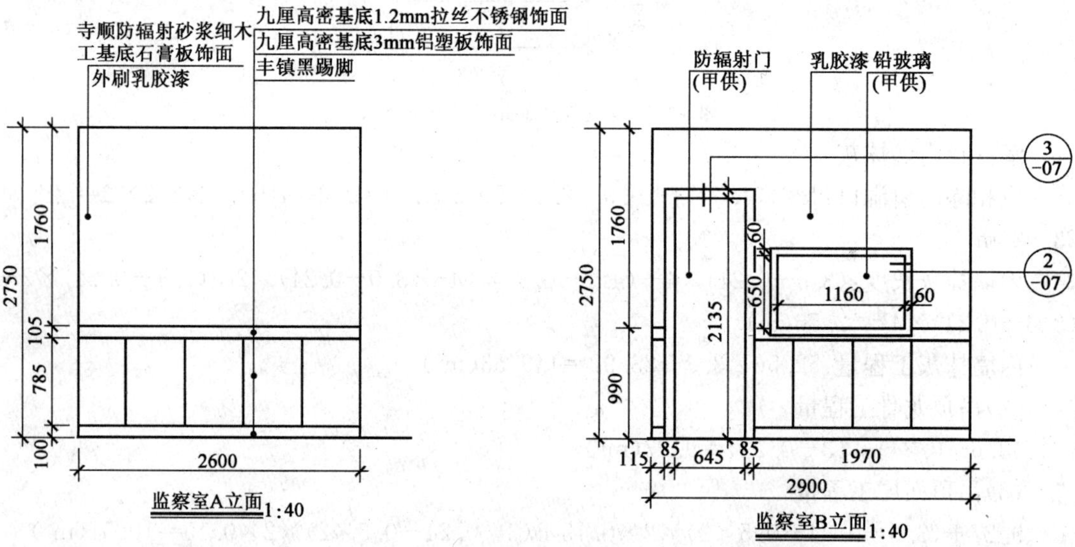

图 3-129　监察室立面图(尺寸单位:mm)

分析:精装修项目根据需要可能每个房间都会不同,设计图纸通常以房间为单位,包括该房间的楼地面、各个墙面及天棚装修等,为了满足施工要求,每个部位都要有设计详图。在计算工程量时对于较复杂的装修项目,通常按照房间计算比较清楚,对于相同的做法最后可以合并工程数量后统一进行定额套用。

装饰工程量计算见表 3-37。

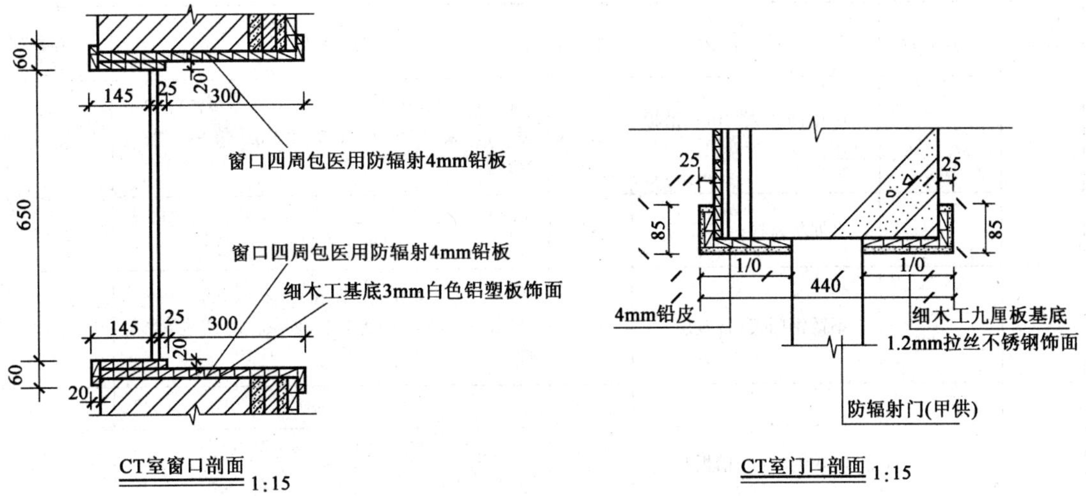

图 3-130　CT 室窗口、门口剖面图(尺寸单位:mm)

装饰工程量计算书(监察室 A、B 墙面)　　表 3-37

定额编号	项目名称	工程做法	单位	计算表过程	结果
	A 面		m²		
	成品踢脚线	丰镇黑石材 H=100mm,黏结剂粘贴	m	2.6	2.60
	墙裙	九厘板基层	m²	2.6×(0.785+0.105)	2.31
		3mm 铝塑板面层	m²	2.6×0.785	2.04
		1.2mm 厚拉丝不锈钢饰面	m²	2.6×0.105	0.27
	墙面	墙面防辐射砂浆	m²	2.6×2.75	7.15
		墙面细木工板基层	m²	2.6×2.75	7.15
		墙面石膏板面层	m²	2.6×1.76	4.58
		石膏板面层刷乳胶漆	m²	2.6×1.76	4.58
	B 面				
	成品踢脚线	丰镇黑石材 H=100mm,黏结剂粘贴	m	1.97+0.115	2.09
	墙裙	九厘板基层	m²	(2.9−0.645−0.085×2)×0.89	1.86
		3mm 铝塑板面层	m²	(2.9−0.645−0.085×2)×0.785	1.64
		1.2mm 厚拉丝不锈钢饰面	m²	(2.9−0.645−0.085×2)×0.105	0.22
	门套				

续上表

定额编号	项目名称	工程做法	单位	计算表过程	结果
		医用防辐射 4mm 铅板基层	m^2	(0.17−0.025)×(2.135×2+0.645)×2+(0.085−0.025)×(2.135×2+0.645+0.085×2)×2	2.04
		九厘板基层	m^2	0.17×(2.135×2+0.645)×2+0.085×(2.135×2+0.0645+0.085×2)×2	2.44
		不锈钢门套(含基层)	m^2	(0.17+0.025)×(2.135×2+0.645)×2+(0.085+0.025)×(2.135×2+0.0645+0.085×2)×2	2.91
	窗套				
		防辐射 4mm 铅板基层	m^2	(0.3+0.025+0.145)×(0.65+1.16)×2+(0.65+0.02+1.16+0.02)×2×0.02	1.78
		白色铝塑板(含基层)	m^2	(0.3+0.025+0.145)×(0.65+1.16)×2+(0.65+0.06+1.16+0.06)×2×0.06	1.93
		防辐射 4mm 铅板基层	m^2	(0.3+0.025+0.145)×(0.65+1.16)×2+(0.65+0.02+1.16+0.02)×2×0.02	1.78
		窗套细木工板	m^2	(0.145+0.025)×(0.65+1.16)×2	0.62
	乳胶漆墙面				
		墙面防辐射砂浆	m^2	2.9×2.75−0.645×2.135−0.65×1.16	5.84
		墙面细木工板基层	m^2	2.9×2.75−0.645×2.135−0.65×1.16	5.84
		墙面石膏板面层	m^2	2.9×1.76−(1.16+0.06×2)×(0.65+0.06×2)−(2.13−0.99+0.085)×(0.645+0.085×2)	3.12
		石膏板面层刷乳胶漆	m^2	2.9×1.76−(1.16+0.06×2)×(0.65+0.06×2)−(2.13−0.99+0.085)×(0.645+0.085×2)	3.12
	门	防辐射门	m^2	0.645×2.135	1.38
	窗	铅玻璃窗	m^2	0.65×1.16	0.75

第十四节　金属结构工程工程量计算

一　金属结构工程量计算有关说明

(一)熟悉定额项目类型

在《全国统一建筑工程基础定额》中,金属结构制作工程包括钢柱制作(实腹式和空腹式),钢屋架、钢托架制作,钢吊车梁、钢制动梁(板)制作,钢吊车轨道制作,钢支撑、钢檩条、钢墙架制作，钢平台、钢梯子、钢栏杆制作，钢漏斗、H 型钢制作，球节点、钢网架制作，钢屋架、钢托架制作平台摊销等九部分，共 50 个子目。

(二)有关概念解释

(1)实腹柱：一种是采用单一的型钢，如钢管、方钢、槽钢、工字钢、H 型钢等截面形式构成柱身，此形式组装简单，制作工作量小，省工省时，如图 3-131a)所示；另一种是由型钢和钢板焊接而成的组合截面，腹部通常成 H 形，如图 3-131b)所示。

(2)空腹柱：柱身的截面形式通常采用格构式组合截面，如图 3-131c)所示，由两个或几个肢组成。一般双肢柱大多采用槽钢或工字钢做柱肢，由缀板、角钢或缀条连接柱肢组成柱。格构柱有较大的回转半径，刚度较大，长细比较小。

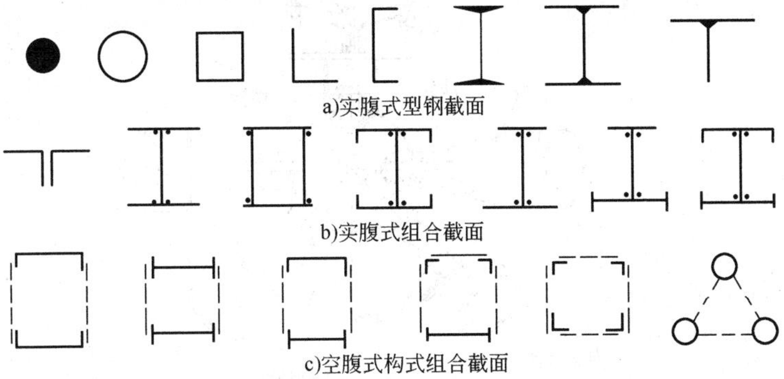

图 3-131　钢柱的截面形式

(3)钢支撑：用以增加钢结构整体刚度和侧向稳定性，传递水平荷载、风载及地震荷载的构件。通常分为屋架之间的水平(上弦水平支撑、下弦水平支撑)、竖直支撑、柱间支撑(图 3-132)。

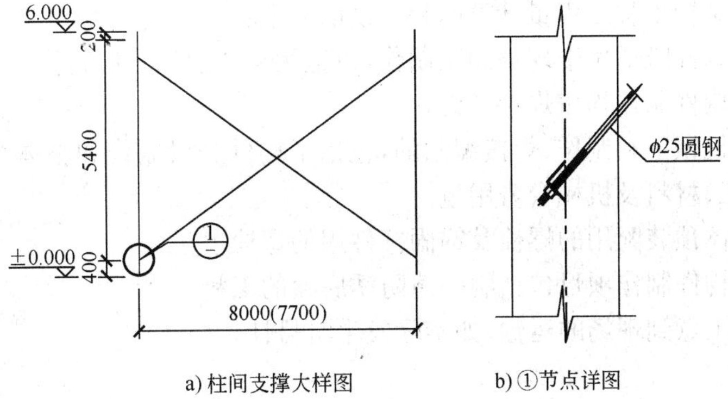

a) 柱间支撑大样图　　b) ①节点详图

图 3-132　柱间支撑示意(尺寸单位：mm；标高单位：m)

(4)H 型钢：是一种宽翼缘工字钢，通常用于门式钢架结构中，常由钢板焊接而成。

(5)压型金属板：是以冷轧薄钢板为基板，经镀锌或镀锌后覆以彩色涂层在经辊弯成型的波纹板，具有成型灵活、施工速度快、外观美观、重量轻、易于工业化生产等特点，广泛用作建筑屋面及墙体的维护材料。断面形式很多，示例如图 3-133 所示。

(6)球节点钢网架：是由钢球(焊接球或螺栓球)、钢管和支座等构件组成的网架状空间钢结构。钢管是网架杆件，钢球用于杆件的交汇点，连接杆件并传递内力，如图 3-134 所示。

有效宽度	625
展开宽度	1000
利用系数	62.5%

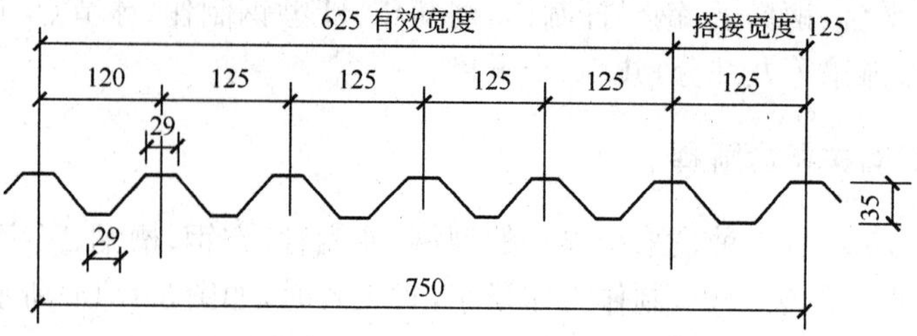

图 3-133　V-125 压型板断面(尺寸单位:mm)

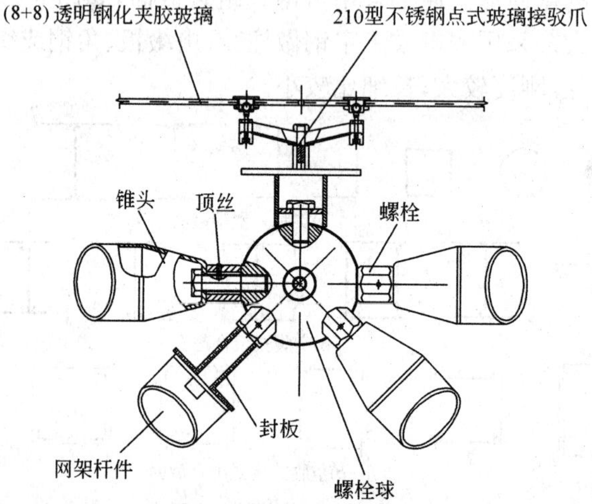

图 3-134　钢网架球节点

(三)定额相关说明

定额中,金属结构工程工程量计算的相关说明如下:

(1)金属结构构件既适用于现场加工制作,也适用于企业加工厂制作。

(2)金属结构构件制作均按焊接考虑。

(3)本节是以机械下料制作、焊接编制的,包括了构件分段制作和整体预装配等全部操作过程所使用的人工、材料及机械台班用量。

(4)已包括整体预装配用的螺栓及锚固杆件用的螺栓。

(5)金属结构构件制作项目包括刷一遍防锈底漆的工料。

(6)构件从加工点到现场的运输,如实际发生时另计。

二 金属结构工程工程量计算

(一)金属结构工程工程量计算规则

金属结构工程工程量计算规则如下:

(1)金属结构构件制作按设计图示尺寸以 t 计算,不扣除孔眼、切边的质量,焊条、铆钉、螺栓等,质量已包括在项目内不另计算。在计算不规则或多边形钢板质量时均以最大对角线乘以最大宽度的矩形面积计算。

(2)实腹柱、吊车梁、H型钢按设计图示尺寸计算，其中腹板和翼板宽度每边增加25mm计算。

(3)计算钢柱时，依附于柱上的牛腿及悬臂梁的质量应并入柱身质量内。

(4)计算钢屋架质量时，依附于钢屋架上的檩托、角钢质量并入钢屋架质量内。单榀钢屋架质量在1t以内的套用轻钢屋架项目(由圆钢和小角钢焊接而成)。

(5)钢支撑制作项目包括柱间支撑、屋架间水平和垂直支撑以t为单位计算。

(6)计算钢平台制作工程量时，平台柱、平台梁、平台板(花纹板或篦式的)、平台斜撑、钢扶梯及平台栏杆的质量，应并入钢平台质量内。本项目只适用于工业平台，不适用于民用建筑中的钢栏杆。

(7)球节点网架制作工程量按钢网架整个质量计算，即钢杆件、球节点、支座的质量之和，不扣除球节点开孔所占的质量。网架制作项目是按成品球考虑的。

(二)常用材料及其理论质量

常用型钢的理论质量(摘)见表3-38～表3-40。

1.热轧扁钢

热轧扁钢(单位:kg/m)　　表3-38

厚　度(mm)	宽　度(mm)									
	10	12	14	16	18	20	22	25	30	32
3	0.24	0.28	0.33	0.38	0.42	0.47	0.52	0.59	0.71	0.75
4	0.31	0.38	0.44	0.50	0.57	0.63	0.69	0.78	0.94	1.00
5	0.39	0.47	0.55	0.63	0.71	0.78	0.86	0.98	1.18	1.26
6	0.47	0.57	0.66	0.75	0.85	0.94	1.04	1.18	1.41	1.51
8	0.63	0.75	0.88	1.00	1.23	1.26	1.38	1.57	1.88	2.01
10				1.26	1.41	1.57	1.73	1.96	2.36	2.55

2.热轧等边角钢

热轧等边角钢(单位:kg/m)　　表3-39

型　号	尺寸(边长×厚度)(mm×mm)	理论质量	型　号	尺寸(边长×厚度)(mm×mm)	理论质量
3	30×3	1.373	6.3	63×5	4.822
	30×4	1.786		63×6	5.721
4	40×3	1.852		63×8	7.469
	40×4	2.422		63×10	9.151
4.5	45×4	2.736	7.5	75×5	5.397
	45×5	3.369		75×6	6.406
5	50×4	3.059	100	100×8	12.276
	50×5	3.770		100×10	15.120
	50×6	4.465		100×12	17.898

3. C 型钢(图 3-135)

C 型钢(单位:kg/m)　　表 3-40

规格	尺寸(mm)									
h	80	100	120	120	140	140	160	160	180	200
b	40	50	50	60	50	60	60	70	70	70
a	15	15	20	20	20	20	20	20	20	20
t	2.0	2.5	2.5	3.0	2.5	3.0	2.0	3.0	2.5	2.5
理论质量	2.72	4.11	4.70	6.01	5.09	6.48	4.76	7.42	6.66	7.05

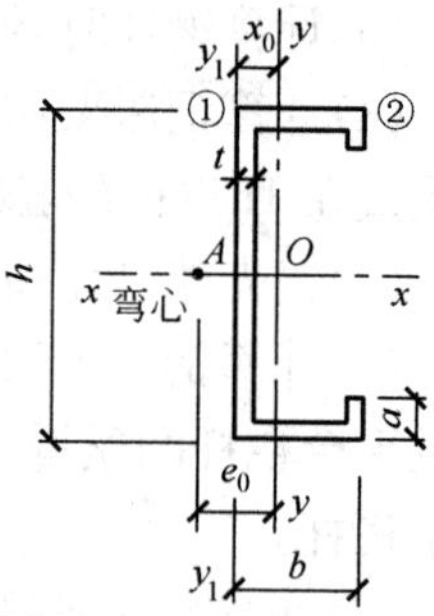

图 3-135　C 型钢示意图

4. 热轧钢板

$$m = S \times \delta \times 7.85 \tag{3-43}$$

式中:m——钢板的质量,kg;

S——钢板的面积,m^2;

δ——钢板的厚度,mm。

三 计算实例

【例 3-44】 某金属构件如图 3-136 所示,底边长 1520mm,顶边长 1360mm,另一边长 800mm,底边垂直最大宽度为 840mm,厚度 10mm,求该钢板工程量。

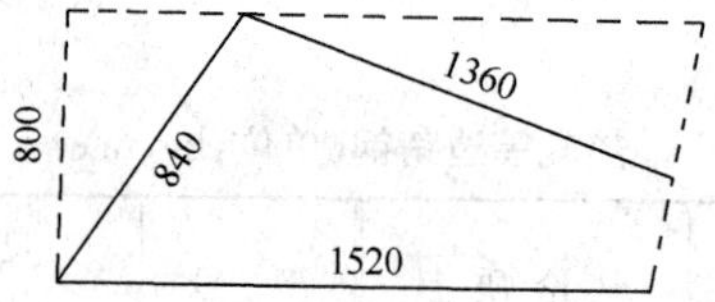

图 3-136　金属构件示意图(尺寸单位:mm)

解:以最大长度与其最大宽度之积求得。

钢板面积=1.52×0.84=1.277(m^2)

钢板质量=1.277×10×7.85=100.24(kg)

【例 3-45】 已知一柱间钢支撑如图 3-137 所示,柱间支撑 ZC-5 材料见表 3-41,请计算钢支撑的制作工程量。

解:通常钢结构图纸会给出每个构件质量的明细表,计算前要核对数据是否准确,如果量很大,可采用抽查的方式。确定数据无误后,就可按材料表的数量进行计算了。

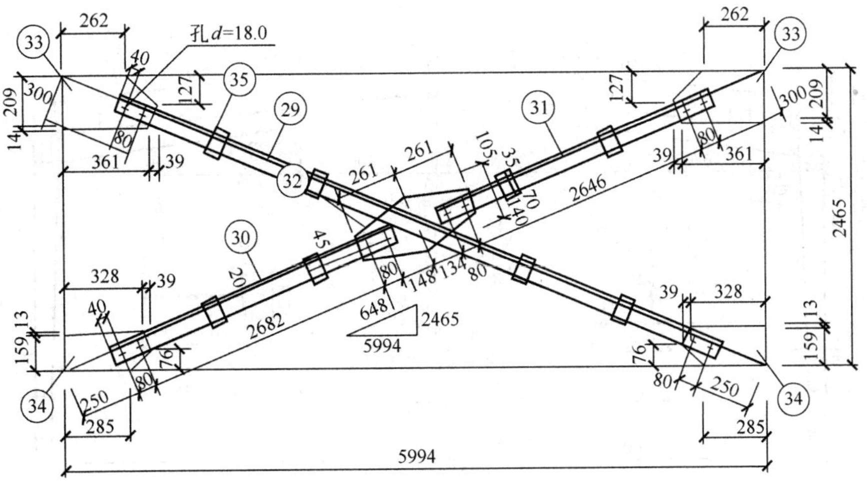

图 3-137　柱间支撑 ZC-5(尺寸单位:mm)

柱间支撑 ZC-5 材料表　　　　表 3-41

名　称	代　码	规　格	长度(mm)	数　量	单质量(kg)	合计质量(kg)
ZC-5	29	∟ 75×5	6011	2	35.0	70.0
	30	∟ 75×5	2922	2	17	34.0
	31	∟ 75×5	2886	2	16.8	33.6
	32	—245×10	522	1	10.0	10.0
	33	—220×10	407	2	7.0	14.0
	34	—171×10	372	2	5	10.0
	35	—60×10	105	8	0.5	4.0

∟ 75×5 角钢:70.0+34.0+33.6=137.6(kg)

—10 厚钢板:10.0+14.0+10.0+4.0=38(kg)

合计:175.6kg

【例 3-46】 图 3-138 为某单层工业厂房门式钢架结构图,请计算 1 榀钢架 H 钢的制作工程量(不计算梁柱加劲肋、节点板、檩托、墙架和预埋板的工程量)。

解:计算时要,首先考虑到 H 型钢是由钢板焊接而成的,梁、柱的腹板及翼缘板按不同厚度分别计算。板的宽度每边要加 25mm;长度要按梁、柱的净长和净高(扣梁柱连接板的厚度)计算,为了简化计算,本例题按图纸所示长度计算。

梁:

腹板—6 钢板

[(0.35+0.65)/2−0.008×2+0.025×2]×(9+0.2+0.2)×2

=0.534×9.4×2=10.04(m^2)

翼缘板—8 钢板

(0.2+0.025×2)×(9+0.2+0.2)×2×2=9.4(m^2)

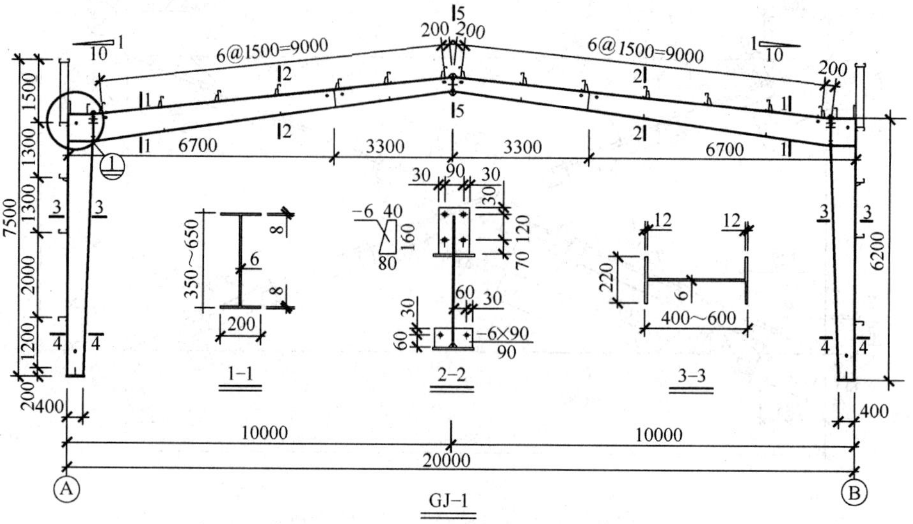

图 3-138 门式架结构(尺寸单位:mm)

柱:

腹板－6 钢板

$$[(0.4+0.6)/2-0.012\times2+0.025\times2]\times6.2\times2=1.026\times6.2\times2=12.72(m^2)$$

翼缘板－12 钢板

$(0.22+0.025\times2)\times6.2\times2\times2=6.7(m^2)$

小计:－6 钢板 $(10.04+12.72)\times7.85\times6=1072(kg)$

－8 钢板 $9.4\times7.85\times8=590.32(kg)$

－12 钢板 $6.7\times7.85\times12=631.14(kg)$

合计:2293.46(kg)

第十五节 建筑工程垂直运输工程工程量计算

一 建筑工程垂直运输工程工程量计算有关说明

(一)熟悉定额项目类型

在《全国统一建筑工程基础定额》中,建筑工程垂直运输工程包括建筑物垂直运输和构筑物垂直运输工程两部分,合计 162 个子目。

建筑物垂直运输包括 20m(6 层)以内卷扬机施工、20m(6 层)以内塔式起重机施工、20m(6 层)以上塔式起重机施工 3 部分;其中 20m(6 层)以上又可分为 30m(7～10 层)以内、40m(11～13 层)以内、50m(14～16 层)以内、……、120m(35～37 层)以内。

(二)有关概念解释

与建筑工程垂直运输工程工程量计算有关的概念解释如下：

(1)建筑物：是指人们为了满足社会的需要、利用掌握的物质技术手段，在科学规律与美学法则的支配下，通过对空间的限定、组织而创造的人为的社会生活环境，如一般住宅、学校、工厂、商店等。

(2)构筑物：是指人们一般不直接在内进行生产和生活的建筑，如水塔、烟囱、堤坝等。

(三)定额相关说明

1.建筑物垂直运输

(1)檐高是指设计室外地坪至檐口的高度，凸出主体建筑屋顶的电梯间、水箱间等不计入檐口高度之内。

(2)本定额工作内容，包括单位工程在合理工期内完成全部工程项目所需的垂直运输机械台班，不包括机械的场外往返运输，一次安拆及路基铺垫和轨道铺拆等的费用。

(3)同一建筑物多种用途(或多种结构)，按不同用途(或结构)分别计算。分别计算后的建筑物檐高均应以该建筑物总檐高为准。

不同用途：住宅，教学及办公用房，医院、宾馆、图书馆，商场，单层厂房，多层厂房，科研用房及其他服务用房等。

不同结构：混合结构、现浇框架，预制排架、全装配、剪力墙(滑模施工)、内浇外砌、其他结构等。

(4)本定额中现浇框架系指柱、梁全部为现浇的钢筋混凝土框架结构，如部分现浇时按现浇框架定额乘以 0.96 系数，如楼板也为现浇混凝土时，按现浇框架定额乘以 1.04 系数。

(5)预制钢筋混凝土柱、钢屋架的单层厂房按预制排架定额计算。

(6)本定额是按Ⅰ类厂房为准编制的，Ⅱ类厂房定额乘以 1.14 系数。厂房分类见表 3-42。

厂房分类表　　表 3-42

Ⅰ　类	Ⅱ　类
机加工、机修、五金缝纫、一般纺织(粗纺、制条、洗毛等)及无特殊要求的车间	厂房内设备基础及工艺要求较复杂、建筑设备或建筑标准较高的车间。如铸造、锻压、电镀、酸碱、电子、仪表、手表、电视、医药、食品等车间

注：建筑标准较高的车间指车间有吊顶或油漆的顶棚、内墙面贴墙纸(布)或油漆墙面、水磨石地面等三项，其中一项所占建筑面积达到全车间建筑面积 50%及以上者，即为建筑标准较高的车间。

(7)檐高 3.6m 以内的单层建筑，不计算垂直运输机械台班。

(8)定额项目划分是以建筑物的檐高及层数两个指标同时界定的，凡檐高达到上限而层数未达到时，以檐高为准；如层数达到上限而檐高未达到时以层数为准。

地下室和屋顶有围护结构的楼梯间、电梯间、水箱间、塔楼、望台等，只计算建筑面积，不计入层数和檐高内。

(9)定额是按全国统一《建筑安装工程工期定额》中规定的Ⅱ类地区标准编制的，Ⅰ、Ⅱ类地区按相应定额乘以表 3-43 中的系数。地区分类参见《全国统一建筑工程基础定额》。

Ⅰ、Ⅱ类地区按相应定额系数表 表 3-43

项目	Ⅰ类地区	Ⅱ类地区	项目	Ⅰ类地区	Ⅱ类地区
建筑物	0.95	1.10	构筑物	1	1.11

2. 构筑物垂直运输

构筑物的高度,从设计室外地坪至构筑物的顶面高度为准。

二 建筑工程垂直运输工程量计算规则

建筑工程垂直运输工程量计算规则如下:

(1)建筑物垂直运输机械台班用量,区分不同建筑物的结构类型及高度按建筑面积以 m^2 计算。建筑面积按《建筑工程建筑面积计算规范》(GB/T 50353—2013)规定计算。

(2)构筑物垂直运输机械台班以座计算。超过规定高度时再按每增高 1m 定额项目计算,其高度不足 1m 时,亦按 1m 计算。

第十六节 建筑物超高增加人工、机械工程量计算

一 建筑物超高增加人工、机械工程量计算有关说明

(一)熟悉定额项目类型

在《全国统一建筑工程基础定额》中,建筑物超高增加人工、机械包括建筑物超高增加人工、机械降效率部分和建筑物超高加压水泵台班两部分,合计 20 个子目。

(二)定额相关说明

定额中,建筑物超高增加人工、机械工程量计算的相关说明如下:

(1)本定额适用于建筑物檐高 20m(层数 6 层)以上的工程。

(2)檐高是指设计室外地坪至檐口的高度。凸出主体建筑屋顶的电梯间,水箱间等不计入檐高之内。

(3)同一建筑物高度不同时,按不同高度的建筑面积,分别按相应项目计算。

(4)加压水泵选用电动多级离心清水泵,规格见表 3-44。

加压水泵选用表 表 3-44

建筑物檐高	水 泵 规 格	建筑物檐高	水 泵 规 格
20~40m	ϕ50m 以内	80~120m	ϕ150m 以内
40~80m	ϕ100m 以内		

二 建筑物超高增加人工、机械工程量计算规则

建筑物超高增加人工、机械工程量计算规则如下:

(1)各项降效系数中包括的内容指建筑物基础以上的全部工程项目,但不包括垂直运输、

各类构件的水平运输及各项脚手架。

(2)人工降效按规定内容中的全部人工费乘以定额系数计算。

(3)吊装机械降效按吊装项目中的全部机械费乘以定额系数计算。

(4)其他机械降效按规定内容中的全部机械费(不包括吊装机械)乘以定额系数计算。

(5)建筑物施工用水加压增加的水泵合班,按建筑面积以 m^2 计算。

本章小节

本章是按住房和城乡建设部 1995 年制定的《全国统一建筑工程基础定额(土建工程)》和《全国统一建筑工程预算工程量计算规则》(GJDGZ 101—1995)为依据编制的,在实际工作中还要结合各地区预算定额的规则,要学会灵活应用。

工程量是以自然计算单位或物理计算单位所表示的各分项工程的实体数量。在确定工程造价时,要按一定的规则对图纸所反映的工程实体数量做出正确的计算。工程量的计算比较烦琐,内容也很多,要求同学们要加强练习,在工程实例的计算中逐步熟悉和掌握相关的规则。本章应掌握的主要内容有:

(1)单层建筑物的建筑面积,应按其外墙勒脚以上结构外围水平面积计算。多层建筑物首层应按其外墙勒脚以上结构外围水平面积计算;二层及以上楼层应按其外墙结构外围水平面积计算。

(2)土方体积均以挖掘前的天然密实体积计算。除场地平整等个别项目以外均以 m^3 计算。

(3)无论是预制钢筋混凝土桩、钻孔灌注桩还是其他桩的体积,都按设计桩长(包括桩尖,不扣除桩尖虚体积)乘以桩设计截面面积,以 m^3 计算。

(4)脚手架分成砌筑脚手架、基础脚手架、现浇钢筋混凝土框架脚手架、装饰工程脚手架等单项脚手架,都不扣门窗洞口以搭设面积计算。

(5)砖、石墙体(基础)工程量,按图示尺寸以 m^3 计算。外墙(墙基)长度按外墙中心线长度计算;内墙(墙基)按内墙(基)净长计算。应扣除门窗洞口、过人洞、空圈、嵌入墙身内的钢筋混凝土柱、梁(包括过梁、圈梁、挑梁)、砖平碹,钢筋砖(砌块)过梁和暖气包壁龛的体积。

(6)混凝土及钢筋混凝土项目除楼梯等个别项目以外,均按图示尺寸以构件的实际体积计算。不扣除构件内钢筋、预埋铁件及螺栓所占体积。钢筋工程量应区分现浇构件钢筋、预制构件钢筋、预应力钢筋和不同钢筋类别、钢种、直径分别按设计长度乘以单位质量,以 t 计算。

(7)预制混凝土构件运输工程量计算方法与预制混凝土构件制作计算方法相同,按构件图示尺寸,以实体体积 m^3 计算;钢构件运输工程量与构件制作工程量的计算方法相同,按构件设计图示尺寸,以质量(t)计算。

(8)各类门、窗制作、安装工程量均按门、窗洞口面积计算。

(9)地面垫层按室内主墙间净空面积乘以设计厚度,以 m^3 计算;整体面层、找平层均按主墙间净空面积,以 m^2 计算;块料面层按图示尺寸实铺面积,以 m^2 计算,门洞、空圈、暖气包槽和壁龛的开口部分的工程量并入相应的面层内计算。

(10)卷材、涂膜屋面防水工程量按图示尺寸的水平投影面积乘以规定的坡度系数,以 m^2

计算。建筑物地面防水按主墙间净空面积计算，扣除凸出地面的构筑物、设备基础等所占的面积，不扣除柱、垛、间壁墙、烟囱及0.3m^2以内孔洞所占面积。

(11)保温隔热层工程量应区别不同保温隔热材料，按设计实铺厚度以m^3计算。

(12)内墙、外墙抹灰工程量应扣除门窗洞口和空圈所占的面积，以m^2计算。

(13)建筑物垂直运输机械台班用量，区分不同建筑物的结构类型及高度按建筑面积，以m^2计算。

小知识

(1)容积率：容积率是城市和小区规划中常用的词汇，是指一块土地上建筑物的总建筑面积与该块土地的总面积的比值。

(2)建筑密度：建筑密度又称建筑覆盖率，通常是指一块土地上所有建筑物的基地总面积占该土地总面积的比例。

第四章
建筑工程费用构成

【职业能力目标】

通过本章的学习，培养学生具备熟练应用现行费用定额分析建筑工程预算造价的专业技能，为学生正确、准确地编制建筑工程施工图预算和正确进行建筑工程计价奠定基础。

【学习要求】

掌握直接费、间接费、利润和税金的费用项目组成及相关概念，熟悉直接费、间接费、利润和税金的费用项目的计算方法；掌握综合单价法的概念和计费基数、计价程序及方法；熟悉工料单价法的概念和计费基数、计价程序及方法。

第一节　建筑安装工程费用组成

建筑安装工程费由直接费、间接费、利润和税金组成，如图 4-1 所示。

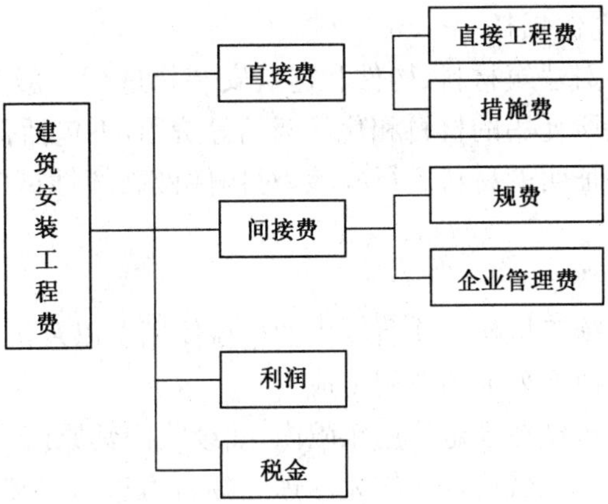

图 4-1　建筑安装工程费用的组成

一 直接费的组成及计算

直接费由直接工程费和措施费组成。

(一)直接工程费

1.直接工程费的组成

直接工程费是指施工过程中耗费的构成工程实体的各项费用,包括人工费、材料费、施工机械使用费。

1)人工费

人工费是指直接从事建筑安装工程施工的生产工人开支的各项费用,包括以下内容。

(1)基本工资:是指发放给生产工人的基本工资。

(2)工资性补贴:是指按规定标准发放的物价补贴,煤、燃气补贴,交通补贴,住房补贴,流动施工津贴等。

(3)生产工人辅助工资:是指生产工人年有效施工天数以外非作业天数的工资,包括职工学习、培训期间的工资,调动工作、探亲、休假期间的工资,因气候影响的停工工资,女工哺乳时间的工资,病假在6个月以内的工资及产、婚、丧假期的工资。

(4)职工福利费:是指按规定标准计提的职工福利费。

(5)生产工人劳动保护费:是指按规定标准发放的劳动保护用品的购置费及修理费,徒工服装补贴,防暑降温费,在有碍身体健康环境中施工的保健费用等。

2)材料费

材料费是指施工过程中耗费的构成工程实体的原材料、辅助材料、构配件、零件、半成品的费用,包括如下内容。

(1)材料原价(或供应价格)。

(2)材料运杂费:是指材料自来源地运至工地仓库或指定堆放地点所发生的全部费用。

(3)运输损耗费:是指材料在运输装卸过程中不可避免的损耗。

(4)采购及保管费:是指为组织采购、供应和保管材料过程中所需要的各项费用,包括采购费、仓储费、工地保管费、仓储损耗。

(5)检验试验费:是指对建筑材料、构件和建筑安装物进行一般鉴定、检查所发生的费用,包括自设试验室进行试验所耗用的材料和化学药品等费用,不包括新结构、新材料的试验费和建设单位对具有出厂合格证明的材料进行检验,对构件做破坏性试验及其他特殊要求检验试验的费用。

3)施工机械使用费

施工机械使用费是指施工机械作业所发生的机械使用费以及机械安拆费和场外运费。

施工机械台班单价应由下列七项费用组成:

(1)折旧费:是指施工机械在规定使用年限内,陆续收回其原值及购置资金的时间价值。

(2)大修理费:是指施工机械按规定的大修理间隔台班进行必要的大修理,以恢复其正常功能所需的费用。

(3)经常修理费:是指施工机械除大修理以外的各级保养和临时故障排除所需的费用。包括为保障机械正常运转所需替换设备与随机配备工具附具的摊销和维护费用，机械运转中日常保养所需润滑与擦拭的材料费用及机械停滞期间的维护和保养费用等。

(4)安拆费及场外运费：安拆费指施工机械在现场进行安装与拆卸所需的人工、材料、机械和试运转费用以及机械辅助设施的折旧、搭设、拆除等费用；场外运费指施工机械整体或分体自停放地点运至施工现场或由一施工地点运至另一施工地点的运输、装卸、辅助材料及架线等费用。

(5)人工费：是指机上驾驶员(司炉)和其他操作人员的工作日人工费及上述人员在施工机械规定的年工作台班以外的人工费。

(6)燃料动力费：是指施工机械在运转作业中所消耗的固体燃料(煤、木柴)、液体燃料(汽油、柴油)及水、电等。

(7)养路费及车船使用税：是指施工机械按照国家规定和有关部门规定应缴纳的养路费、车船使用税、保险费及年检费等。

2. 直接工程费的计算

$$\text{直接工程费}=\text{人工费}+\text{材料费}+\text{施工机械使用费} \tag{4-1}$$

1)人工费

$$\text{人工费}=\sum(\text{工日消耗量}\times\text{日工资单价}) \tag{4-2}$$

$$\text{日工资单价}(G)=\sum_{i=1}^{5}G_i \tag{4-3}$$

(1)基本工资

$$\text{基本工资}(G_1)=\frac{\text{生产工人平均月工资}}{\text{年平均每月法定工作日}} \tag{4-4}$$

(2)工资性补贴

$$\text{工资性补贴}(G_2)=\frac{\sum\text{年发放标准}}{\text{全年日历日}-\text{法定假日}}+\frac{\sum\text{月发放标准}}{\text{年平均每月法定工作日}}+\text{每工作日发放标准} \tag{4-5}$$

(3)生产工人辅助工资

$$\text{生产工人辅助工资}(G_3)=\frac{\text{全年无效工作日}\times(G_1+G_2)}{\text{全年日历日}-\text{法定假日}} \tag{4-6}$$

(4)职工福利费

$$\text{职工福利费}(G_4)=(G_1+G_2+G_3)\times\text{福利费计提比例}(\%) \tag{4-7}$$

(5)生产工人劳动保护费

$$\text{生产工人劳动保护费}(G_5)=\frac{\text{生产工人年平均支出劳动保护费}}{\text{全年日历日}-\text{法定假日}} \tag{4-8}$$

2)材料费

$$\text{材料费}=\sum(\text{材料消耗量}\times\text{材料基价})+\text{检验试验费} \tag{4-9}$$

(1)材料基价

$$\text{材料基价}=[(\text{供应价格}+\text{运杂费})\times(1+\text{运输损耗率}(\%))]\times(1+\text{采购保管费率}(\%)) \tag{4-10}$$

(2)检验试验费

$$检验试验费=\sum(单位材料量检验试验费\times材料消耗量) \tag{4-11}$$

3)施工机械使用费

$$施工机械使用费=\sum(施工机械台班消耗量\times机械台班单价) \tag{4-12}$$

机械台班单价

台班单价=台班折旧费+台班大修费+台班经常修理费+台班安拆费及场外运费+台班人工费+台班燃料动力费+台班养路费及车船使用税　(4-13)

(二)措施费

1.措施费的组成

措施费是指为完成工程项目施工,发生于该工程施工前和施工过程中非工程实体项目的费用。包括以下内容:

(1)环境保护费是指施工现场为达到环保部门要求所需要的各项费用。

(2)文明施工费是指施工现场文明施工所需要的各项费用。

(3)安全施工费是指施工现场安全施工所需要的各项费用。

(4)临时设施费是指施工企业为进行建筑工程施工所必须搭设的生活和生产用的临时建筑物、构筑物和其他临时设施费用等。

临时设施包括临时宿舍、文化福利及公用事业房屋与构筑物,仓库、办公室、加工厂以及规定范围内道路、水、电、管线等临时设施和小型临时设施。临时设施费用包括:临时设施的搭设、维修、拆除费或摊销费。

(5)夜间施工费:是指因夜间施工所发生的夜班补助费、夜间施工降效、夜间施工照明设备摊销及照明用电等费用。

(6)二次搬运费:是指因施工场地狭小等特殊情况而发生的二次搬运费用。

(7)大型机械设备进出场及安拆费:是指机械整体或分体自停放场地运至施工现场或由一个施工地点运至另一个施工地点,所发生的机械进出场运输及转移费用及机械在施工现场进行安装、拆卸所需的人工费、材料费、机械费、试运转费和安装所需的辅助设施的费用。

(8)混凝土、钢筋混凝土模板及支架费:是指混凝土施工过程中需要的各种钢模板、木模板、支架等的支、拆、运输费用及模板、支架的摊销(或租赁)费用。

(9)脚手架费:是指施工需要的各种脚手架搭、拆、运输费用及脚手架的摊销(或租赁)费用。

(10)已完工程及设备保护费:是指竣工验收前,对已完工程及设备进行保护所需费用。

(11)施工排水、降水费:是指为确保工程在正常条件下施工,采取各种排水、降水措施所发生的各种费用。

2.措施费的计算

1)环境保护

$$环境保护费=直接工程费\times环境保护费费率(\%) \tag{4-14}$$

$$环境保护费费率(\%)=\frac{本项费用年度平均支出}{全年建安产值\times直接工程费占总造价比例(\%)} \tag{4-15}$$

2)文明施工

$$文明施工费=直接工程费\times文明施工费费率(\%) \tag{4-16}$$

$$文明施工费费率(\%)=\frac{本项费用年度平均支出}{全年建安产值\times直接工程费占总造价比例(\%)} \quad (4\text{-}17)$$

3)安全施工

$$安全施工费=直接工程费\times安全施工费费率(\%) \quad (4\text{-}18)$$

$$安全施工费费率(\%)=\frac{本项费用年度平均支出}{全年建安产值\times直接工程费占总造价比例(\%)} \quad (4\text{-}19)$$

4)临时设施费

临时设施费由以下三部分组成：

(1)周转使用临建，如活动房屋。

(2)一次性使用临建，如简易建筑。

(3)其他临时设施，如临时管线。

$$临时设施费=(周转使用临建费+一次性使用临建费)\times[1+其他临时设施所占比例(\%)] \quad (4\text{-}20)$$

其中：

①周转使用临建费

$$周转使用临建费=\sum\left[\frac{临建面积\times每平方米造价}{使用年限\times365\times利用率(\%)}\times工期(d)\right]+一次性拆除费 \quad (4\text{-}21)$$

②一次性使用临建费

$$一次性使用临建费=\sum临建面积\times每平方米造价\times[1-残值率(\%)]+一次性拆除费 \quad (4\text{-}22)$$

③其他临时设施在临时设施费中所占比例，可由各地区造价管理部门依据典型施工企业的成本资料经分析后综合测定。

5)夜间施工增加费

$$夜间施工增加费=\left(1-\frac{合同工期}{定额工期}\right)\times\frac{直接工程费中的人工费合计}{平均日工资单价}\times每工日夜间施工费开支 \quad (4\text{-}23)$$

6)二次搬运费

$$二次搬运费=直接工程费\times二次搬运费费率(\%) \quad (4\text{-}24)$$

$$二次搬运费费率(\%)=\frac{年平均二次搬运费开支额}{全年建安产值\times直接工程费占总造价的比例(\%)} \quad (4\text{-}25)$$

7)大型机械进出场及安拆费

$$大型机械进出场及安拆费=\frac{一次进出场及安拆费\times年平均安拆次数}{年工作台班} \quad (4\text{-}26)$$

8)混凝土、钢筋混凝土模板及支架

(1)

$$模板及支架费=模板摊销量\times模板价格+支、拆、运输费 \quad (4\text{-}27)$$

$$摊销量=一次使用量\times(1+施工损耗)\times[1+(周转次数-1)\times补损率/周转次数-(1-补损率)50\%/周转次数] \quad (4\text{-}28)$$

(2)

$$租赁费=模板使用量\times使用日期\times租赁价格+支、拆、运输费 \quad (4\text{-}29)$$

9)脚手架搭拆费

(1) 脚手架搭拆费＝脚手架摊销量×脚手架价格＋搭、拆、运输费 (4-30)

$$脚手架摊销量=\frac{单位一次使用量\times(1-残值率)}{耐用期\div一次使用期} \quad (4\text{-}31)$$

(2) 租赁费＝脚手架每日租金×搭设周期＋搭、拆、运输费 (4-32)

10)已完工程及设备保护费

已完工程及设备保护费＝成品保护所需机械费＋材料费＋人工费 (4-33)

11)施工排水、降水费

排水降水费＝∑排水降水机械台班费×排水降水周期＋排水降水使用材料费、人工费 (4-34)

二 间接费的组成及计算

(一)间接费的组成

间接费由规费、企业管理费组成。

1. 规费的定义

规费是指根据国家法律、法规规定，由省级政府和省级有关职能部门规定施工企业必须缴纳的，应计入建筑安装工程造价的费用。规费包括以下几项：

(1)社会保险费。

①养老保险费：是指企业按规定标准为职工缴纳的基本养老保险费。

②失业保险费：是指企业按照国家规定标准为职工缴纳的失业保险费。

③医疗保险费：是指企业按照规定标准为职工缴纳的基本医疗保险费。

④工伤保险费：是指企业按照国家规定标准为职工缴纳的工伤保险费。

⑤生育保险费：是指企业按照国家规定标准为职工缴纳的生育保险费。

(2)住房公积金。是指企业按规定标准为职工缴纳的住房公积金。

(3)工程排污费。是指施工现场按规定缴纳的工程排污费。

2. 企业管理费的定义

企业管理费是指建筑安装企业组织施工生产和经营管理所需的费用。内容包括：

(1)管理人员工资。指管理人员的基本工资、工资性补贴、职工福利费、劳动保护费等。

(2)办公费。指企业管理办公用的文具、纸张、账表、印刷、邮电、书报、会议、水电、烧水和集体取暖(包括现场临时宿舍取暖)用煤等费用。

(3)差旅交通费。指职工因公出差、调动工作的差旅费、住勤补助费，市内交通费和误餐补助费，职工探亲路费，劳动力招募费，职工离退休、退职一次性路费，工伤人员就医路费，工地转移费以及管理部门使用的交通工具的油料、燃料、养路费及牌照费。

(4)固定资产使用费。指管理和试验部门及附属生产单位使用的属于固定资产的房屋、设备仪器等的折旧、大修、维修或租赁费。

(5)工具用具使用费。指管理使用的不属于固定资产的生产工具、器具、家具、交通工具和检验、试验、测绘、消防用具等的购置、维修和摊销费。

(6)劳动保险费。指由企业支付离退休职工的易地安家补助费、职工退职金、6 个月以上的病假人员工资、职工死亡丧葬补助费、抚恤费、按规定支付给离休干部的各项经费。

(7)工会经费。指企业按职工工资总额计提的工会经费。

(8)职工教育经费。指企业为职工学习先进技术和提高文化水平，按职工工资总额计提的费用。

(9)财产保险费。指施工管理用财产、车辆保险。

(10)财务费。指企业为筹集资金而发生的各种费用。

(11)税金。指企业按规定缴纳的房产税、车船使用税、土地使用税、印花税等。

(12)其他。包括技术转让费、技术开发费、业务招待费、绿化费、广告费、公证费、法律顾问费、审计费、咨询费等。

(二)间接费的计算

1.间接费的计算方法

按取费基数的不同，分为以下三种：

(1)以直接费为计算基础

$$\text{间接费}=\text{直接费合计}\times\text{间接费费率}(\%) \tag{4-35}$$

(2)以人工费和机械费合计为计算基础

$$\text{间接费}=\text{人工费和机械费合计}\times\text{间接费费率}(\%) \tag{4-36}$$

(3)以人工费为计算基础

$$\text{间接费}=\text{人工费合计}\times\text{间接费费率}(\%) \tag{4-37}$$

其中：

$$\text{间接费费率}(\%)=\text{规费费率}(\%)+\text{企业管理费费率}(\%) \tag{4-38}$$

2.规费费率

根据所在地区典型工程发承包价的分析资料综合取定规费计算中所需数据：

(1)每万元发承包价中人工费含量和机械费含量。

(2)人工费占直接费的比例。

(3)每万元发承包价中所含规费缴纳标准的各项基数。

规费费率的计算公式：

①以直接费为计算基础：

$$\text{规费费率}(\%)=\frac{\sum\text{规费缴纳标准}\times\text{每万元发承包价计算基数}}{\text{每万元发承包价中的人工费含量}}\times\text{人工费占直接费的比例}(\%) \tag{4-39}$$

②以人工费和机械费合计为计算基础：

$$\text{规费费率}(\%)=\frac{\sum\text{规费缴纳标准}\times\text{每万元发承包价计算基数}}{\text{每万元发承包价中的人工费含量和机械费含量}}\times100\% \tag{4-40}$$

③以人工费为计算基础：

$$\text{规费费率}(\%)=\frac{\sum\text{规费缴纳标准}\times\text{每万元发承包价计算基数}}{\text{每万元发承包价中的人工费含量}}\times100\% \tag{4-41}$$

3.企业管理费费率

(1)以直接费为计算基础

$$企业管理费费率(\%)=\frac{生产工人年平均管理费}{年有效施工天数\times 人工单价}\times 人工费占直接费比例(\%) \quad (4\text{-}42)$$

(2)以人工费和机械费合计为计算基础

$$企业管理费费率(\%)=\frac{生产工人年平均管理费}{年有效施工天数\times(人工单价+每一工日机械使用费)}\times 100\% \quad (4\text{-}43)$$

(3)以人工费为计算基础

$$企业管理费费率(\%)=\frac{生产工人年平均管理费}{年有效施工天数\times 人工单价}\times 100\% \quad (4\text{-}44)$$

三 利润、税金的组成及计算

(一)利润

利润是指施工企业完成所承包工程获得的盈利。

(1)以直接费为计算基础

$$利润=(直接费+间接费)\times 利润率 \quad (4\text{-}45)$$

(2)以人工费和机械费合计为计算基础

$$利润=(人工费+机械费)\times 利润率 \quad (4\text{-}46)$$

(3)以人工费为计算基础

$$利润=人工费\times 利润率 \quad (4\text{-}47)$$

(二)税金

税金是指国家税法规定的应计入建筑安装工程造价内的增值税和附加税。

增值税是以商品(含应税劳务)在流转过程中产生的增值额作为计税依据而征收的一种流转税。

增值税由国家税务局负责征收,税收收入中75%为中央财政收入,25%为地方财政收入。进口环节的增值税由海关负责征收,税收收入全部为中央财政收入。

$$销项增值税金额=(人工费+材料费+施工机械使用费+企业管理费+利润+规费)\times 增值税税率 \quad (4\text{-}48)$$

其中,建筑、安装工程增值税税率为11%。

$$应该缴纳的增值税税额=销项增值税税额-进项增值税税额 \quad (4\text{-}49)$$

附加税是指城市维护建设税、教育费附加及地方教育费附加,税率分别依据纳税地点在市区、在县或镇、在市区或县或镇之外等三种情况确定。

四 建筑安装工程费用组成

建筑安装工程费用组成见表4-1。

建筑安装工程费用组成表　　　　表 4-1

<table>
<tr><td rowspan="32">建筑安装工程费</td><td rowspan="14">直接费</td><td rowspan="3">直接工程费</td><td>人工费</td></tr>
<tr><td>材料费</td></tr>
<tr><td>施工机械使用费</td></tr>
<tr><td rowspan="11">措施费</td><td>环境保护费</td></tr>
<tr><td>文明施工费</td></tr>
<tr><td>安全施工费</td></tr>
<tr><td>临时设施费</td></tr>
<tr><td>夜间施工费</td></tr>
<tr><td>二次搬运费</td></tr>
<tr><td>大型机械设备进出场费</td></tr>
<tr><td>混凝土、钢筋混凝土模板及支架</td></tr>
<tr><td>脚手架</td></tr>
<tr><td>已完工程及设备保护费</td></tr>
<tr><td>施工排水、降水</td></tr>
<tr><td rowspan="15">间接费</td><td rowspan="3">规费</td><td>社会保障费</td></tr>
<tr><td>住房公积金</td></tr>
<tr><td>工程排污费</td></tr>
<tr><td rowspan="12">企业管理费</td><td>管理人员工资</td></tr>
<tr><td>办公费</td></tr>
<tr><td>差旅交通费</td></tr>
<tr><td>固定资产使用费</td></tr>
<tr><td>工具用具使用费</td></tr>
<tr><td>劳动保险费</td></tr>
<tr><td>工会经费</td></tr>
<tr><td>职工教育费</td></tr>
<tr><td>财产保险费</td></tr>
<tr><td>财务费</td></tr>
<tr><td>税金</td></tr>
<tr><td>其他</td></tr>
<tr><td colspan="3">利润</td></tr>
<tr><td colspan="2" rowspan="2">税金</td><td>增值税税额</td></tr>
<tr><td>附加税税额</td></tr>
</table>

第二节　建筑工程计价程序

一 工料单价法和综合单价法

1. 工料单价法

工料单价法是以分部分项工程量乘以定额单价后的合计为直接工程费，直接工程费以人工、材料、机械的消耗量及其相应价格确定。直接工程费汇总后另加间接费、利润、税金生成工程发承包价。

2. 综合单价法

综合单价法是分部分项工程单价为全费用单价，全费用单价经综合计算后生成，其内容包括直接工程费、间接费、利润和税金(措施费也可按此方法生成全费用价格)。各分项工程量乘以综合单价的合价汇总后，生成工程发承包价。

二 工料单价法计价程序

工料单价法计算程序分为三种：

1. 以直接费为计算基础

以直接费为计算基础的计价程序见表 4-2。

以直接费为计算基础的计价程序表　　表 4-2

序　号	费用项目	计算方法	备　注
(1)	直接工程费	按预算表计算	
(2)	措施费	按规定标准计算	
(3)	小计	(1)+(2)	
(4)	间接费	(3)×相应费率	
(5)	利润	[(3)+(4)]×相应利润率	
(6)	规费	[(3)+(4)+(5)]×规费费率	
(7)	税前工程造价	(3)+(4)+(5)+(6)	
(8)	增值税税额	(7)×(1+11%)−进项增值税税额	
(9)	附加税税额	(7)×附加税税率	
(10)	含税工程造价	(7)+(8)+(9)	

2. 以人工费和机械费为计算基础

以人工费和机械费为计算基础的计价程序见表 4-3。

以人工费和机械费为计算基础的计价程序表　　表 4-3

序　号	费用项目	计算方法	备　注
(1)	直接工程费	按预算表计算	
(2)	其中人工费和机械费	按预算表计算	

续上表

序　号	费 用 项 目	计 算 方 法	备　注
(3)	措施费	按规定标准计算	
(4)	其中人工费和机械费	按规定标准计算	
(5)	小计	(1)+(3)	
(6)	人工费和机械费小计	(2)+(4)	
(7)	间接费	(6)×相应费率	
(8)	利润	(6)×相应利润率	
(9)	规费	[(5)+(7)+(8)]×规费费率	
(10)	税前工程造价	(5+)(7)+(8)+(9)	
(11)	增值税税额	(10)×(1+11%)-进项增值税税额	
(12)	附加税税额	(10)×附加税税额	
(13)	含税工程造价	(10)+(11)+(12)	

3. *以人工费为计算基础*

以人工费为计算基础的计价程序见表 4-4。

以人工费为计算基础的计价程序表　　表 4-4

序　号	费 用 项 目	计 算 方 法	备　注
(1)	直接工程费	按预算表计算	
(2)	直接工程费中人工费	按预算表计算	
(3)	措施费	按规定标准计算	
(4)	措施费中人工费	按规定标准计算	
(5)	小计	(1)+(3)	
(6)	人工费小计	(2)+(4)	
(7)	间接费	(6)×相应费率	
(8)	利润	(6)×相应利润率	
(9)	规费	[(5)+(7)+(8)]×规费费率	
(10)	税前工程造价	(5)+(7)+(8)+(9)	
(11)	增值税税额	(10)×(1+11%)-进项增值税税额	
(12)	附加增值税	(10)×附加税税率	
(13)	含税工程造价	(10)+(11)+(12)	

三 综合单价法计价程序

由于各分部分项工程中的人工、材料、机械含量的比例不同，各分项工程可根据其材料费占人工费、材料费、机械费合计的比例（用 C 表示），在以下三种计算程序中选择一种计算其综合单价。

1. *以直接费为计算基础*

当 $C>C_0$（C_0 为本地区原费用定额测算所选典型工程材料费占人工费、材料费和机械费合计的比例)时,可采用以人工费、材料费、机械费合计为基数计算该分项工程的间接费和利润,见表 4-5。

以直接费为计算基础的计价程序表　　表 4-5

序　号	费 用 项 目	计 算 方 法	备　注
(1)	分项直接工程费	人工费+材料费+机械费	
(2)	间接费	(1)×相应费率	
(3)	利润	[(1)+(2)]×相应利润率	
(4)	规费	[(1)+(2)+(3)]×规费费率	
(5)	税前工程造价	(1)+(2)+(3)+(4)	
(6)	增值税税额	(5)×(1+11%)−进项增值税税额	
(7)	附加税税额	(5)×附加税税率	
(8)	含税工程造价	(5)+(6)+(7)	

2. 以人工费和机械费为计算基础

当 $C<C_0$ 值的下限时,可采用以人工费和机械费合计为基数计算该分项工程的间接费和利润,见表 4-6。

以人工费和机械费为计算基础的计价程序表　　表 4-6

序　号	费 用 项 目	计 算 方 法	备　注
(1)	分项直接工程费	人工费+材料费+机械费	
(2)	其中人工费和机械费	人工费+机械费	
(3)	间接费	(2)×相应费率	
(4)	利润	(2)×相应利润率	
(5)	规费	[(1)+(3)+(4)]×规费费率	
(6)	税前工程造价	(1)+(3)+(4)+(5)	
(7)	增值税税额	(6)×(1+11%)−进项增值税税额	
(8)	附加税税额	(6)×附加税税率	
(9)	含税工程造价	(6)+(7)+(8)	

3. 以人工费为计算基础

如该分项的直接费仅为人工费,无材料费和机械费时,可采用以人工费为基数计算该分项工程的间接费和利润,见表 4-7。

以人工费为计算基础的计价程序表　　表 4-7

序　号	费 用 项 目	计 算 方 法	备　注
(1)	分项直接工程费	人工费+材料费+机械费	
(2)	直接工程费中人工费	人工费	
(3)	间接费	(2)×相应费率	
(4)	利润	(2)×相应利润率	
(5)	规费	[(1)+(3)+(4)]×规费费率	
(6)	税前工程造价	(1)+(3)+(4)+(5)	

续上表

序号	费用项目	计算方法	备注
(7)	增值税税额	(6)×(1+11%)－进项增值税税额	
(8)	附加税税额	(6)×附加税税率	
(9)	含税工程造价	(6)+(7)+(8)	

四 实例

【例 4-1】 已知:某住宅楼的一般土建工程分部分项工程费为 48967327.25 元(分部分项工程费包括人工费、材料费、机械费、企业管理费、利润、风险费)。模板及支架、脚手架、垂直运输等部分措施费合计 693657.63 元;冬雨季及夜间施工措施费、二次搬运费、测量放线及定位复测检验试验费等部分措施费的计费基础是一般土建工程分部分项工程费,计费费率累计和为 1.52%;安全文明施工措施费计费基础是:一般土建工程分部分项工程费+一般土建工程措施费(不含安全文明施工措施费部分)+一般土建工程其他项目费,计费费率为 3.80%。其他项目费 392703.27 元。规费的计费基础是:一般土建工程分部分项工程费+一般土建工程措施费(不含安全文明施工措施费部分)+一般土建工程其他项目费,计费费率为 3.67%。税金的计税基础是:一般土建工程的分部分项工程费+一般土建工程的措施费+一般土建工程的其他项目费+一般土建工程的规费,增值税税率为 11%,附加税率为 0.48%,进项增值税税额为 965573.28 元。计算该住宅楼的一般土建工程含税工程造价。

解:(1)计算该住宅楼一般土建工程的措施项目费

①模板及支架、脚手架、垂直运输等部分措施费=693657.63(元)

②冬雨季及夜间施工措施费、二次搬运费、测量放线及定位复测检验试验费等部分措施费=48967327.25×1.52%=744303.37(元)

③安全文明施工措施费=(48967327.25+693657.63+744303.37+392703.27)×3.80%=1930323.68(元)

该住宅楼一般土建工程的措施项目费=693657.63+744303.37+1930323.68
=3368284.68(元)

(2)计算该住宅楼一般土建工程的规费

规费=(48967327.25+693657.63+744303.37+392703.27)×3.67%=1864286.29(元)

(3)计算该住宅楼一般土建工程的税前工程造价

税前工程造价=48967327.25+3368284.68+392703.27+1864286.29
=54592601.49(元)

(4)计算该住宅楼一般土建工程的增值税税额

增值税税额=54592601.49×11%－965573.28=5039612.88(元)

(5)计算附加税

附加税税额=54592601.49×0.48%=262044.49(元)

(6)计算该住宅楼的一般土建工程含税工程造价

一般土建工程含税工程造价＝54592601.49＋5039612.88＋262044.49
＝59894258.90(元)

本章小节

建筑安装工程费用按我国现行规定，由直接费、间接费、利润、税金四部分构成。这与以前执行的建筑安装工程费用构成各部分在名称相同或类似，但在内容组成上却有着很大的差异。因此，学习和使用中应注意，不能只看名称，而应注重内容实质，以免造成失误。

建筑安装工程费用的具体内容为：

(1)直接费，包括直接工程费和措施费。

(2)间接费，包括规费和企业管理费。

(3)利润，是指按规定应计入建筑安装工程造价的合理利润。

(4)税金，应根据建筑工程所在地确定的纳税税率计算。

建筑工程计价方式依据住房和城乡建设部第107号部令和建标〔2006〕206号文件分为工料单价法和综合单价法。其计算程序按计价基础不同，分别是：

(1)以直接费为计算基础的计算程序。它适合一般土建及装饰工程、机械土石方和桩基等工程。

(2)以人工费和机械费为计算基础的计算程序。它适合市政建筑等工程。

(3)以人工费为计算基础的计算程序。它适合设备安装、市政安装、园林绿化、人工土石方等工程。

小知识

国外建筑安装工程费的构成：直接费(工资、材料费、施工机械费)，管理费(宣传费、交际费、业务资料和手续费、代理人费用、保险费、贷款利息)，开办费(施工用水、电费、工地及工程清理费、周转材料费、临设费、现场办公及设备费等)，利润及税金，暂定金额(不可预见事件专项费)，分包工程费用(分包工程直接费、管理费、利润和税金、向总承包单位缴纳的总包管理费、其他服务费、利润)。

第五章 施工图预算

【职业能力目标】

培养学生正确熟练地编制施工图预算的基本技能，提升学生合理确定工程造价的技术技能水平。掌握施工图预算审查的内容和方法，培养学生施工图预算审查的基本技能。为学生能够熟练地从事工程造价计价管理工作奠定基础。

【学习要求】

掌握施工图预算的概念和作用，熟悉施工图预算的内容、分类和编制原则，掌握施工图预算的编制的内容、方法和程序，掌握施工图预算审查的内容和方法，熟悉施工图预算审查的作用，了解施工图预算编制的依据。

第一节 施工图预算编制

一 施工图预算概述

(一)施工图预算的概念

施工图预算是指根据建筑工程施工图纸、建筑工程预算定额、建筑工程取费标准、建设地区技术经济条件以及建筑工程计量与计价相关规定的文件等资料编制的、用来确定建筑安装工程全部建设费用的文件。

(二)施工图预算的分类

1. 按建设项目组成分类

按建设项目组成，施工图预算主要分为：

(1)单位工程施工图预算。

(2)单项工程综合预算。

(3)建设项目总预算。

2. 按建设项目费用组成分类

按建设项目费用组成，施工同预算主要分为：

(1)建筑工程预算。

(2)设备安装工程预算。

(3)设备购置预算。

(4)工程建设其他预算。

3. 按专业分类

按专业，施工图预算分为：

(1)建筑工程预算。

(2)装饰装修工程预算。

(3)安装工程预算。

(4)市政工程预算。

(5)园林绿化工程预算。

(三)施工图预算的作用

施工图预算的作用如下：

(1)施工图预算是落实或调整年度建设计划的依据。

(2)施工图预算是签订工程承包合同的依据。签订工程承包合同时，发包方和承包方可以施工图预算为基础，确定工程承包的合同价格，及与此有关的双方的经济责任。

(3)施工图预算是办理工程结算的依据。建设单位与施工单位一般依据已经审核过的施工图预算、已经批准的工程施工进度计划、工程变更文件和施工现场签证办理工程结算。

(4)施工图预算是施工单位编制施工准备计划的依据。编制施工图预算时，可根据分部分项工程的工程量和预算定额，计算、汇总出单位工程所需各类人工和材料的数量，施工单位可据此编制劳动力、材料供应计划，进行施工准备，并且也可参考施工图预算中有关工程量和造价数据，拟定工程进度计划和成本控制计划。

(5)施工图预算是加强施工企业经济核算的依据。施工图预算是工程的预算造价，是建筑安装企业产品的预算价格，建筑安装企业必须在施工图预算的范围内加强经济核算，采取各种技术措施降低工程成本，提高施工企业盈利空间。

(6)施工图预算是实行招标、投标的参考依据。施工图预算是建设单位在实行工程招标时确定“标底”的依据，也是施工单位参加投标时报价的主要参考依据。

(7)施工图预算是“两算”对比的依据。“两算”是指施工图预算和施工预算。

二 施工图预算编制的依据、原则

(一)施工图预算编制的依据

施工图预算编制的依据为：

(1)经过批准和会审的全部施工图设计文件及其配套的标准图集。

(2)经过批准的施工组织设计文件或施工方案。
(3)现行预算定额和单位估价表。
(4)地区人工、材料、机械市场信息价。
(5)地区建安工程费用定额。
(6)工程承包合同文件。
(7)现行工程造价管理相关的法律、法规。
(8)预算工作手册。

(二)施工图预算编制的原则

施工图预算编制的原则为:
(1)必须认真贯彻执行国家现行的各项法律、法规及政策。
(2)必须认真负责,实事求是地计算工程造价,既不能高估重算,也不能少算漏算。
(3)必须深入调查和掌握施工现场条件,拟定科学合理的施工方案,切合实际地计算各项数据和指标。

三 施工图预算编制的内容

施工图预算编制的内容如下:
(1)封面及编制说明。
(2)工程造价取费计算表。
(3)施工图预算表。
(4)差价分析计算表。
(5)工料分析表。
(6)工程量汇总表。
(7)工程量计算表。

四 施工图预算编制的方法

施工图预算编制方法有单价法和实物法。

(一)单价法

单价法是指对于某单项工程,应根据工程所在地区统一单位估价表中的各分项工程综合单价(或预算定额基价),乘以该工程与之对应的各分项工程的工程数量并汇总,即得该单项工程的各个单位工程直接工程费;再以某一单位工程的直接工程费(或人工费)为基数,乘以措施费、间接费、利润和税金等的费率,分别求出所取单位工程的措施费、间接费、利润和税金,将以上各项内容汇总即可得到该单位工程的施工图预算;同理可得该单项工程的其他单位工程施工图预算,将各单位工程的施工图预算汇总即得该单项工程综合施工图预算的计算方法。

(二)实物法

实物法是指对于某单项工程,应根据工程所在地区统一预算定额,先计算出该工程的各个分项工程的实物工程量,并分别套取预算定额,按类相加,分别求出各单位工程所需的各种人工、材料、施工机械台班的消耗量,再分别乘以当时当地各种人工、材料、施工机械台班的市场单价,求得各单位工程的人工费、材料费和施工机械使用费,汇总求和得各单位工程的直接工程费;各单位工程的措施费、间接费、利润和税金等费用的计算方法均与单价法相同,可得各单位工程的施工图预算;最后将各单位工程的施工图预算汇总即得该单项工程综合施工图预算的计算方法。

五 施工图预算编制的程序

(一)单价法施工图预算的编制程序

1. 收集并熟悉编制施工图预算的基础资料

广泛搜集、准备各种与编制单位工程施工图预算有关的资料,如会审过的施工图纸、施工组织设计、施工合同、标准图集、现行的建筑安装预算定额或消耗量定额、取费标准以及地区材料预算价格、市场信息价等资料。

2. 计算工程量并进行工程量汇总

工程量计算必须根据设计图纸和施工说明书提供的工程构造、设计尺寸和做法要求,结合施工组织设计和现场情况,按照现行预算定额的项目划分方法、现行预算定额的工程量计算规则和现行预算定额的计量单位的规定,遵循一定的科学程序逐项计算分部分项工程的工程量并将结果填入工程量计算表中。

工程量计算完成并进行复核后,应该进行工程量汇总,工程量汇总的顺序应按定额章节的顺序,工程量汇总的单位应按定额的计量单位,工程量汇总时应把执行同一定额子目的项目合并,将上述结果填入工程量汇总表中。

3. 套用定额计算并汇总直接工程费

在编制施工图预算中,正确选套定额是至关重要的,应注意区分哪些定额子目是可以直接套用的,哪些定额子目必须换算或另作补充。凡是施工图纸要求与预算定额子目内容完全一致,或虽有些不同,但不允许换算者,都应直接套用该子目的定额指标。凡是施工图纸要求与预算定额子目内容基本相同,仅是所用材料的品种、规格或配合比与定额不一致,而定额规定允许换算者,则必须换算后才能套用,并在原定额号后面添加一个"换"字。凡是施工图所示分项子目要求与定额中同类分项子目的内容差异较大或定额中缺项的子目,均应编制补充定额,并应在定额号前加一个"补"字,补充定额指标的构成应作为预算书的附件,列在预算书的后面。

用各分部分项工程量乘以相应各定额子目的定额基价并汇总即为该单位工程直接工程费,将上述结果填入施工图预算表中。

4. 进行单位工程工料分析及汇总

用各分部分项工程量乘以相应各定额子目的所列的人工、材料、机械台班的用量并汇总即为该单位工程工料分析结果，将上述结果填入单位工程工料分析表中，该结果是主材差价计算的依据。

5. 差价分析计算

(1)主材差价计算

主材差价=(材料的市场价-材料的预算价)×材料数量 (5-1)

其中，材料数量为工料分析的结果。

(2)动态调价计算

动态调价=动态调价基础×动态调价系数 (5-2)

其中，动态调价基础、动态调价系数查相关工程造价管理文件。

(3)差价计算

差价=主材差价+动态调价 (5-3)

6. 取费确定工程造价

工程造价的确定应按规定的计价程序和取费标准来计算。

(1)以直接工程费为取费基础的工程造价

单位工程工程造价=[∑(分项工程量×定额基价)]×(1+措施费费率+间接费费率)(1+利润率)×(1+税率) (5-4)

(2)以人工费为取费基础的工程造价公式为：

单位工程工程造价=[∑(分项工程量×定额基价)+∑(分项工程量×定额基价的人工费)×(措施费费率+间接费费率+利润率)]×(1+税率) (5-5)

(二)实物法施工图预算的编制程序

1. 收集并熟悉编制施工图预算的基础资料(同单价法)

2. 计算整理工程量计算(同单价法)

3. 套用定额计算并汇总人工、材料、机械台班的用量

用各分项工程的工程数量乘以相应各定额子目的所列的人工、材料、机械台班的用量并汇总即为该单位工程工料分析结果，该结果是主材差价计算的依据。

在套定额时也存在可以直接套用、换算后套用、编制补充定额等三种情况。

4. 计算单位工程的直接工程费或人工费

单位工程直接工程费=∑(分项工程量×定额人工用量)×工日单价+∑(分项工程量×定额材料用量)×材料单价+∑(分项工程量×定额机械台班用量)×机械单价 (5-6)

单位工程人工费=∑(分项工程量×定额人工用量)×工日单价 (5-7)

5. 确定工程造价

工程造价的确定应按规定的计价程序进行计算。

(1)以直接工程费为取费基础的工程造价公式

单位工程工程造价=[单位工程直接工程费×(1+措施费费率+间接费费率)]×(1+利润率)×(1+税率) (5-8)

(2)以人工费为取费基础的工程造价公式

$$单位工程工程造价=[单位工程直接工程费+单位工程人工费\times(措施费费率+间接费费率+利润率)]\times(1+税率) \quad (5\text{-}9)$$

第二节　施工图预算的审核

一　施工图预算审核作用

由于编制建筑工程施工图预算的专业性非常强、建筑工程产品的单件性和复杂性、执行标准的地区性差异较大等原因，导致施工图预算在编制中会出现不够准确的现象，会给建设单位或施工企业带来巨大损失，并且扰乱建筑市场的有序发展和公平竞争，所以，实施审核施工图预算的制度非常必要。施工图预算的审核有以下作用：

(1)有利于合理正确确定工程造价，提高投资效益。

(2)有利于对建设项目进行科学的管理和监督。

(3)有利于国家工程建设管理制度的贯彻执行。

(4)有利于建筑市场的公平竞争。

(5)有利于促进施工企业提高经营管理水平。

(6)有利于维护国家财经纪律，堵塞漏洞。

二　施工图预算审核内容

施工图预算审查的主要内容包括分项工程的划分的正确性和准确性、工程数量、预算定额的套用、取费标准等内容。

(一)审查分项工程划分的正确性和准确性

在列项目时，分项工程的划分一定要正确和准确，这样才能保证既不多列项目和重列项目，也不漏列项目，否则即使其他步骤都正确，工程造价也不正确。因此，审查工程造价时一定要根据设计图纸文件、现行的预算定额等编制资料，重点审查施工图预算的所列项目中分项工程的划分。

(二)审核工程数量的正确性和准确性

审查工程数量是审查施工图预算的一项重要内容，对已算出的工程量进行审查，主要是审查其工程量是否有漏算、多算和错算。审查时要抓住重点部分和容易出错的分项工程进行详细计算和校对，对于其他分项工程可作一般审查，并应注意计算工程量的数据来源和计算方法等是否正确。审查工程量，一般从以下几方面进行：

1. 根据工程施工图纸及其说明书进行审查

工程施工图纸是施工单位施工的依据，也是计算工程量的依据，工程量的计算必须与图纸上标注的尺寸、数量相符合，因此，审查人员应熟悉工程施工图纸及有关技术资料，才能发现预算中的多算、少算、重算和漏算等错误。

2.根据现行的预算定额进行审查

在审查工程量计算时,应注意其计算是否正确执行了现行预算定额的总说明、预算定额相应章说明和工程量计算规则的有关规定。重点审核工程量计算规则容易混淆的分项工程。例如,根据分项工程的工程量计算规则进行审核时,应对定额中明确规定哪些部位是其计算的范围,哪些部位不是其计算的部分的审核,才能判断预算中的数据计算是否正确。

3.按照合理的施工组织设计和施工方案进行审查

施工组织设计是全面安排施工过程的技术经济文件,是指导施工的主要依据之一,也是编制和审查工程预算的依据之一。不同的施工方案对工程预算的工程量计算数据的影响是不同的,例如,同一基础土方开挖,土方开挖深度超过放坡起点时,边坡采用放坡还是采用支挡土板,对基础土方开挖的工程量影响是不同的。

4.建筑工程的一般土建工程量审查内容

(1)土石方工程

主要审核平整场地、挖地槽地坑、挖土方工程量的计算方法是否符合现行定额计算规定和计算尺寸是否与施工图纸尺寸相符;土壤类别是否与勘察资料一致;放坡起点高度、放坡系数,工作面和支挡土板是否计算正确;土方运输的运距和数量是否正确,是否按定额规定考虑了土的可松性系数。

(2)桩基工程

主要审核桩的分类与施工方法是否符合设计要求,是否需要计算接桩、喂桩、送桩费,打(压)桩机械进出场费的计算是否符合定额规定。

(3)砖石工程

审核内容为墙基与墙身是否按定额规定的方法分别计算;墙长、墙高、墙厚是否取值正确;计算墙体工程量时应扣除和不扣除的部分是否符合规定;设计砂浆强度等级与定额砂浆强度等级不同时,是否按规定进行了换算。

(4)混凝土及钢筋混凝土工程

主要审核现浇构件与预制构件是否分别计算;现浇柱与梁、主梁与次梁及各种构件计算是否符合规定,有无重算或漏算;有筋和无筋构件是否按设计规定分别计算,有无混淆;钢筋混凝土的含钢量与预算定额的含钢量发生差异时,是否按规定予以增减调整。

(5)木结构工程

主要审核门窗是否按不同种类框洞口面积计算,木装修的工程量是否按规定分别以延长米或 m^2 计算。

(6)楼地面工程

主要审核楼梯抹面是否按踏步和休息平台部分的水平投影面积计算;细石混凝土地面找平层的设计厚度与定额厚度不同时,是否按其厚度进行了换算。

(7)屋面工程

主要审核主要审核卷材屋面工程是否与屋面找平层工程量相等;屋面保温层的工程量是否按设计屋面保温层的面积乘平均厚度计算,不做保温层和挑檐部分是否按规定不做计算。

(8)装饰工程

主要审核抹灰、油漆、裱糊是否按不同的做法不同的材料分别计算,面积计算是否注意应扣面积、不扣面积和乘系数的问题。

(9)金属构件制作

金属构件制作工程量多数以 t 为单位。应重点审核型钢按图示尺寸求出长度,再乘每米质量;钢板要求出面积,再乘以每平方米质量。

(三)审查预算定额套用的正确性

审查预算定额套用是否正确,也是审查施工图预算工作的主要内容之一。审查时应注意以下几个问题:

(1)施工图预算中所列各分项工程预算单价是否与现行预算定额的预算单价相等,其名称、计量单位和所包括的工程内容是否与单位估价表一致。

(2)换算的分项工程是否在预算定额中允许换算。

(3)补充预算定额各项指标的编制方法、原则和数据是否正确。

(四)审查取费标准执行的正确性

施工图预算中各项应计取费用,均应按照各地区的费用定额及有关造价文件规定的费率和取费基础进行计算。因此,审查取费标准时,应审核取费费率、取费基础和取费程序是否正确。

三 施工图预算审核的方法

(一)全面审查法

全面审查法是指对送审施工图预算逐项进行审查,其审查步骤与编制施工图预算步骤相同。一般适用于工程规模较小、结构简单、施工工艺简单和采用标准设计较多的工程。

全面审查法的特点是全面、细致、质量高;但工作量大,耗费人力和时间较多。

(二)重点抽查法

重点抽查法是指在审查施工图预算中,对送审施工图预算中费用较高的分项工程进行审查的方法。适用于工程量较大或造价较高的工程、工程结构复杂的工程。

重点抽查法的特点是速度快、省时省力,但审查质量不如全面审查法高。

(三)标准预算审查法

标准预算审查法是指对于使用标准图纸或通用图纸施工的工程,先集中力量编制标准预算,再以此为标准审查施工图预算的方法。它仅适合于按标准图纸设计的工程。

标准预算审查法的特点是时间短、效果好;但仅适合于按标准图纸设计的工程,适用范围较小。

(四)分解对比审查法

分解对比审查法是指将一个单位工程按直接费与间接费进行分解,然后再把直接费按工种和分部工程进行分解,分别与审定的标准预算进行对比分析的方法。它适用于采用标准施工图或复用施工图的民用建筑、普通单层工业建筑工程的施工图预算审查。

分解对比审查法的特点是准确率较高,审查速度快。

(五)筛选审查法

筛选审查法是统筹法的一种,也是对比法的一种。建筑工程虽然有建筑面积和高度的不同,但是它们的各个分部分项工程的工程量、造价、用工量在每个单位面积上的数值变化不大,我们把这些数据加以汇集、优选、归纳为工程量、造价(价值)、用工三个单方基本值表,并注明其适用的建筑标准。这些基本值犹如"筛子孔",用来筛选各分部分项工程,筛下去的就不审查,没有筛下去的就意味着此分部分项工程的单位建筑面积数值不在基本值范围之内,应对该分部分项工程详细审查。当所审查的预算的建筑面积标准与"基本值"所使用的标准不同,就要对其进行调整。

筛选审查法的优点是简单易懂,便于掌握,审查速度和发现问题快;但解决差错,分析其原因需继续审查。因此,此法适用于住宅工程或不具备全面审查条件的工程。

(六)利用手册审查法

此法是把工程中常见的构件、配件事先整理成预算手册,按手册对照审查的方法。如工程常用的预制构配件:洗池、大便台、检查井、化粪池、碗柜等,几乎每个工程都有,把这些按标准图集计算出工程量,套上单价,编制成预算手册使用,可大大简化结算的编审工作。

第三节　施工图预算实例

本工程位于陕西省××市××小区,该工程为单层砖混结构建筑,檐口高度为3.800m。施工工期为9个月,由于工期短,所以计价时不考虑风险因素。根据工程施工图纸、陕西省建筑工程预算定额(2004)、陕西省建筑工程价目表(2009)、陕西省建设工程费率(2009)等资料编制。单位工程施工图预算文件如下:

一 封面

工程预算书

工程名称:社区活动中心

建筑面积:280.50m^2

结构类型:砖混结构

预算造价:265296.38元

单位造价:945.80元/m^2

建设单位：××房地产开发公司　　　　施工单位：××市建筑工程公司

（公章）　　　　（公章）

年　月　日　　　　年　月　日

编制人：××　　　　审核人：××

编制日期：　年　月　日

二 计算表

计算表格见表 5-1～表 5-6。

建筑工程费用计算表　　　　表 5-1

序号	费用名称	计算公式	金额（元）
一、人工土方工程费用计算			
1	定额项目费	24759.56	24759.56
2	其中：人工费	19495.90	19495.90
3	管理费	19495.90×3.58%	697.95
4	利润	19495.90×2.88%	561.48
5	风险费	0.00	0.00
6	定额工程费	24759.56+697.95+561.48	26018.99
7	临时设施费	19495.90×0.80%	155.97
8	冬雨季、夜间施工措施费	19495.90×0.86%	167.66
9	二次倒运费	19495.90×0.76%	148.17
10	检验试验及放线定位费	19495.90×0.36%	70.19
11	定额措施项目费	0.00	0.00
12	管理费	0.00	0.00
13	利润	0.00	0.00
14	风险费	0.00	0.00
15	措施费合计	155.97+167.66+148.17+70.19	541.99
16	其他项目费	0.00	0.00
17	差价	3713.52	3713.52
18	规费	(26018.99+541.99+3713.52)×4.67%	1413.82
19	安全文明施工费	(26018.99+541.99+3713.52)×3.00%	908.24
20	不含税工程造价	26018.99+541.99+3713.52+1413.82+908.24	32596.56
21	税金	32596.56×3.41%	1111.54
22	含税工程造价	32596.56+1111.54	33708.10

续上表

序号	费用名称	计算公式	金额(元)
二、一般土建工程费用计算			
23	定额项目费	114147.85	114147.85
24	其中:人工费	22151.03	22151.03
25	管理费	114147.85×5.11%	5832.96
26	利润	(114147.85+5832.96)×3.11%	3731.40
27	风险费	0.00	0.00
28	定额工程费	114147.85+5832.96+3731.40	123712.21
29	临时设施费	123712.21×0.80%	989.70
30	冬雨季、夜间施工措施费	123712.21×0.76%	940.22
31	二次倒运费	123712.21×0.34%	420.22
32	检验试验及放线定位费	123712.21×0.42%	519.59
33	定额措施项目费	25735.82	25735.82
34	管理费	25735.82×5.11%	1315.10
35	利润	(25735.82+1315.10)×3.11%	841.28
36	风险费	0.00	0.00
37	措施费合计	989.70+940.22+420.22+519.59+25735.82+1315.10+841.28	30960.33
38	其他项目费	0.00	0.00
39	差价	10839.58	10839.58
40	规费	(123712.21+30960.33+10839.58)×4.67%	7729.42
41	安全文明施工费	(123712.21+30960.33+10839.58)×3.00%	4965.36
42	不含税工程造价	123712.21+30960.33+10839.58+7729.42+4965.36	178206.90
43	税金	178206.90×3.41%	6076.86
44	含税工程造价	178206.90+6076.86	184283.76
三、装饰工程费用计算			
45	定额项目费	37078.21	37078.21
46	其中:人工费	15692.18	15692.18
47	管理费	37078.21×3.83%	1420.10
48	利润	(37078.21+1420.10)×3.37%	1297.40
49	风险费	0.00	0.00
50	定额工程费	37078.21+1420.10+1297.40	39795.71
51	临时设施费	39795.71×0.80%	318.37
52	冬雨季、夜间施工措施费	39795.71×0.30%	119.39
53	二次倒运费	39795.71×0.08%	31.84
54	检验试验及放线定位费	39795.71×0.15%	59.69

续上表

序号	费用名称	计算公式	金额(元)
三、装饰工程费用计算			
55	定额措施项目费	0.00	0.00
56	管理费	0.00	0.00
57	利润	0.00	0.00
58	风险费	0.00	0.00
59	措施费合计	318.37+119.39+31.84+59.69	529.29
60	其他项目费	0.00	0.00
61	差价	2160.96	2160.96
62	规费	(39795.71+529.29+2160.96)×4.67%	1984.09
63	安全文明施工费	(39795.71+529.29+2160.96)×3.00%	1274.58
64	不含税工程造价	39795.71+529.29+2160.96+1984.09+1274.58	45744.63
65	税金	45744.63×3.41%	1559.89
66	含税工程造价	45744.63+1559.89	47304.52
67	含税工程造价合计	33708.10+184283.76+47304.52	265296.38

单位工程施工图预算表

表 5-2

序号	定额编号	项目名称	单位	数量	单价	合价(元)	其中:人工费	
							单价	合价(元)
一、人工土方工程								
1	1-20	钻探及回填孔	$100m^2$	5.80	655.18	3800.04	491.40	2850.12
2	1-26	素土回填夯实	$100m^3$	8.66	1825.86	15811.95	1690.50	14639.73
3	1-28	3∶7 灰土垫层	$100m^3$	0.68	7569.96	5147.57	2950.08	2006.05
合计						24759.56		19495.90
二、一般土建工程								
4	3-1	M10 水泥砂浆砖基础	$10m^3$	6.88	2036.50	14011.12	495.18	3406.84
5	3-34	砌体加固筋	t	0.339	4656.20	1578.45	948.36	321.49
6	3-37	1 砖承重黏土砖墙	$100m^2$	3.58	2661.10	9526.74	524.58	1878.00
7	3-40	1 砖非承重黏土砖墙	$100m^2$	2.16	1799.36	3886.62	524.58	1133.09
8	4-1	C20 普通混凝土	m^3	92.83	268.43	24918.36	76.44	7095.93
9	4-1 换	C15 碎石混凝土垫层	m^3	21.67	274.90	5957.08	76.44	1656.45
10	4-6	Ⅰ级圆钢 ϕ10 以内	t	2.734	4438.29	12134.28	728.28	1991.12
11	4-7	Ⅰ级圆钢 ϕ10 以上	t	1.452	4279.85	6214.34	423.36	614.72
12	4-8	Ⅱ级螺纹钢 ϕ10 以上	t	3.157	4385.98	13846.54	329.28	1039.54
13	4-9	预埋铁件	t	0.056	7458.48	417.67	1029.00	57.62
14	4-164	预制过梁灌缝	$10m^3$	0.23	252.49	58.07	111.30	25.60

续上表

序号	定额编号	项 目 名 称	单位	数量	单价	合价(元)	其中:人工费	
							单价	合价(元)
15	6-64	过梁安装	10m³	0.23	1911.07	439.55	703.08	161.71
16	B7-1	成品木门安装	100m²	0.17	19676.25	3344.96	939.96	159.79
17	8-13	水泥炉渣垫层	m³	14.03	160.36	2249.85	57.96	813.18
18	8-27	混凝土散水	100m²	0.68	2624.49	1784.65	1171.80	796.82
19	9-48	憎水珍珠岩块保温层	10m³	1.12	3924.16	4395.06	221.76	248.37
20	9-27	SBS防水卷材(热熔法)	100m²	3.92	2394.01	9384.52	191.52	750.76
合 计						114147.85		22151.03
		一般土建工程定额措施项目						
21	4-17	混凝土基础垫层模板	m³	29.95	28.90	865.56	12.60	377.37
22	4-35	构造柱模板	m³	4.15	182.06	755.55	111.30	461.90
23	4-39	圈梁模板	m³	15.05	299.08	4501.15	159.18	2395.66
24	4-48	有梁板模板	m³	4.05	346.51	1403.37	176.40	714.42
25	4-54	现浇挑檐模板	m³	8.81	664.04	5850.19	324.24	2856.55
26	4-84	过梁模板	m³	2.28	288.17	657.03	92.40	210.67
27	13-1	外脚手架	100m²	6.68	941.01	6398.87	301.98	2017.23
28	13-8	里脚手架	100m²	2.81	552.96	1553.82	428.78	1204.87
29	14-1	垂直运输	100m²	2.81	1334.62	3750.28	0.00	0.00
合 计						25735.82		10238.67
三、装饰工程								
30	10-1	水泥砂浆楼地面	100m³	2.71	1088.11	2948.78	537.00	1455.27
31	10-2	水泥砂浆台阶	100m²	0.22	2289.37	503.66	1473.50	324.17
32	10-244	水泥砂浆外墙面	100m²	3.23	1249.18	4034.85	789.50	2550.09
33	10-262	混合砂浆内墙抹灰	100m²	6.48	1133.87	7347.48	678.50	4396.88
34	10-660	混合砂浆天棚抹灰	100m²	2.47	1176.85	2906.82	791.00	1953.77
35	10-1331	墙面刷乳胶漆	100m²	8.95	1002.08	8968.62	560.00	5012.00
36	B:1-1	塑钢窗(含运输)	m²	51.84	200.00	10368.00	0.00	0.00
合 计						37078.21		15692.18

人工土方工程的差价计算表 表5-3

序号	名 称	单 位	数 量	市场单价	预算单价	差 价
1	人工	工日	464.19	50	42	3713.52

一般土建工程的差价计算表　　表 5-4

序号	名称	单位	数量	市场单价	预算单价	差价
1	人工	工日	943.68	50	42	7549.44
2	圆钢	t	4.670	3650.00	3550.00	467.00
3	螺纹钢	t	3.300	3900.00	3700.00	660.00
4	铁件	kg	60.810	6.60	5.60	60.81
5	原木	m^3	0.04	1350.00	1065.00	11.40
6	规格料	m^3	3.455	1800.00	1533.00	922.49
7	42.5 硅酸盐水泥	kg	13.430	0.34	0.32	0.27
8	42.5R 硅酸盐水泥	kg	58408.27	0.38	0.36	1168.17
合计						10839.58

装饰工程的材料价差计算表　　表 5-5

序号	名称	单位	数量	市场单价	算单价	差价
1	人工	工日	359.51	55	50	1797.55
2	规格料	m^3	0.170	1800.00	1533.00	45.39
3	42.5R 硅酸盐水泥	kg	15900.79	0.38	0.36	318.02
合计						2160.96

单位工程工料分析表　　表 5-6

序号	定额编号	项目名称	单位	数量	人工(工日)	圆钢(t)	螺纹钢(t)	铁件(kg)	原木(m^3)	规格料(m^3)	325 水泥(kg)	425 水泥(kg)
一、人工土方工程												
1	1-20	钻探及回填孔	$100m^2$	5.80	67.86							
2	1-22	素土回填是夯实	$100m^3$	8.66	348.57							
3	1-28	3∶7 灰土垫层	$100m^3$	0.68	47.76							
合计					464.19							
二、一般土建工程												
4	3-1	M10 水泥砂浆砖基础	$10m^3$	6.88	82.35							3247.36
5	3-34	砌体加固筋	t	0.339	7.65	0.350						
6	3-37	1 砖承重黏土砖墙	$100m^2$	3.58	106.90							1966.07
7	3-40	1 砖非承重黏土砖墙	$100m^2$	2.16	65.41							1378.08
8	4-1	C20 普通混凝土	m^3	92.83	165.31							36296.53
9	4-1 换	C15 碎石混凝土垫层	m^3	21.67	39.44							6114.62
10	4-6	Ⅰ级圆钢 ϕ10 以内	t	2.734	47.41	2.780						

续上表

序号	定额编号	项 目 名 称	单位	数量	人工（工日）	圆钢（t）	螺纹钢（t）	铁件（kg）	原木（m^3）	规格料（m^3）	325 水泥（kg）	425 水泥（kg）
二、一般土建工程												
11	4-7	Ⅰ级圆钢 ϕ10 以上	t	1.452	14.64	1.520						
12	4-8	Ⅱ级螺纹钢 ϕ10 以上	t	3.157	24.75		3.300					
13	4-9	预埋铁件	t	0.056	1.37			56.560				
14	4-17	混凝土基础垫层模板	m^3	29.95	5.09					0.570		
15	4-35	构造柱模板	m^3	4.15	10.10					0.021		
16	4-39	圈梁模板	m^3	15.05	57.04					0.620		
17	4-48	有梁板模板	m^3	4.05	17.01					0.315		
18	4-54	现浇挑檐模板	m^3	8.81	68.01					1.560		
19	4-84	过梁模板	m^3	2.28	5.02					0.110		
20	4-164	预制过梁坐浆	10m^3	0.23	0.61							79.12
21	6-64	过梁安装	10m^3	0.23	3.61			4.25		0.005		
22	B7-1	成品木门安装	100m^2	0.17	6.72						13.43	
23	8-13	水泥炉渣垫层	m^3	14.03	19.08							3577.65
24	8-27	混凝土散水	100m^2	0.68	29.13					0.254		1703.40
25	9-48	憎水珍珠岩块保温层	10m^3	1.12	5.87							
26	9-27	SBS 防水卷材（热熔法）	100m^2	3.92	84.44	0.02			0.04			4045.44
27	13-1	外脚手架	100m^2	6.68	48.03							
28	13-8	里脚手架	100m^2	2.81	28.69							
29	14-1	垂直运输	100m^2	2.81	0.00							
合计					943.68	4.670	3.300	60.810	0.04	3.455	13.43	58408.27
30	10-1	水泥砂浆楼地面	100m^3	2.71	66.07							3872.59
31	10-2	水泥砂浆台阶	100m^2	0.22	18.92					0.170		1389.13
32	10-244	水泥砂浆外墙面	100m^2	3.23	76.13							2892.95
33	10-262	混合砂浆内墙抹灰	100m^2	6.48	115.73							5577.58
34	10-660	混合砂浆天棚抹灰	100m^2	2.47	43.55							2168.54
35	10-1331	墙面刷乳胶漆	100m^2	8.95	39.11							
36	B:1-1	塑钢窗（含运输）	m^2	51.84								
合 计					359.51	0.000	0.000	0.000	0.00	0.170	0.000	15900.79

本章小节

施工图预算是确定建筑工程造价的技术经济文件,它可以分为单位工程施工图预算、单项工程综合施工图预算、建设项目总预算。只是由于建设工程项目总费用中除建筑安装工程施工图预算费用外都易于确定,所以建筑安装工程施工图预算费用的确定是建筑工程预算研究的重点和难点。在施工图预算学习中重点掌握:

(1)施工图预算编制的原则、内容、方法。

(2)施工图预算编制的程序。

施工图预算的审核是合理确定工程造价和提高投资效益的有效措施,通过审核即可提高工程预算的准确性,合理确定工程造价。也可使建筑企业端正经营理念。施工图预算的审核的主要内容是:

(1)审查分项工程划分的正确性和准确性。

(2)审核工程数量的正确性和准确性。

(3)审查预算定额套用的正确性。

(4)审查取费标准执行的正确性。

在施工图预算审查的方法选择时,应根据被审核工程的特点、施工图预算审核的进度和准确率的要求合理选择。

小知识

以施工图预算为基础编制标底的方法:是以工程施工图预算为基础,将拆除旧建筑物、场地“四通一平”、地下工程、特殊器材采购等招标工程范围内的费用增加,从而构成完整的标底。

第六章 施工预算

【职业能力目标】

通过施工预算的学习，培养学生进行“两算”对比的技术技能，为学生能够正确地控制工程造价，从事工程造价管理工作奠定基础。

【学习要求】

掌握施工预算的概念和作用，熟悉施工预算的编制依据和原理，掌握施工预算编制的内容和方法，掌握“两算”对比的方法。

第一节 施工预算概述

一 施工预算的概念

施工预算是指在工程施工前，施工企业在施工图预算控制下，结合本企业实际情况，根据已审核过的设计文件、施工定额、施工组织设计和施工现场条件等资料，计算拟建工程所需人工、材料、施工机械数量和费用的技术经济文件，是企业用于内部管理的技术经济文件。

施工预算是施工企业基层单位的成本计划文件，施工预算是施工企业内部组织生产施工、进行成本核算的依据，是企业经济核算的基础，也是确定施工中人工、材料、施工机械消耗数量限额的依据，因此，施工预算指明了建筑工程施工管理的目标和方法。

二 施工预算的作用

施工预算的作用如下：

(1)施工预算是编制施工作业计划的依据。

(2)施工预算是向施工班组签发工程施工任务单的依据。

(3)施工预算是签发限额领料单的依据。

(4)施工预算是贯彻按劳分配原则的依据，也是施工班组核算的依据。

(5)施工预算是进行两算对比的依据。

(6)施工预算是企业经济核算,加强内部管理的依据。

三 施工预算与施工图预算的区别

(一)编制依据与作用不同

"两算"编制依据中最大的不同是使用的定额不同,施工预算套用的是施工定额,而施工图预算套用的是预算定额或单位估价表,两种定额的各种消耗量有一定的差别。两者的作用也不同,前者是企业控制各项成本支出的依据,是工程项目部内部核算的依据;后者是计算单位工程预算造价,进行工程价款结算,确定企业收入的主要依据。

(二)工程项目划分的粗细程度不同

施工预算的项目划分和工程量计算,要按分层、分段、分工种、分项进行。所以,其项目的划分要比施工图预算细得多,工程量计算也更为精确。

(三)计算范围不同

施工预算一般以单位工程为编制对象,而且只计算到直接费。而施工图预算一般以单项工程或单位工程为编制对象,要计算建筑安装工程造价所有费用,除直接费外还包括间接费、利润、税金。

(四)考虑施工组织因素的多少不同

施工预算所考虑的施工组织因素要比施工图预算细得多。如施工预算在考虑垂直运输机械时,要具体考虑采用井架还是塔吊或其他机械,而施工图预算则是综合计算的,不需考虑具体采用哪种机械。

(五)工程量的计算规则及计量单位不同

由于施工预算套用的是施工定额,施工图预算套用的是预算定额,两种定额在工程量计算规则、计量单位方面有一定的差异。

第二节　施工预算的编制

一 施工预算的编制依据

施工预算的编制依据为:

(1)施工图预算。

(2)已审核过的设计文件及配套的通用图集或标准图集。

(3)现行的施工定额。

(4)已经审批的施工组织设计或施工方案。

(5)工程所在地的人工、材料、机械单价。

二 施工预算编制的方法

编制施工预算有两种方法，一种称为“实物法”，另一种称为“实物金额法”。

(一)实物法

“实物法”目前应用比较普遍。它的编制办法是根据施工图和设计说明书、施工定额工程量计算规则计算工程量，套用施工定额人工、材料、机械台班消耗量并用表格形式计算汇总，但不进行价格计算。由于这种方法是以实物消耗量反映其经济效益，故称实物法。

(二)实物金额法

根据实物法编制施工预算的人工、材料、机械消耗数量，分别乘以工程所在地当时的人工、材料、机械台班单价，并汇总求得人工费、材料费、机械费及直接工程费。这种方法不仅以实物消耗量来反映经济效果，而且用价值反映经济效益。

三 施工预算编制的内容

施工预算主要包括工程量，人工、材料、成品和半成品、施工机械等消耗量，直接费和编制说明等。各施工企业根据其特点和组织机构的不同，拟订不同的施工预算的内容。一般主要有以下表格内容：

(1)钢筋混凝土预制构件加工表。

(2)金属结构加工表。

(3)门窗加工表。

(4)工程量汇总表。

(5)分部分项工程工、料、机械分析表。

(6)木材加工明细表。

(7)周转材料需用量表。

(8)施工机械需用量表。

(9)单位工程工、料、机械汇总表。

四 施工预算编制的程序

(一)熟悉设计文件及图纸资料

熟悉设计资料的目的有二：一是了解设计意图，要熟悉工程内容、工艺流程、空间布置作具体等内容，掌握工程的重要部位和施工的难点空间位置、图示尺寸及材料规格；二是把图纸上存在的问题或疑难点，特别是影响计算工程量的问题要搞清楚，或把问题记下，准备在设计交底或图纸会审时提出。

(二)参加设计交底或图纸会审

参加设计交底或图纸会审的必要性如下：

(1)熟悉工程设计对施工技术的要求,便于选择合理经济的施工方案。

(2)熟悉工程范围和施工内容。

(3)解决在熟悉图纸时发现的设计图存在问题。

(三)熟悉施工方案中的有关内容

在编制施工预算以前,充分熟悉拟建工程的施工方案。施工方案不仅是编制施工图预算的依据,也是编制施工预算的依据之一。

(四)熟悉施工定额

主要熟悉施工定额的以下内容：

(1)熟悉施工定额的说明。

(2)熟悉施工定额的使用方法。

(3)熟悉施工定额规定的计量单位,施工定额章、节、子目的划分标准。

(4)熟悉施工定额的工程量计算规则。

(5)熟悉施工定额中人工、材料、机械消耗指标。

(6)熟悉并掌握施工定额中增减系数或换算调整的规定。

(五)列出项目名称、计算工程量

根据施工图纸、施工方案的有关内容,在工程量计算表上列出计量单位或分部工程的项目名称和工程量计算算式。列出上述内容时尽可能和所执行的施工定额章节顺序一致,这样便于套算定额和核对。

为了准确地计算工程量,在计算工程量时,必须遵循以下原则：

(1)计算口径一致。计算工程量时,根据施工图所列出的分部工程的项目名称必须与施工定额相应项目包括的工程内容一致。

(2)计量单位一致。计算工程量时,根据施工图列出工程量的计量单位,必须与定额相应项目的计量单位一致。这样才能准确地套用定额,准确地计算出人工、材料、机械的消耗量。

(3)计算规则一致。工程量的计算规则和计算方法,必须按照施工定额的计算规则进行计算。保证工程数量计算的正确性。

(六)套施工定额

工程量计算完成并经认真复核无误后,就可以进行套施工定额的工作。在套施工定额时,除了直接套用定额、换算后套用定额外,经常会遇到定额缺项,这时根据不同情况有以下几种处理方法：

1.参考类似施工定额子目

在材质、规格、型号相差不大、施工工序大体一致的情况下,可以选套类似施工定额子目、或直接套用，或对不一致之处经调整、换算后套用。

2. 劳动定额与预算定额结合使用

计算人工消耗量时套用劳动定额，计算材料消耗量时套用预算定额，计算机械台班时，参照预算定额结合实际情况以确定施工机械的品种、规格及使用数量。采取这个办法有一些矛盾，就是施工定额与预算定额之间的水平差和定额的步距、工序之间的差异，必须妥善处理好。

3. 按施工方案计算

有施工方案的工程，其超出施工定额范围的工程内容，应按施工方案计算。无定额可套的工程，可以按施工方案计算人工、材料、机械的消耗量（应考虑一定的降低成本额）。但是，施工方案必须能满足编制预算进行估工估料的要求。

4. 用预算定额补充编制施工预算

如果使用预算定额来编施工预算，其人工、材料、机械应当减少一定量的水平幅度差。

5. 编制补充施工定额

如果上述四种办法均无法解决时，就应当编制补充施工定额。

（七）计算总的人工、材料、机械台班消耗量

有了工程量和定额规定的人工、材料和机械台班单位产品消耗量，二者的乘积，就是该单位工程总的人工、材料和机械台班消耗量。如果要用货币形式表现该单位工程的直接费时，则按照企业内部的人工单价、材料单价和机械台班单价分别乘以施工预算中总的人工、材料和机械台班消耗量得出总的人工费、材料费和机械台班费。

（八）复核

编制预算表草稿后，应当在工程量、计量单位、定额使用上作一次全面的复核，以避免漏算、重复计算、套错定额和笔误等误差，保证施工预算的准确性。

（九）写编制说明、填写施工预算书封面、装订

写编制说明的目的是为了让审核者或使用施工预算者能够清楚地了解施工预算编制的内容及其各项指标，以及施工预算中尚未解决的问题等，以便能正确地掌握和使用。

编制说明完成后，填写施工预算书封面，将施工预算书装订成册、签字、盖章，施工预算的编制工作完成。

五 “两算”对比

（一）“两算”对比的含义及意义

“两算”对比是指施工图预算与施工预算的对比。

它是在施工图预算与施工预算编制完毕后工程开工前进行的，其目的是通过“两算”对比，分析超支的原因，提出研究解决的措施，防止因人工、材料、机械台班消耗数量及相应费用的超支而导致工程成本的上升，造成亏损，分析降低成本的原因，把经济合理、先进的技术措施推广

应用，为编制降低成本计划额度提供依据。因此，“两算”对比对于建筑企业自觉运用经济规律，改进和加强施工组织管理，提高劳动生产率，降低工程成本，提高经济效益都具有重要意义。

(二)“两算”对比的方法

“两算”对比以施工预算所包括的分项工程为准，内容包括主要各个分项工程的工程数量、人工、材料、机械消耗数量。一般有实物量对比法和实物金额对比法。

1. 实物量对比法

实物量是指分项工程所消耗的人工、材料和机械台班消耗的实物数量。对比是将“两算”中相同项目所需的人工、材料和机械台班消耗量进行比较，或者以分部工程或单位工程为对象，将“两算”的人工、材料汇总数量相比较。因“两算”各自的定额项目划分及工作内容不一致，为使两者有可比性，常常需经过项目合并、换算之后才能对比。由于预算定额项目的综合性较施工定额项目大，故一般是合并施工预算项目的实物量，使其与预算定额项目相对应，然后再进行对比。某地区砖墙“两算”对比结果见表 6-1。

砖墙“两算”对比表　　表 6-1

项目名称	数量(m^2)	两算	人工、材料种类		
			人工(工日)	砂浆(m^3)	砖(千块)
一砖墙	245.8	施工预算	322.0	54.8	128.1
		施工图预算	410	55.2	129.05
1/2 砖墙	6.4	施工预算	10.3	1.24	3.56
		施工图预算	12.1	1.29	3.60
合计	252.2	施工预算	332.3	56.04	131.66
		施工图预算	422.1	56.49	132.65
		“两算”对比额	+89.8	+0.45	+0.99
		“两算”对比(±%)	+21.27	+0.80	+0.75

2. 实物金额对比法

金额是指分项工程所消耗的人工、材料和机械台班的金额费用。由于施工预算只能反映完成项目所消耗的实物量，并不反映其价值，为使施工预算与施工图预算进行金额对比，就需要将施工预算中的人工、材料和机械台班的数量，乘以各自的单价，汇总成人工费、材料费和机械使用费，然后与施工图预算的人工费、材料费和机械使用费相比较。

(三)“两算”对比的一般说明

“两算”对比的一般说明如下：

(1)人工数量，一般施工预算应低于施工图预算工日数的 10%～15%，这是因为施工定额与预算定额基础不一样。施工图预算定额有 10%左右的人工定额幅度差。

(2)材料消耗方面，一般施工预算应低于施工图预算消耗量。由于定额水平不一致，有的项目会出现施工预算消耗量大于施工图预算消耗量的情况。这时，要调查分析，根据实际情况调整施工预算用量后再予以对比。

(3)机械台班数量及机械费的“两算”对比。由于施工预算是根据施工组织设计或施工方案规定的实际进场施工机械种类、型号、数量和工期编制计算机械台班，而施工图预算定额的机械台班是根据需要和合理配备，综合考虑，多以金额表示。因此，一般以“两算”的机械费相对比，且只核算搅拌机、卷扬机、塔吊、汽车吊和履带吊等大中型机械台班费是否超过施工图预算机械费。如果机械费大量超支，没有特殊情况，应改变施工采用的机械方案，尽量做到不亏本，略有盈余。

(4)脚手架工程无法按实物量进行“两算”对比，只能用金额对比。施工预算是根据施工组织设计或施工方案规定的搭设脚手架内容编制计算其工程量和费用的，而施工图预算定额是综合考虑，也有按建筑面积计算脚手架的摊销费。

本章小节

施工预算是施工企业用于内部工程造价管理的技术经济文件，也是施工企业基层单位的成本计划文件。作为在建筑施工单位从业的工程造价管理人员，必须具备编制施工预算文件的技能。

施工预算的编制方法有实物法和实物金额法。在实物金额法中工程的费用仅仅是指直接工程费，并不包括间接费、利润、税金等费用。

施工预算编制是先根据现行的施工定额列项目和计算工程量，完成工程量计算表和工程量汇总表的填写；再套用施工定额填写施工预算表的各项内容；最后，根据施工预算表分析汇总钢筋混凝土预制构件加工表，金属结构加工表，门窗加工表，木材加工明细表，周转材料需用量表，施工机械需用量表，单位工程工、料、机械汇总表。

“两算”对比是施工单位分析成本发生偏差及其原因的有效手段，“两算”对比的方法有实物量对比法和实物金额对比法。

小知识

施工单位的“三算”：施工单位的施工预算、施工图预算、工程结算。

第七章 工程结算

【职业能力目标】

通过工程结算基本原理的学习,培养学生能够正确进行建筑工程结算的专业技能,为学生能够胜任建筑工程施工项目的造价管理工作奠定基础。

【学习要求】

掌握工程结算和竣工结算的概念;熟悉工程结算的作用,熟悉工程结算的相关规定;熟悉建筑工程结算的编制原理;掌握工程备料款的概念和计算方法;熟练运用预付备料款、工程进度款结算、竣工结算的计算原理。

第一节 工程结算概述

一 工程结算的概念

工程结算是指施工企业对已完工程经有关单位验收后,依据施工图预算造价与合同约定向建设单位办理工程款清算的一项日常性工作,其中包括预收工程备料款结算、工程进度款结算和竣工结算,在实际工作中通常称为工程价款结算。

竣工结算是指施工单位在所承包的工程按照合同规定的内容全部完工并经建设单位及有关部门验收点交后,由施工单位编制并经建设单位审核签认,最后一次向建设单位办理工程款结算的文件。工程竣工结算可分为单位工程竣工结算、单项工程竣工结算和建设项目竣工总结算。

二 工程结算的作用

工程结算对于建筑施工单位和建设单位均具有重要的意义,主要作用表现在:

(1)通过工程结算办理已完工程的工程价款,确定施工单位的货币收入,补充施工生产过程中的资金消耗。

(2)工程价款结算是统计施工单位完成生产计划和建设单位完成建设任务的依据。

(3)竣工结算是施工单位完成该工程项目的总货币收入，是施工单位内部进行成本核算，确定工程实际成本的重要依据。

(4)工程结算是建设单位确定工程实际建设投资数额，编制竣工决算的主要依据。

(5)办理完工程竣工结算，标志着甲乙双方所承担的工程施工合同的主要义务和经济责任的基本结束。

三 工程结算的相关规定

1. 工程结算应遵循的原则

从事工程结算活动，应当遵循合法、平等、诚信的原则，并符合国家有关法律、法规和政策。

2. 工程进度款结算与支付规定

1)工程进度款结算方式

(1)按月结算与支付。即实行按月支付进度款，竣工后清算的办法。合同工期在两个年度以上的工程，在年终进行工程盘点，办理年度结算。

(2)分段结算与支付。即当年开工、当年不能竣工的工程按照工程形象进度，划分不同阶段支付工程进度款。具体划分在合同中明确。

2)工程量计算

(1)承包人应当按照合同约定的方法和时间，向发包人提交已完工程量的报告。发包人接到报告后14天内核实已完工程量，并在核实前1天通知承包人，承包人应提供条件并派人参加核实，承包人收到通知后不参加核实，以发包人核实的工程量作为工程价款支付的依据。发包人不按约定时间通知承包人，致使承包人未能参加核实，核实结果无效。

(2)发包人收到承包人报告后14天内未核实完工程量，从第15天起，承包人报告的工程量即视为被确认，作为工程价款支付的依据，双方合同另有约定的，按合同执行。

(3)对承包人超出设计图纸(含设计变更)范围和因承包人原因造成返工的工程量，发包人不予计量。

3)工程进度款支付

(1)根据确定的工程计量结果，承包人向发包人提出支付工程进度款申请，14天内，发包人应按不低于工程价款的60%，不高于工程价款的90%向承包人支付工程进度款。按约定时间发包人应扣回的预付款，与工程进度款同期结算抵扣。

(2)发包人超过约定的支付时间不支付工程进度款，承包人应及时向发包人发出要求付款的通知，发包人收到承包人通知后仍不能按要求付款，可与承包人协商签订延期付款协议，经承包人同意后可延期支付，协议应明确延期支付的时间，从工程计量结果确认后第15天起计算应付款的利息(利率按同期银行贷款利率计)。

(3)发包人不按合同约定支付工程进度款，双方又未达成延期付款协议，导致施工无法进行，承包人可停止施工，由发包人承担违约责任。

3. 工程设计变更价款调整

(1)施工中发生工程变更，承包人按照经发包人认可的变更设计文件，进行变更施工，其中，政府投资项目重大变更，需按基本建设程序报批后方可施工。

(2)在工程设计变更确定后14d内,设计变更涉及工程价款调整的,由承包人向发包人提出,经发包人审核同意后调整合同价款。变更合同价款按下列方法进行:

①合同中已有适用于变更工程的价格,按合同已有的价格变更合同价款;

②合同中只有类似于变更工程的价格,可以参照类似价格变更合同价款;

③合同中没有适用或类似于变更工程的价格,由承包人或发包人提出适当的变更价格,经对方确认后执行。如双方不能达成一致的,双方可提请工程所在地工程造价管理机构进行咨询或按合同约定的争议或纠纷解决程序办理。

(3)工程设计变更确定后14d内,如承包人未提出变更工程价款报告,则发包人可根据所掌握的资料决定是否调整合同价款和调整的具体金额。重大工程变更涉及工程价款变更报告和确认的时限由发承包双方协商确定。

收到变更工程价款报告一方,应在收到之日起14d内予以确认或提出协商意见,自变更工程价款报告送达之日起14d内,对方未确认也未提出协商意见时,视为变更工程价款报告已被确认。

确认增(减)的工程变更价款作为追加(减)合同价款与工程进度款同期支付。

4. 工程竣工价款结算

发包人收到承包人递交的竣工结算报告及完整的结算资料后,应按规定的期限进行核实,给予确认或者提出修改意见。发包人根据确认的竣工结算报告向承包人支付工程竣工结算价款,保留5%左右的质量保修金,待工程交付使用一年质保期到期后清算(合同另有约定的,按合同约定执行),质保期内如有返修,发生费用应在质量保修金内扣除。

5. 合同以外零星项目工程价款结算

发包人要求承包人完成合同以外零星项目,承包人应在接受发包人要求的7d内就用工数量和单价、机械台班数量和单价、使用材料和金额等向发包人提出施工签证,发包人签证后施工,如发包人未签证,承包人施工后发生争议,责任由承包人自负。

6. 工程竣工结算审查期限

单项工程竣工后,承包人应在提交竣工验收报告的同时,向发包人递交竣工结算报告及完整的结算资料,发包人应按表7-1规定时限进行核对(审查)并提出审查意见。

工程竣工结算审查期限 表7-1

工程竣工结算报告金额限额	审查时间
500万元以下	从接到竣工结算报告和完整的竣工结算资料之日起20天
500万元~2000万元	从接到竣工结算报告和完整的竣工结算资料之日起30天
2000万元~5000万元	从接到竣工结算报告和完整的竣工结算资料之日起45天
5000万元以上	从接到竣工结算报告和完整的竣工结算资料之日起60天

四 工程结算编制的依据和程序

1. 编制工程结算的依据

工程结算的编制是一项政策性较强,反映技术经济综合能力的工作,既要做到正确地反映建筑安装企业创造的工程价值，又要正确地贯彻执行国家有关部门的各项规定，因此，编制工程结算必须提供如下依据：

(1)施工单位与建设单位签订的合同或协议书。

(2)施工进度计划、月旬作业计划和施工工期。

(3)施工过程中现场实际情况记录和有关费用签证，如工程签证单、隐蔽工程验收记录、工程交工验收记录等合同中规定的进行工程结算的原始凭证。

(4)施工图纸及其有关设计资料、施工图纸会审纪要、设计变更通知书和现场工程施工变更签证。

(5)国务院建设行政主管部门、省、自治区、直辖市或有关部门发布的建筑工程造价管理的计价规范、计价办法等法律、法规。

(6)本地区现行的预算定额，费用定额及有关工程造价管理文件，人工、材料、机械台班的市场价格。

(7)工程设计概算、施工图预算文件和年度建筑安装工程量。

(8)工程竣工报告及工程竣工验收单。

(9)其他有关技术资料。

2.工程结算编制的程序

1)熟悉和收集整理工程结算的原始资料

2)熟悉工程施工进展情况和材料供应状况

3)调整计算工程量

根据施工现场签证和变更文件调整计算工程数量。

$$调整工程数量=施工现场签证的工程量-原施工图预算的工程量 \tag{7-1}$$

或

$$调整工程数量=变更设计图纸的工程量-原设计图纸的工程量 \tag{7-2}$$

4)计算合同调整数额

在原有施工图预算的基础上，调整因为工程数量或预算单价变化及新增项目、索赔等因素导致的工程合同费用调整数额。

5)计算工程结算费用确定工程实际价格

工程结算一般按下列公式计算或按合同约定计算。

(1)工程进度款结算一般公式

$$工程进度款结算数额=施工图预算造价(或合同价)+结算工程部分的合同调整额-预付工程备料款 \tag{7-3}$$

(2)工程竣工结算的一般公式

$$工程竣工结算数额=施工图预算造价(或合同价)+合同调整额-预付工程备料款-已结算的工程进度款-工程保修金 \tag{7-4}$$

$$工程竣工结算总额=[施工图预算造价(或合同价)+竣工结算部分的合同调整额]\times(1-工程保修金额度) \tag{7-5}$$

第二节　工程备料款

一 工程备料款的概念

工程备料款是指施工单位承包工程组织施工时，为了保证施工的顺利进行，提前储备材料和订购配件所需要的一定数额的预付资金。

二 工程备料款的确定

工程备料款的确定应该以保证施工所需材料和构件的正常储备，保证施工的顺利进行为原则。

确定工程备料款数额的方法一般有影响因素法和额度系数法，其中最常用的方法是额度系数法。

(一)影响因素法

影响因素法主要是将影响工程备料款数额的各个因素作为参数，按下列公式进行计算：

$$M=\frac{P\times N}{T}\times t \tag{7-6}$$

式中：M——预收备料款数额；

P——年度建筑安装工作量；

N——主要材料和构件费占年度建筑安装工作量的比例(可根据施工图预算确定)；

T——年度施工日历天数；

t——材料储备时间(可根据材料储备定额和当地材料供应情况确定)。

(二)额度系数法

为了简化工程备料款的计算，将影响工程备料款数额的各因素进行综合考虑，确定为一个系数，即工程备料款额度。其含义是预收工程备料款数额占年度建筑安装工作量的百分比。按下列公式进行计算：

$$q=\frac{M}{Z}\times 100\% \tag{7-7}$$

式中：q——工程备料款额度；

M——工程备料款数额；

Z——年度建筑安装工作量。

一般情况下，工程备料款额度由各地区按工程类别、施工期限、建筑材料和构件生产供应情况统一测定。土建工程通常取当年工作量的20%～30%。

三 工程备料款的扣还

工程备料款是建设单位为了保证施工生产的顺利进行而预支给施工单位的一部分垫付资金。当施工进行到一定程度之后，材料和构配件的储备量将随工程的进行而减少，需要的工程备料款也随之减少，在此后办理工程价款结算时，即可以开始扣还工程备料款。工程备料款的扣还是随着工程进度款结算，以冲减工程价款的方法逐渐抵扣，待到工程竣工时，全部工程备料款抵扣完毕。

(一)工程备料款起扣点的确定

工程备料款开始扣还时的工程进度状态称为工程备料款的起扣点。确定工程备料款起扣点的原则是：未完施工工程所需主要材料和构件的费用，等于工程备料款数额。

工程备料款起扣点，可以用累计完成建筑安装工作量的数额表示，称为累计工作量起扣点；也可以用累计完成建筑安装工作量与年度建筑安装工作量百分比表示，称为工作量百分比起扣点。其中，最常用的是累计工作量起扣点。

1. 累计工作量起扣点

根据累计工作量起扣点的含义，即累计完成建筑安装工作量达到起扣点的数额时，开始扣还工程备料款。此时，未完工程的工作量应等于年度建筑安装工作量与累计完成建筑安装工作量之差，未完工程的材料和构件费等于未完工作量乘以材料比例。即

$$Q = P - \frac{M}{N} \tag{7-8}$$

式中：Q——工作量起扣点，即备料款开始扣回时的累计完成工作量金额；

M——预收工程备料款数额；

P——年度建筑安装工作量；

N——材料比例。

2. 百分比起扣点

根据百分比起扣点的含义，即建筑安装工程累计完成的建筑安装工作量占年度建安工作量的百分比达到起扣点的百分比时，开始扣还工程备料款。则有下式：

$$D = \frac{Q}{P} = 1 - \frac{M}{P \times N} \tag{7-9}$$

式中：D——工作量百分比起扣点；

Q——工作量起扣点；

M——预收工程备料款数额；

P——年度建筑安装工作量；

N——材料比例。

在实际工作中，工程备料款的起扣点，可以由施工单位与建设单位根据工程性质和材料供

应情况协商确定。

(二)应扣工程备料款的数额

应扣工程备料款的数额的确定方法有分次扣还法和一次扣还工程备料款法。其中最常用的是分次扣还法。

1. 分次扣还法

按扣还工程备料款的原则,自起扣点开始,在每次工程价款结算时应扣抵工程备料款。抵扣的数量,按扣还工程备料款的原则,应该等于本次工程结算价款中的材料和构件费的数额,即工程价款数额和材料比例的乘积。但是,一般情况下,工程备料款的起扣点与工程价款结算间隔点不一定重合。因此,第一次扣还工程备料款数额的计算式与其后各次工程备料款扣还数额计算式略有区别。

1)第一次扣还工程备料款数额的计算公式

$$A_1=(F-Q)\times N \tag{7-10}$$

式中:A_1——第一次扣还工程备料款数额;

F——累计完成建筑安装工作量;

Q——工作量起扣点;

N——材料比例。

2)第二次及其以后各次扣还工程备料款数额的计算公式

$$A_i=F_i\times N \tag{7-11}$$

式中:A_i——第 i 次扣还工程备料款数额;

F_i——第 i 次扣还工程备料款时,当次结算完成的建筑安装工作量;

N——材料比例。

2. 一次扣还工程备料款

预收工程备料款的扣还还可以在未完工的建筑安装工作量等于预收备料款时,用其全部未完工程价款一次抵扣工程备料款,施工单位停止向建设单位收取工程进度价款。采用这种方法需要计算出停止收取工程进度价款的起点,根据以上原则应按下式计算:

$$K=P\times(1-5\%)-M \tag{7-12}$$

式中:K——停止收取工程价款的起点;

P——年度建筑安装工作量;

M——工程备料款数额;

5%——扣留工程价款比例,一般取 5%~10%,其目的是为了加快收尾工程的进度,扣留的工程价款在竣工结算时结清。

这种扣还工程备料款的方法计算简单,停止收取工程价款的起点在分次扣还法的工程备料款起扣点的后面。从实际上看,在停止收取工程价款起点以后的未完工程价款,已经以工程备料款的形式转入施工单位的账户中,建设单位对未完工程已经失去了经济控制权,若没有其他合同条款规定和措施保证,则一般不宜采用一次扣还工程备料款的方法。

四 计算实例

【例 7-1】 某工程承包合同价为 840 万元，预付备料款 25%，材料费占工程总造价的 60%，每月际完成的工作量及合同调整额见表 7-2，合同约定合同调整额竣工结算时结算，工程保修金额为最终工程合同总价的 5%。求预付备料款、每月结算工程进度款及竣工结算工程款各为多少？

完 成 工 作 量 表　　表 7-2

月份	6 月	7 月	8 月	9 月	合同调整额
完成工作量(万元)	170	310	230	130	50

解：(1)预付备料款 $M=840\times25\%=210$(万元)

(2)预付备料款起扣 $Q=P-\frac{M}{N}=840-\frac{210}{0.6}=490$(万元)

即累计工程进度款为 490 万元时，才能扣除预付工程备料款。

(3)每月结算工程进度款为：

①6 月应结算工程进度款为 170 万元，累计拨款额为 170 万元。

②7 月应结算工程进度款为 310 万元，累计拨款额为 $170+310=480$(万元)。

③8 月完成工程任务 230 万元，因为 $480+230=710$ 万元 >490 万元，所以扣出预付备料款 $A_1=(F-Q)\times N=(710-490)\times60\%=132$(万元)后，8 月应结算工程进度款为 $230-132=98$ 万元，累计拨款额为 $480+98=578$(万元)。

④9 月完成工程任务 130 万元，考虑以下因素：

扣除预付备料款 $A_2=F_2\times N=130\times60\%=78$(万元)

合同调整额增加工程款 50 万元

扣除工程保修金 $=(840+50)\times5\%=44.5$(万元)

9 月应结算工程进度款为 $130-78+50-44.5=57.5$(万元)(即工程竣工结算数额)

则累计结算工程进度款总额为 $578+57.5=635.5$(万元)

(4)竣工结算工程款累计总额

$$\text{预付备料款数额}+\text{工程进度款累计数额}=210+635.5=845.5\text{(万元)}$$

(5)验算

$$\text{竣工结算总额}=(840+50)\times(1-5\%)=845.5\text{(万元)}$$

上述计算结果正确。

本章小节

工程结算是指施工企业，对已完工程经有关单位验收后，依据施工图预算造价与合同约定向建设单位办理工程款清算的一项日常性工作。作为在建筑施工单位从业的工程造价管理人员，必须具备从事工程结算的技能。

编制工程结算时，应根据工程结算的相关法律法规的规定、施工图预算、设计文件、变更文件和工程施工合同等资料,先分析计算工程预付备料款;再分析计算需要调整的工程数量和单价,合理确定所结算的工程进度款;最后,进行工程竣工结算计算。

工程竣工结算可分为单位工程竣工结算、单项工程竣工结算和建设项目竣工总结算。工程竣工结算是施工单位完成该工程项目的总货币收入,是施工单位内部进行成本核算,也是确定工程实际成本的重要依据。在竣工结算时,应保留5%左右的质量保修金,待工程交付使用质保期到期后清算,若合同另有约定的,按合同约定执行,质保期内如有返修,发生费用应在质量保修金内扣除。工程交付使用质保期到期后建设单位应将剩余的质量保修金及其利息及时与施工单位清算。

小知识

工程变更的类型:设计变更、进度计划变更、施工条件变更、新增减工程变更。

第八章
工程量清单计价原理

【职业能力目标】

培养学生正确、熟练编制建筑工程工程量清单文件及工程量清单计价文件的基本专业技能。为学生能够熟练地从事工程量清单计价模式下的工程造价管理工作奠定基础。

【学习要求】

掌握工程量清单和工程量清单计价的概念及其相关概念；熟悉工程量清单文件的内容，掌握工程量清单文件编制的原理；熟悉工程量清单计价文件的内容，掌握工程量清单计价文件编制的原理。

第一节　工程量清单计价规范

一　工程量清单计价及其特点

工程量清单计价是指按照建设工程工程量清单计价规范的规定，依据工程量清单和综合单价法，由市场竞争形成工程造价的计价模式与方法。

工程量清单计价的特点如下。

1. 自主性

工程量清单计价的自主性体现在施工企业的自主报价。一方面，施工企业依据人工、材料、施工机械等的市场信息和市场行情及施工企业自身情况自主报价，并且承担报价的风险；另一方面，鼓励施工企业制定企业定额，并使用企业定额自主报价。

2. 法定性与强制性

建设工程工程量清单计价规范中规定的强制性条文必须严格执行，这些强制性条文既保证市场公平、公正、有序运行，又强化政府对工程造价管理的宏观调控，便于对市场的监管。

3. 单价的综合性

分部分项工程量清单项目的工程特征所描述内容越多、越复杂，该分部分项工程量清单项目的综合性越强，则其单价分析计算需要考虑的因素就越多。在工程实践中，综合性的分部分项工程量清单项目运用越来越多。

4. 突显建设工程施工合同管理的重要性

建设工程施工合同管理的核心是以工程质量保证、工程工期保证为前提的工程计价与控制全过程综合管理，而分部分项工程量清单项目的综合单价和合同总价是建设工程施工合同管理的核心内容，因此，实行工程量清单计价模式，对建设工程施工合同管理至关重要。

5. 对从业人员要求更高

实行工程量清单计价模式，既要求从事工程造价管理的人员具备相应专业能力和专业资质以准确地分析工程造价；同时又要求从业人员具备对人工、材料、施工机械市场价格及行业情况准确的预测和分析能力，具备风险预测和规避风险的能力；并且还要求从业人员熟悉建设工程相关的法律、法规及工程设计、施工相关规范，具备建设工程施工合同管理能力。

二 建设工程工程量清单计价规范的主要内容

1. 总则

2. 术语

3. 一般性规定

4. 工程量清单编制

(1)一般规定；

(2)分部分项工程项目；

(3)措施项目；

(4)其他项目；

(5)规费；

(6)税金。

5. 招标控制价

(1)一般规定；

(2)编制与复核；

(3)投诉与处理。

6. 投标报价

(1)一般规定；

(2)编制与复核。

7. 合同价款约定

8. 工程计量

9. 合同价款调整

10. 合同价款期中支付

11. 竣工结算与支付

12. 合同解除的价款结算与支付

13. 合同价款争议的解决

14. 工程造价鉴定

15. 工程计价资料与档案

16. 工程计价表格

第二节 工程量清单的编制

一 工程量清单概述

(一)工程量清单的概念、组成、性质

工程量清单是指载明建设工程分部分项工程项目、措施项目、其他项目的名称和相应数量以及规费、税金项目等内容的明细清单。

招标工程量清单应以单位(项)工程为单位编制,由分部分项工程量清单、措施项目清单、其他项目清单、规费项目清单、税金项目清单组成。

招标工程量清单必须作为招标文件的组成部分,其准确性和完整性由招标人负责。招标工程量清单在签订建筑工程施工合同时,是建筑工程施工合同的组成部分。招标工程量清单是工程量清单计价的基础,应作为编制招标控制价、投标报价、计算或调整工程量、索赔等的依据之一。

招标工程量清单应由具有编制招标文件能力的招标人,或受其委托、具有相应资质的工程造价咨询人编制。

(二)招标工程量清单文件的内容

1. 招标工程量清单封面

2. 总说明

一般应包括:

(1)工程概况。工程概况主要有建设规模、工程特征、计划工期、施工现场实际情况、交通运输情况、自然地理条件、环境保护要求等。

(2)工程招标和分包范围。

(3)招标工程量清单编制依据。

(4)工程质量、材料、施工等的特殊要求等。

(5)招标人自行采购材料的名称、规格型号、数量等。

(6)预暂列金额、招标人自行采购材料的金额数量。

(7)总承包服务费内容、金额。

(8)其他需说明的问题。

3. 分部分项工程和单价措施项目清单

4. 总价措施项目清单

5. 其他项目清单

6. 暂列金额

7. 暂估价(包括材料暂估单价和专业工程暂估单价)

8. 计日工

9. 总承包服务费

10.规费、税金项目清单

二 建筑工程常见项目工程量清单计算规则

(一)土方工程

1.010101001　平整场地

按设计图示尺寸以建筑物首层面积计算。

2.010101002　挖一般土方

按设计图示尺寸以体积计算。

3.010101003　挖沟槽土方

按设计图示尺寸以基础垫层底面积乘以挖土深度计算。

4.010101004　挖基础土方

按设计图示尺寸以基础垫层底面积乘以挖土深度计算。

5.010101005　冻土开挖

按设计图示尺寸开挖面积乘以厚度以体积计算。

6.010101006　挖淤泥、流沙

按设计图示位置、界限以体积计算。

7.010101007　管沟土方

(1)以米计量,按设计图示尺寸以管道中心线长度计算。

(2)以立方米计量,按设计图示尺寸以管底垫层面积乘以挖土深度计算;无管底垫层按管外径的水平投影面积乘以挖土深度计算,不扣除各类井的长度,井的土方并入管沟土方内。

8.010103001　回填

按设计图示尺寸以体积计算。

(1)场地回填:回填面积乘以平均回填厚度。

(2)室内回填:主墙间净面积乘以回填厚度,不扣除间隔墙。

(3)基础回填:挖方清单项目工程量减去自然地坪以下埋设的基础体积(包括基础垫层及其他构筑物)。

(二)地基处理与边坡支护

1.010201001　换填垫层

按设计图示尺寸以体积计算。

2.010201003　预压地基

按设计图示尺寸以面积计算。

3.010201004　强夯地基

按设计图示尺寸以面积计算。

4.010201014　灰土挤密桩

按设计图示尺寸以桩长(包括桩尖)计算。

5. 010202001　地下连续墙

按设计图示墙中心线长乘以厚度乘以槽深以体积计算。

6. 010202007　锚杆　或 010202008　土钉

(1)以米计量，按设计图示尺寸以钻孔深度计算。

(2)以根计量，按设计图示数量计算。

7. 010202009　喷射混凝土、水泥砂浆

按设计图示尺寸以面积计算。

(三)桩基工程

1. 010301001　预制钢筋混凝土方桩　或 010301002　预制钢筋混凝土管桩

(1)以米计量，按设计图示尺寸以桩长(包括桩尖)计算。

(2)以立方米计量，按设计图示截面积乘以桩长(包括桩尖)以实体体积计算。

(3)以根计量，按设计图示数量计算。

2. 010301004　截(凿)桩头

(1)以立方米计量，按设计图示截面积乘以桩头长度以体积计算。

(2)以根计量，按设计图示数量计算。

3. 010302001　泥浆护壁成孔灌注桩　或 010302002　沉管灌注桩

(1)以米计量，按设计图示尺寸以桩长(包括桩尖)计算。

(2)以立方米计量，按不同截面在桩上范围内以体积计算。

(3)以根计量，按设计图示数量计算。

4. 010302006　灌注桩后压浆

按设计图示以注浆孔数计算。

(四)砌筑工程

1. 010401001　砖基础

按设计图示尺寸以体积计算，包括附墙垛基础宽出部分体积，扣除地梁(圈梁)、构造柱所占体积，不扣除基础大放脚T形接头处的重叠部分及嵌入基础内的钢筋、铁件、管道、基础砂浆防潮层和单个面积≤0.3m^2的孔洞所占体积，靠墙暖气沟的挑檐不增加。基础长度取值为外墙按中心线、内墙按净长线计算。

2. 010401003　实心砖墙　或 010401004　多孔砖墙

按设计图示尺寸以体积计算，扣除门窗洞口、过人洞、空圈、嵌入墙内的钢筋混凝土柱、梁、圈梁、挑梁、过梁及凹进墙内的壁龛、管槽、暖气槽、消火栓箱所占体积，不扣除梁头、板头、檩头、垫木、木楞头、沿缘木、木砖、门窗走头、砖墙内加固钢筋、木筋、铁件、钢管及单个面积≤0.3m^2的孔洞所占体积，凸出墙面的腰线、挑檐、压顶、窗台线、虎头砖、门窗套的体积亦不增加，凸出墙面的砖垛并入墙体体积内计算。

1)墙长度

外墙按中心线、内墙按净长计算。

2)墙高度

(1)外墙:斜(坡)屋面无檐口天棚者算至屋面板底;有屋架且室内外均有大棚者算至屋架下弦底另加200mm;无天棚者算至屋架下弦底另加300mm,出檐宽度超过600mm时按实砌高度计算;平屋面算至钢筋混凝土板底。

(2)内墙:位于屋架下弦者,算至屋架下弦底;无屋架者算至天棚底另加100mm;有钢筋混凝土楼板隔层者算至楼板顶;有框架梁时算至梁底。

(3)女儿墙:从屋面板上表面算至女儿墙顶面(有混凝土压顶时算至压顶下表面)。

(4)内、外山墙:按其平均高度计算。

框架间墙:不分内外墙按墙体净尺寸以体积计算。

3.010401008　*填充墙*

按设计图示尺寸以填充墙外形体积计算。

4.010401009　*实心砖柱*

按设计图示尺寸以体积计算,扣除混凝土及钢筋混凝土梁垫、梁头、板头所占体积。

5.010401013　*砖散水、地坪*

按设计图示尺寸以面积计算。

6.010401014　*砖地沟、明沟*

以米计量,按设计图示以中心线长度计算。

7.010402001　*砌块墙*

按设计图示尺寸以体积计算,扣除门窗洞口、嵌入墙内的钢筋混凝土柱、梁、圈梁、挑梁、过梁及凹进墙内的壁龛、管槽、暖气槽、消火栓箱所占体积,不扣除梁头、板头、擦头、垫木、木楞头、沿缘木、木砖、门窗走头、砖墙内加固钢筋、木筋、铁件、钢管及单个面积≤0.3m² 的孔洞所占体积,凸出墙面的腰线、挑檐、压顶、窗台线、虎头砖、门窗套的体积亦不增加,凸出墙面的砖垛并入墙体体积内计算。

1)墙长度

外墙按中心线、内墙按净长计算。

2)墙高度

(1)外墙:斜(坡)屋面无檐口天棚者算至屋面板底;有屋架且室内外均有大棚者算至屋架下弦底另加200mm;无天棚者算至屋架下弦底另加300mm,出檐宽度超过600mm时按实砌高度计算;平屋面算至钢筋混凝土板底。

(2)内墙:位于屋架下弦者,算至屋架下弦底;无屋架者算至天棚底另加100mm;有钢筋混凝土楼板隔层者算至楼板顶;有框架梁时算至梁底。

(3)女儿墙:从屋面板上表面算至女儿墙顶面(有混凝土压顶时算至压顶下表面)。

(4)内、外山墙:按其平均高度计算。

3)框架间墙

不分内外墙按墙体净尺寸以体积计算。

8.010403001　*石基础*

按设计图示尺寸以体积计算,包括附墙垛基础宽出部分体积,不扣除基础砂浆防潮层及单个面积≤0.3m² 的孔洞所占体积,靠墙暖气沟的挑檐不增加体积。基础长度外墙按中心线、内墙按净长计算。

9.010403002　石勒脚

按设计图示尺寸以体积计算。扣除单个面积>0.3m^2 的孔洞所占的体积。

10.010403003　石墙

按设计图示尺寸以体积计算，扣除门窗洞口、过人洞、空圈、嵌入墙内的钢筋混凝土柱、梁、圈梁、挑梁、过梁及凹进墙内的壁龛、管槽、暖气槽、消火栓箱所占体积，不扣除梁头、板头、檩头、垫木、木楞头、沿缘木、木砖、门窗走头、砖墙内加固钢筋、木筋、铁件、钢管及单个面积≤0.3m^2 的孔洞所占体积，凸出墙面的腰线、挑檐、压顶、窗台线、虎头砖、门窗套不增加体积，凸出墙面的砖垛并入墙体体积内。

1)墙长度

外墙按中心线、内墙按净长计算。

2)墙高度

(1)外墙：斜(坡)屋面无檐口天棚者算至屋面板底；有屋架且室内外均有天棚者算至屋架下弦底另加 200mm；无天棚者算至屋架下弦底另加 300mm，出檐宽度超过 600mm 时按实砌高度计算；平屋面算至钢筋混凝土板底。

(2)内墙：位于屋架下弦者，算至屋架下弦底；无屋架者算至天棚底另加 100mm；有钢筋混凝土楼板隔层者算至楼板顶；有框架梁时算至梁底。

(3)女儿墙：从屋面板上表面算至女儿墙顶面(有压顶时算至压顶下表面)。

(4)内、外山墙：按其平均高度计算。

11.010403004　石挡土墙

按设计图示尺寸以体积计算。

12.010403005　石柱

按设计图示尺寸以体积计算。

13.010403008　石台阶

按设计图示尺寸以体积计算。

14.010403010　石地沟、明沟

按设计图示尺寸以中心线长度计算。

15.010404001　垫层

按设计图示尺寸以 m^3 计算。

(五)混凝土及钢筋混凝土工程

1.010501001　垫层

按设计图示尺寸以体积计算，不扣除伸入承台基础的桩头所占体积。

2.010501002　现浇带形基础　或 010501003　现浇独立基础

按设计图示尺寸以体积计算，不扣除伸入承台基础的桩头所占体积。

3.010501004　现浇满堂基础　或 010501005　现浇桩承台基础

按设计图示尺寸以体积计算，不扣除伸入承台基础的桩头所占体积。

4.010501006　现浇设备基础

按设计图示尺寸以体积计算，不扣除伸入承台基础的桩头所占体积。

5. 010502001　现浇矩形柱　或 010502002　构造柱　或 010502003　异形柱

按设计图示尺寸以体积计算。

柱高：

(1)有梁板的柱高，应自柱基上表面(或楼板上表面)至上一层楼板上表面之间的高度计算。

(2)无梁板的柱高，应自柱基上表面(或楼板上表面)至柱帽下表面之间的高度计算。

(3)框架柱的柱高，应自柱基上表面至柱顶高度计算。

(4)构造柱按全高计算，嵌接墙体部分并入柱身体积。

(5)依附柱上的牛腿和升板的柱帽，并入柱身体积计算。

6. 010503001　现浇基础梁　或 010503002　现浇矩形梁 或 010503003　现浇异形梁

按设计图示尺寸以体积计算，伸入墙内的梁头、梁垫并入梁体积内。

梁长：梁与柱连接时，梁长算至柱侧面；主梁与次梁连接时，次梁长算至主梁侧面。

7. 010503004　现浇圈梁 或 010503005　现浇过梁

按设计图示尺寸以体积计算，伸入墙内的梁头、梁垫并入梁体积内。

梁长：梁与柱连接时，梁长算至柱侧面；主梁与次梁连接时，次梁长算至主梁侧面。

8. 010504001　现浇直形墙

按设计图示尺寸以体积计算，扣除门窗洞口及单个面积$>0.3m^2$的孔洞所占体积，墙垛及突出墙面部分并入墙体体积内计算。

9. 010505001　现浇有梁板 或 010505002　现浇无梁板 或 010505003　现浇平板

按设计图示尺寸以体积计算，不扣除单个面积$\leqslant 0.3m^2$的孔洞所占体积。有梁板(包括主、次梁与板)按梁、板体积之和计算，各类板伸入墙内的板头并入板体积内计算。

10. 010505007　现浇天沟、挑檐板

按设计图示尺寸以体积计算。

11. 010505008　现浇雨篷、阳台板

按设计图示尺寸以墙外部分体积计算，包括伸出墙外的牛腿和雨篷反挑檐的体积。

12. 010506001　现浇直形楼梯

按设计图示尺寸以水平投影面积计算，不扣除宽度$\leqslant$500mm的楼梯井，伸入墙内部分不计算。

13. 010507001　现浇散水、坡道

按设计图示尺寸以水平投影面积计算，不扣除单个$\leqslant 0.3m^2$的孔洞所占面积。

14. 010507004　现浇台阶

(1)以平方米计量，按设计图示尺寸以水平投影面积计算。

(2)以立方米计量，按设计图示尺寸以体积计算。

15. 010507005　现浇扶手、压顶

(1)以米计量，按设计图示中心线延长米计算。

(2)以立方米计量，按设计图示尺寸以体积计算。

16. 010509001　预制矩形柱 或 010509002　预制异形柱

(1)以立方米计量，按设计图示尺寸以体积计算。

(2)以根计量，按设计图示尺寸以数量计算。

17.010510001　预制矩形梁 或 010519002　预制异形梁

(1)以立方米计量，按设计图示尺寸以体积计算。

(2)以根计量，按设计图示尺寸以数量计算。

18.010511001　预制折线形屋架 或 010511005　预制天窗架

(1)以立方米计量，按设计图示尺寸以体积计算。

(2)以榀计量，按设计图示尺寸以数量计算。

19.010512001　预制平板 或 010512002　预制空心板 或 010512003　槽形板

(1)以立方米计量，按设计图示尺寸以体积计算，不扣除单个面积≤300mm×300mm 的孔洞所占体积，扣除空心板空洞体积。

(2)以块计量，按设计图示尺寸以数量计算。

20.010512007　预制大型板　或 010512006　预制带肋板

(1)以立方米计量，按设计图示尺寸以体积计算，不扣除单个面积≤300mm×300mm 的孔洞所占体积，扣除空心板空洞体积。

(2)以块计量，按设计图示尺寸以数量计算。

21.010512008　预制沟盖板、预制井盖板、预制井圈

(1)以立方米计量，按设计图示尺寸以体积计算。

(2)以块计量，按设计图示尺寸以数量计算。

22.010513001　预制楼梯

(1)以立方米计量，按设计图示尺寸以体积计算，扣除空心踏步板空洞体积。

(2)以段计量，按设计图示尺寸以数量计算。

23.010515001　现浇混凝土钢筋 或 010515002　预制构件钢筋

按设计图示钢筋(网)长度(面积)乘以单位理论质量计算。

24.010515005　先张法预应力钢筋

按设计图示钢筋长度乘以单位理论质量计算。

25.010515006　后张法预应力钢筋

按设计图示钢筋长度乘以单位理论质量计算。

(1)低合金钢筋两端均采用螺杆锚具时，钢筋长度按孔道长度减 0.35m 计算，螺杆另行计算。

(2)低合金钢筋一端采用镦头插片、另一端采用螺杆锚具时，钢筋长度按孔道长度计算，螺杆另行计算。

(3)低合金钢筋一端采用镦头插片、另一端采用帮条锚具时，钢筋长度按孔道长度增加 0.15m计算；两端均采用帮条锚具时，钢筋长度按孔道长度增加 0.3m 计算。

(4)低合金钢筋采用后张混凝土自锚时，钢筋长度按孔道长度增加 0.35m 计算。

(5)低合金钢筋(钢绞线)采用 JM、XM、QM 型锚具，孔道长度≤20m 时，钢筋长度按孔道长度增加 1m 计算；孔道长度>20m 时，钢筋(钢绞线)长度按孔道长度增加 1.8m 计算。

(6)碳素钢丝采用锥型锚具，孔道长度≤20m 时，钢丝束长度按孔道长度增加 1m 计算；孔道长度>20m 时，钢丝束长度按孔道长度增加 1.8m 计算。

(7)碳素钢丝采用镦头型锚具，钢丝束长度按孔道长度增加 0.35m 计算。

26.010516002　预埋铁件 或 010516001　螺栓

按设计图示尺寸以质量计算。

(六)金属结构工程

1.010601001　钢网架

按设计图示尺寸以质量计算,不扣除孔眼的质量,焊条、铆钉等不另增加质量。

2.010602001　钢屋架 或 010602002　钢托架 或 010602003　钢桁架

(1)以榀计量,按设计图示尺寸以数量计算。

(2)以 t 计量,按设计图示尺寸以质量计算,不扣除孔眼的质量,焊条、铆钉、螺栓等不另增加质量。

3.010603001　实腹柱 或 010603002　空腹柱

按设计图示尺寸以质量计算,不扣除孔眼的质量,焊条、铆钉、螺栓等不另增加质量,依附在钢柱上的牛腿及悬臂梁等并入钢柱工程量内。

4.010604001　钢梁 或 010604002　钢吊车梁

按设计图示尺寸以质量计算,不扣除孔眼的质量,焊条、铆钉、螺栓等不另增加质量,制动梁、制动板、制动桁架、车挡并入钢吊车梁工程量内。

5.010605001　钢板楼板 或 010605002　钢板墙板

按设计图示尺寸以铺设水平投影面积计算,不扣除单个面积≤0.3m^2 的柱、垛及孔洞所占面积。

6.010606001　钢支撑 或 010606002　钢檩条 或 010606009　钢护栏

按设计图示尺寸以质量计算,不扣除孔眼的质量,焊条、铆钉、螺栓等不另增加质量。

7.010607001　金属百叶护栏 或 010607002　成品栅栏 或 010607004　金属网栏

按设计图示尺寸以框外围展开面积计算。

(七)门窗工程

1.010801001　木质门 或 010801002　木质门带套 或 010801003 木质连窗门

(1)以樘计量,按设计图示尺寸以数量计算。

(2)以 m^2 计量,按设计图示洞口尺寸以面积计算。

2.010802001　金属(塑钢)门 或 010802004　防盗门

(1)以樘计量,按设计图示尺寸以数量计算。

(2)以 m^2 计量,按设计图示洞口尺寸以面积计算。

3.010803001　金属卷帘门

(1)以樘计量,按设计图示尺寸以数量计算。

(2)以 m^2 计量,按设计图示洞口尺寸以面积计算。

4.010804007　特种门

(1)以樘计量,按设计图示尺寸以数量计算。

(2)以 m^2 计量,按设计图示洞口尺寸以面积计算。

5.010806001　木质窗

(1)以樘计量,按设计图示尺寸以数量计算。

(2)以 m^2 计量,按设计图示洞口尺寸以面积计算。

6.010807001　金属(塑钢、断桥)窗

(1)以樘计量,按设计图示尺寸以数量计算。

(2)以 m^2 计量,按设计图示洞口尺寸以面积计算。

7.010808001　木门窗套 或 010808004　金属门窗套 或 010808005　石材门窗套

(1)以樘计量,按设计图示尺寸以数量计算。

(2)以 m^2 计量,按设计图示洞口尺寸以面积计算。

(3)以 m 计量,按设计图示中心以延长米计算。

8.010809001　木窗台板 或 010809002　铝塑窗台板 或 010809004　石材窗台板

按设计图示尺寸以展开面积计算。

9.010810002　木窗帘盒 或 010810004　铝合金窗帘盒 或 010810005　窗帘轨

按设计图示尺寸以长度计算。

(八)屋面及防水工程

1.010901001　瓦屋面　或 010901002　型材屋面

按设计图示尺寸以斜面积计算,不扣除房上烟囱、风帽底座、风道、小气窗、斜沟等所占面积,小气窗的出檐部分不增加面积。

2.010901003　阳光板屋面　或 010901004　玻璃钢屋面

按设计图示尺寸以斜面积计算,不扣除屋面面积≤0.3m^2孔洞所占面积。

3.010901005　膜结构屋面

按设计图示尺寸以需要覆盖的水平面积计算。

4.010902001　屋面卷材防水 或 010902002　屋面涂膜防水

按设计图示尺寸以面积计算,并注意:

(1)斜屋顶(不包括平屋顶找坡)按斜面积计算,平屋顶按水平投影面积计算;

(2)不扣除房上烟囱、风帽底座、风道、屋面小气窗和斜沟所占面积;

(3)屋面的女儿墙、伸缩缝和天窗等处的弯起部分,并入屋面工程量内。

5.010902003　屋面刚性防水

按设计图示尺寸以面积计算,不扣除房上烟囱、风帽底座、风道等所占面积。

6.010902004　屋面排水管

按设计图示尺寸以长度计算,如设计未标注尺寸,以檐口至设计室外散水上表面垂直距离计算。

7.010902007　屋面天沟、沿沟

按设计图示尺寸以展开面积计算。

8.010903001　墙面卷材防水 或 010903002　墙面涂膜防水

按设计图示尺寸以面积计算。

9.010903003　墙砂浆防水(潮)

按设计图示尺寸以面积计算。

10.010903004　变形缝

按设计图示以长度计算。

11.010904001　楼地面卷材防水 或 010904003　楼地面砂浆防水

按设计图示尺寸以面积计算。

(1)楼地面防水:按主墙间净空面积计算,扣除凸出地面的构筑物、设备基础等所占面积,不扣除间壁墙及单个面积≤0.3m^{2}的柱、垛、烟囱和孔洞所占面积。

(2)楼地面防水泛水高≤300mm算作地面防水,泛水高>300mm按墙面防水计算。

(九)防腐、隔热、保温工程

1.011001001　保温隔热屋面

按设计图示尺寸以面积计算,扣除面积>0.3m^{2}的孔洞所占面积。

2.011001002　保温隔热天棚

按设计图示尺寸以面积计算,扣除面积>0.3m^{2}的柱、垛、孔洞所占面积,与天棚相连的梁按展开面积计算,并入天棚工程量内。

3.011001003　保温隔热墙

按设计图示尺寸以面积计算,扣除门窗洞口以及面积>0.3m^{2}的梁、孔洞所占面积,门窗洞口的侧壁以及与墙相连的柱并入保温墙体工程量内。

4.011001004　保温柱、梁

按设计图示以面积计算,并注意:

(1)柱按设计图示柱断面保温层中心线展开长度乘以保温层高度以面积计算,扣除面积>0.3m^{2}梁所占面积。

(2)梁按设计图示梁断面保温层中心线展开长度乘以保温层长度以面积计算。

5.011001005　隔热楼地面

按设计图示尺寸以面积计算,扣除面积>0.3m^{2}的柱、垛、孔洞所占面积,门窗、空圈、暖气包槽、壁龛的开口部分也不增加面积。

6.011002001　防腐混凝土面层 或 011002002　防腐砂浆面层

按设计图示尺寸以面积计算,并注明:

(1)平面防腐,扣除凸出地面的构筑物、设备基础等以及面积>0.3m^{2}的柱、垛、孔洞所占面积,门窗、空圈、暖气包槽、壁龛的开口部分也不增加面积。

(2)立面防腐:扣除门窗洞口以及面积>0.3m^{2}的柱、垛、孔洞所占面积,门窗洞口侧壁、垛突出部分按展开面积并入墙面积内。

7.011002005　聚氯乙烯板面层　或 011002006　块料防腐面层

按设计图示尺寸以面积计算,并注意:

(1)平面防腐,扣除凸出地面的构筑物、设备基础等以及面积>0.3m^{2}的柱、垛、孔洞所占面积,门窗、空圈、暖气包槽、壁龛的开口部分也不增加面积。

(2)立面防腐,扣除门窗洞口以及面积>0.3m^{2}的柱、垛、孔洞所占面积,门窗洞口侧壁、垛突出部分按展开面积并入墙面积内。

8. 011003001　隔离层

按设计图示尺寸以面积计算，并注意：

(1)平面防腐，扣除凸出地面的构筑物、设备基础等以及面积＞0.3m² 的柱、垛、孔洞所占面积，门窗、空圈、暖气包槽、壁龛的开口部分也不增加面积。

(2)立面防腐，扣除门窗洞口以及面积＞0.3m² 的柱、垛、孔洞所占面积，门窗洞口侧壁、垛突出部分按展开面积并入墙面积内。

9. 011003003　防腐涂料

按设计图示尺寸以面积计算，并注意：

(1)平面防腐，扣除凸出地面的构筑物、设备基础等以及面积＞0.3m² 的柱、垛、孔洞所占面积，门窗、空圈、暖气包槽、壁龛的开口部分也不增加面积。

(2)立面防腐，扣除门窗洞口以及面积＞0.3m² 的柱、垛、孔洞所占面积，门窗洞口侧壁、垛突出部分按展开面积并入墙面积内。

三　装饰工程常见项目工程量清单计算规则

(一)楼地面工程

1. 011101001　水泥砂浆楼地面　或 011101002　现浇水磨石楼地面

按设计图示尺寸以面积计算，扣除凸出地面构筑物、设备基础、室内铁道、地沟等所占面积，不扣除间壁墙及≤0.3m² 的柱、垛、附墙烟囱及孔洞所占面积，门洞、空圈、暖气包槽、壁龛的开口部分不增加面积。

2. 011101003　细石混凝土地面

按设计图示尺寸以面积计算，扣除凸出地面构筑物、设备基础、室内铁道、地沟等所占面积，不扣除间壁墙及≤0.3m² 的柱、垛、附墙烟囱及孔洞所占面积，门洞、空圈、暖气包槽、壁龛的开口部分不增加面积。

3. 011101006　平面砂浆找平层

按设计图示尺寸以面积计算。

4. 011102001　石材楼地面　或 011102003　块料楼地面

按设计图示尺寸以面积计算，门洞、空圈、暖气包槽、壁龛的开口部分并入相应工程量内。

5. 011103001　橡胶板楼地面　或 011103003　塑料板楼地面

按设计图示尺寸以面积计算，门洞、空圈、暖气包槽、壁龛的开口部分并入相应工程量内。

6. 011104001　地毯楼地面　或 011104002　竹、木楼地面

按设计图示尺寸以面积计算，门洞、空圈、暖气包槽、壁龛的开口部分并入相应工程量内。

7. 011105001　水泥砂浆踢脚线

(1)以平方米计量，按设计图示长度乘高度以面积计算。

(2)以米计量，按延长米(m)计算。

8. 011105002　石材踢脚线　或 011105003　块料踢脚线

(1)以平方米计量，按设计图示长度乘高度以面积计算。

(2)以米计量,按延长米(m)计算。

9.011105005　木质踢脚线　或 011105006　金属踢脚线

(1)以平方米计量,按设计图示长度乘高度以面积计算。

(2)以米计量,按延长米(m)计算。

10.011106001　石材楼梯面层　或 011106002　块料楼梯面层

按设计图示尺寸以楼梯(包括踏步、休息平台及≤500mm 的楼梯井)水平投影面积计算,楼梯与楼地面相连时,算至梯口梁内侧边沿;无梯口梁者,算至最上一层踏步边沿加 300mm。

11.011106004　水泥砂浆楼梯面层　或 011106005　现浇水磨石楼梯面层

按设计图示尺寸以楼梯(包括踏步、休息平台及≤500mm 的楼梯井)水平投影面积计算,楼梯与楼地面相连时,算至梯口梁内侧边沿;无梯口梁者,算至最上一层踏步边沿加 300mm。

12.011106006　地毯楼梯面层　或 011106007　木板楼梯面层

按设计图示尺寸以楼梯(包括踏步、休息平台及≤500mm 的楼梯井)水平投影面积计算,楼梯与楼地面相连时,算至梯口梁内侧边沿;无梯口梁者,算至最上一层踏步边沿加 300mm。

13.011107001　石材台阶面层　或 011107002　块料台阶面层

按设计图示尺寸以台阶(包括最上层踏步边沿加 300mm)水平投影面积计算。

14.011107004　水泥砂浆台阶面层　或 011107005　现浇水磨石台阶面层

按设计图示尺寸以台阶(包括最上层踏步边沿加 300mm)水平投影面积计算。

15.011108003　块料零星项目　或 011108004　水泥砂浆零星项目

按设计图示尺寸以面积计算。

(二)墙、柱面工程

1.011201001　墙面一般抹灰　或 011201002　墙面装饰抹灰

按设计图示尺寸以面积计算,扣除墙裙、门窗洞口及单个面积>0.3m^2 的孔洞所占面积,不扣除踢脚线、挂镜线和墙与构件交接处的面积,门窗洞口和孔洞的侧壁及顶面不增加面积,附墙柱、梁、垛、烟囱侧壁并入相应的墙面面积内。

(1)外墙抹灰面积按外墙垂直投影面积计算。

(2)外墙裙抹灰面积按其长度乘以高度计算。

(3)内墙抹灰面积按主墙间的净长乘以高度计算。

①无墙裙的,高度按室内楼地面至天棚底面计算。

②有墙裙的,高度按墙裙顶至天棚底面计算。

③有吊顶天棚抹灰,高度算至天棚底。

④内墙裙抹灰面积,按内墙净长乘以高度计算。

2.011201003　墙面勾缝　或 011201004　立面砂浆找平层

按设计图示尺寸以面积计算,扣除墙裙、门窗洞口及单个面积>0.3m^2 的孔洞所占面积,不扣除踢脚线、挂镜线和墙与构件交接处的面积,门窗洞口和孔洞的侧壁及顶面不增加面积,附墙柱、梁、垛、烟囱侧壁并入相应的墙面面积内。

(1)外墙抹灰面积按外墙垂直投影面积计算。

(2)外墙裙抹灰面积按其长度乘以高度计算。

(3)内墙抹灰面积按主墙间的净长乘以高度计算。

①无墙裙的,高度按室内楼地面至天棚底面计算。

②有墙裙的,高度按墙裙顶至天棚底面计算。

③有吊顶天棚抹灰,高度算至天棚底。

④内墙裙抹灰面积按内墙净长乘以高度计算。

3.011202001　柱面一般抹灰　或 011202002　柱面装饰抹灰

(1)柱面抹灰:按设计图示柱断面周长乘高度以面积计算。

(2)梁面抹灰:按设计图示梁断面周长乘长度以面积计算。

4.011202003　梁、柱面砂浆找平

(1)柱面抹灰:按设计图示柱断面周长乘高度以面积计算。

(2)梁面抹灰:按设计图示梁断面周长乘长度以面积计算。

5.011202004　柱面勾缝

按设计图示柱断面周长乘高度以面积计算。

6.011203001　零星项目一般抹灰　或 011203002　零星项目装饰抹灰

按设计图示尺寸以面积计算。

7.011204001　石材墙面　或 011204003　块料墙面

按镶贴表面积计算。

8.011204004　干挂石材钢骨架

按设计图示尺寸以质量计算。

9.011205001　石材柱面　或 011205002　块料柱面

按镶贴表面积计算。

10.011205004　石材梁面　或 011205005　块料梁面

按镶贴表面积计算。

11.011206001　石材零星项目　或 011206002　块料零星项目

按镶贴表面积计算。

12.011207001　装饰板墙面

按设计图示墙净长乘以净高以面积计算。扣除门窗洞口及单个面积$>0.3m^2$ 的孔洞所占面积。

13.011208001　柱(梁)面装饰

按设计图示饰面外围尺寸以面积计算。柱帽、柱墩并入相应柱饰面工程量内。

14.011209001　带骨架幕墙　或 011209002　全玻(无框玻璃)幕墙

按设计图示框外围尺寸以面积计算。与幕墙同种材质的窗所占面积不扣除。

15.011210001　木隔断　或 011210002　金属隔断

按设计图示框外围尺寸以面积计算。扣除单个面积$\leqslant 0.3m^2$ 以上的孔洞所占面积;浴厕门的材质与隔断相同时,门的面积并入隔断面积内。

16.011210003　玻璃隔断　或 011210004　塑料隔断

按设计图示框外围尺寸以面积计算。扣除单个面积≤0.3m^2 以上的孔洞所占面积。

(三)天棚工程

1.011301001　天棚抹灰

按设计图示尺寸以水平投影面积计算，不扣除间壁墙、垛、柱、附墙烟囱、检查口和管道所占的面积，带梁天棚、梁两侧抹灰面积并入天棚面积内，板式楼梯底面抹灰按斜面积计算，锯齿形楼梯底板抹灰按展开面积计算。

2.011302001　天棚吊顶

按设计图示尺寸以水平投影面积计算，天棚面中的灯槽及跌级、锯齿形、吊挂式、藻井式天棚面积不展开计算，不扣除间壁墙、检查口、附墙烟囱、柱垛和管道所占面积，扣除单个面积>0.3m^2的孔洞、独立柱及与天棚相连的窗帘盒所占的面积。

3.011302002　格栅吊顶

按设计图示尺寸以水平投影面积计算。

4.011303001　采光天棚

按框外围展开面积计算。

5.011304001　灯带

按设计图示尺寸以框外围面积计算。

6.011304002　送风口、回风口

按设计图示数量计算。

(四)油漆、涂料、裱糊工程

1.011401001　木门油漆　或 011401002　金属门油漆

(1)以樘计量，按设计图示尺寸以数量计算。

(2)以平方米计量，按设计图示洞口尺寸以面积计算。

2.011402001　木窗油漆　或 011402002　金属窗油漆

(1)以樘计量，按设计图示尺寸以数量计算。

(2)以平方米计量，按设计图示洞口尺寸以面积计算。

3.011403001　木扶手油漆

按设计图示尺寸以长度计算。

4.011403002　窗帘盒油漆

按设计图示尺寸以长度计算。

5.011404001　木墙裙油漆

按设计图示尺寸以面积计算。

6.011404002　窗台板、筒子板、盖板、门窗套、踢脚线油漆

按设计图示尺寸以面积计算。

7.011404006　暖气罩油漆

按设计图示尺寸以面积计算。

8.011404008　木间壁、木隔断油漆

按设计图示尺寸以单面外围面积计算。

9.011404014　木地板油漆

按设计图示尺寸以面积计算。空洞、空圈、暖气包槽、壁龛的开口部分并入相应的工程量内。

10.011405001　金属面油漆

(1)以 t 计量,按设计图示尺寸以质量计算。

(2)以 m^2 计量,按设计展开面积计算。

11.011406001　抹灰面油漆

按设计图示尺寸以面积计算。

12.011407001　墙面喷刷涂料　或 011407002　天棚喷刷涂料

按设计图示尺寸以面积计算。

13.011408001　墙纸裱糊　或 011408002　织锦缎裱糊

按设计图示尺寸以面积计算。

(五)其他装饰工程

1.011501003　衣柜　或 011501008　木壁柜

(1)以个计量,按设计图示数量计算。

(2)以 m 计量,按设计图示尺寸以延长米计算。

(3)以 m^3 计量,按设计图示尺寸以体积计算。

2.011501009　厨房低柜　或 011501010　厨房吊柜

(1)以个计量,按设计图示数量计算。

(2)以 m 计量,按设计图示尺寸以延长米计算。

(3)以 m^3 计量,按设计图示尺寸以体积计算。

3.011503001　金属扶手带栏杆、栏板　或 011503002　硬木扶手带栏杆、栏板

按设计图纸尺寸以扶手中心线长度(包括弯头长度)计算。

4.011503005　金属靠墙扶手　或 011503006　硬木靠墙扶手

按设计图纸尺寸以扶手中心线长度(包括弯头长度)计算。

5.011504001　饰面板暖气罩　或 011504003　金属暖气罩

按设计图示尺寸以垂直投影面积(不展开)计算。

6.011505001　洗漱台

(1)按设计图示尺寸以台面外接矩形面积计算,不扣除孔洞、挖弯、削角所占面积,挡板、吊沿板面积并入台面面积内。

(2)按设计图示尺寸数量计算。

7.011505003　帘子杆

按设计图示数量计算。

8.011505004　浴缸拉手

按设计图示数量计算。

9.011505006　毛巾杆(架)

按设计图示数量计算。

10.011505010　镜面玻璃

按设计图示尺寸以边框外围面积计算。

四 常见单价措施项目工程量清单计算规则

(一)脚手架工程

1.011701001　综合脚手架

按建筑面积计算。

2.011701002　外脚手架 或 011701003　里脚手架

按所服务对象的垂直投影面积计算。

3.011701004　悬挑脚手架

按搭设的水平投影面积计算。

4.011701006　满堂脚手架

按搭设的水平投影面积计算。

5.011701008　外装饰吊篮

按所服务对象的垂直投影面积计算。

(二)混凝土模板及支架(撑)

1.011702001　基础

按模板与现浇混凝土构件的接触面积计算。

(1)现浇混凝土墙、板单孔面积≤0.3m^2 的孔洞不予扣除，洞侧壁模板也不增加；单孔面积>0.3m^2 应予扣除，洞侧壁模板面积并入墙、板工程量内计算。

(2)现浇框架分别按照梁、板、柱有关规定计算；附墙柱、暗梁、暗柱并入墙内工程量计算。

(3)柱、梁、墙、板相互连接的重叠部分，均不计算模板面积。

(4)构造图按图示外露部分计算模板面积。

2.011702002　矩形柱　或 011702003　构造柱

按模板与现浇混凝土构件的接触面积计算。

(1)现浇混凝土墙、板单孔面积≤0.3m^2 的孔洞不予扣除，洞侧壁模板也不增加；单孔面积>0.3m^2应予扣除，洞侧壁模板面积并入墙、板工程量内计算。

(2)现浇框架分别按照梁、板、柱有关规定计算；附墙柱、暗梁、暗柱并入墙内工程量计算。

(3)柱、梁、墙、板相互连接的重叠部分，均不计算模板面积。

(4)构造图按图示外露部分计算模板面积。

3.011702005　基础梁　或 011702006　矩形梁　或　011702008　圈梁　或 011702009 过梁

按模板与现浇混凝土构件的接触面积计算，并注意：

(1)现浇混凝土墙、板单孔面积≤0.3m² 的孔洞不予扣除,洞侧壁模板也不增加;单孔面积>0.3m²应予扣除,洞侧壁模板面积并入墙、板工程量内计算。

(2)现浇框架分别按照梁、板、柱有关规定计算;附墙柱、暗梁、暗柱并入墙内工程量计算。

(3)柱、梁、墙、板相互连接的重叠部分,均不计算模板面积。

(4)构造图按图示外露部分计算模板面积。

4.011702011　直形墙

按模板与现浇混凝土构件的接触面积计算,并注意:

(1)现浇混凝土墙、板单孔面积≤0.3m² 的孔洞不予扣除,洞侧壁模板也不增加;单孔面积>0.3m²应予扣除,洞侧壁模板面积并入墙、板工程量内计算。

(2)现浇框架分别按照梁、板、柱有关规定计算;附墙柱、暗梁、暗柱并入墙内工程量计算。

(3)柱、梁、墙、板相互连接的重叠部分,均不计算模板面积。

(4)构造图按图示外露部分计算模板面积。

5.011702014　有梁板　或 011702015　无梁板　或 011702016　平板

按模板与现浇混凝土构件的接触面积计算,并注意:

(1)现浇混凝土墙、板单孔面积≤0.3m² 的孔洞不予扣除,洞侧壁模板也不增加;单孔面积>0.3m²应予扣除,洞侧壁模板面积并入墙、板工程量内计算。

(2)现浇框架分别按照梁、板、柱有关规定计算;附墙柱、暗梁、暗柱并入墙内工程量计算。

(3)柱、梁、墙、板相互连接的重叠部分,均不计算模板面积。

(4)构造图按图示外露部分计算模板面积。

6.011702022　天沟、檐沟

按模板与现浇混凝土构件的接触面积计算。

7.011702023　雨篷、悬挑板、阳台板

按图示外挑部分尺寸的水平投影面积计算,挑出墙外的悬臂梁及板边不另计算。

8.011702024　楼梯

按楼梯(包括休息平台、平台梁、斜梁和楼层板的连接梁)以水平投影面积计算,不扣除宽度≤500mm 的楼梯井所占面积,楼梯踏步、踏步板、平台梁等侧面模板不另计算,伸入墙内部分不计算。

9.011702027　台阶

按图示台阶水平投影面积计算,台阶端头两侧不另计算模板面积。架空式混凝土台阶,按现浇楼梯计算。

10.011702029　散水

按模板与散水的接触面积计算。

(三)垂直运输

011703001　垂直运输

(1)按建筑面积计算。

(2)按施工工期日历天数计算。

(四)超高施工增加

011704001　超高施工增加
按建筑物超高部分的建筑面积计算。

(五)大型机械设备进出场及安拆

011705001　大型机械设备进出场及安拆
按使用机械设备的数量计算。

(六)施工排水、降水

1.011706001　成井
按设计图示尺寸以钻孔深度计算。
2.011706002　排水、降水
按排、降水日历天数计算。

五　常见总价措施项目及其工程内容

(一)011707001　安全文明施工

(1)环境保护:现场施工机械设备降低噪声、防扰民措施;水泥和其他易飞扬细颗粒建筑材料密闭存放或采取覆盖措施等;工程防扬尘洒水;土石方、建渣外运车辆防护措施等;现场污染源的控制、生活垃圾清理外运、场地排水排污措施;其他环境保护措施。

(2)文明施工:"五牌一图";现场围挡的墙面美化(包括内外粉刷、刷白、标语等)、压顶装饰、现场厕所便槽刷白、贴面砖,水泥砂浆地面或地砖,建筑物内临时便溺设施;其他现场临时设施的装饰装修、美化措施;现场生活卫生设施;符合卫生要求的饮水设备、淋浴、消毒等设施;生活用洁净燃料;防煤气中毒、防蚊虫叮咬等措施;施工现场操作场地的硬化;现场绿化、治安综合治理;现场配备医药保健器材、物品和急救人员培训;现场工人的防暑降温、电风扇、空调等设备及用电;其他文明施工措施。

(3)安全施工:安全资料、特殊作业专项方案的编制,安全施工标志的购置及安全宣传;"三宝"(安全帽、安全带、安全网),"四口"(楼梯口、电梯井口、通道口、预留口),"五临边"(阳台围边、屋面围边、楼板围边、槽坑围边、卸料平台两侧),水平防护架、垂直防护架、外架封闭等措施;施工安全用电,包括配电箱三级配电、两级保护装置要求、外电防护措施;起重机、塔吊等起重设备(含井架、门架)及外用电梯的安全防护措施(含警示标志)及卸料平台的临边防护、层间安全门、防护棚等设施;建筑工地起重机械的检验检测;施工机具防护棚及其围栏的安全保护设施;施工安全防护通道;工人的安全防护用品、用具购置;消防设施与消防器材的配置;电气保护、安全照明设施;其他安全防护措施。

(4)临时设施:施工现场采用彩色、定型钢板,砖、混凝土砌块等围挡的安砌、维修、拆除;施工现场临时建筑物、构筑物的搭设、维修、拆除;施工现场临时设施的搭设、维修、拆除;施工现场规定范围内临时简易道路铺设，临时排水沟、排水设施安砌、维修、拆除；其他临时设施搭设、维修、拆除。

(二)011707002　夜间施工

(1)夜间固定照明灯具和临时可移动照明灯具的设置、拆除。

(2)夜间施工时，施工现场交通标志、安全标牌、警示灯等的设置、移动、拆除。

(3)包括夜间照明设备及照明用电、施工人员夜班补助、夜间施工劳动效率降低等。

(三)011707003　非夜间施工照明

为保证工程施工正常进行，在地下室等特殊施工部位施工时所采用的照明设备的安拆、维护及照明用电等。

(四)011707004　二次搬运

由于施工场地条件限制而发生的材料、成品、半成品等一次运输不能到达堆放地点，必须进行二次或多次搬运。

(五)011707005　冬雨季施工

(1)冬雨(风)季施工时增加的临时设施(防寒保温、防雨、防风设施)的搭设、拆除。

(2)冬雨(风)季施工时，对砌体、混凝土等采取的特殊加温、保温和养护措施。

(3)冬雨(风)季施工时，施工现场的防滑处理、对影响施工的雪雨的清除。

(4)冬雨(风)季施工时增加的临时设施、施工人员的劳动保护用品、冬雨(风)季施工劳动效率降低等。

(六)011707006　地上、地下设施、建筑物的临时保护设施

在工程施工中，对已建成的地上、地下设施和建筑物进行的遮盖、封闭、隔离等必要保护措施。

(七)011707007　已完工程及设备保护

对已完工程及设备采取的遮盖、封闭、隔离等必要保护措施。

六　工程量清单编制

(一)分部分项工程量清单的编制

构成分部分项工程量清单的五个要件为项目编码、项目名称、项目特征、计量单位和工程数量，这五个要件在分部分项工程量清单的组成中缺一不可。分部分项工程量清单依据《建设工程工程量清单计价规范》(GB 50500—2013)的相关规定和《房屋建筑与装饰工程工程量计算规范》(GB 50854—2013)附录中规定的项目编码、项目名称、项目特征、计量单位和工程量计算规则进行编制。

1. 项目编码

工程量清单的项目编码应采用十二位阿拉伯数字表示。1、2位为专业工程代码(01为房屋建筑与装饰工程、02为仿古建筑工程、03为通用安装工程、04为市政工程、05为园林绿化工程、06为矿山工程、07为构筑物工程、08为城市轨道交通工程、09为爆破工程,以后进入国际的专业工程代码以此类推),3、4位为附录分类顺序码,5、6位为分部工程顺序码,7~9位为分项工程项目名称顺序码,10~12位为清单项目名称顺序码。1~9位应按照《房屋建筑与装饰工程工程量计算规范》(GB 50854—2013)附录的规定设置;10~12位应根据拟建工程的工程量清单项目名称和项目特征设置,当同一个建设项目的一份工程量清单中包含多个单位工程,且工程量清单是以单位工程为编制对象,在编制工程量清单时项目编码10~12位的设置不得重码。

所编制的工程量清单中出现《房屋建筑与装饰工程工程量计算规范》(GB 50854—2013)附录中未包括的分部分项工程量清单项目,编制人应作补充。补充的分部分项工程量清单项目的项目编码由《房屋建筑与装饰工程工程量计算规范》(GB 50854—2013)的代码01与B和三位阿拉伯数字组成,并且应从01B001起顺序编制,同一招标工程的工程项目不得重码。补充的分部分项工程量清单项目需附有补充项目的项目名称、项目特征、计量单位、工程量计算规则、工程内容。

2. 项目名称

工程量清单的项目名称应按照《房屋建筑与装饰工程工程量计算规范》(GB 50854—2013)附录的项目名称结合拟建工程的实际确定。

3. 项目特征

工程量清单的项目特征是确定一个清单项目综合单价不可缺少的主要依据,在编制工程量清单时必须对项目特征进行准确和全面的描述。

描述工程量清单项目特征应遵循的原则:

(1)项目特征描述的内容应按《房屋建筑与装饰工程工程量计算规范》(GB 50854—2013)附录中的规定,结合拟建工程的实际,满足确定综合单价的需要。

(2)若采用标准图集或施工图纸能够全部或部分满足项目特征描述的要求,项目特征描述可直接采用详见××图集或××图号的方式。对不能满足项目特征描述的部分,仍应采用文字描述。

对现浇混凝土模板采用两种方式编制,一是与混凝土组成综合项目清单,工程数量执行混凝土项目的计算规则,在工程内容和项目特征描述中包含模板工程的相关信息,在单价措施项目清单表中不再列现浇混凝土模板措施项目。二是在单价措施项目清单表中单列现浇混凝土模板工程项目,以平方米计量,形成单项措施项目。

预制混凝土构件现场制作,其模板项目特征描述与现浇混凝土模板描述相同,可以采用两种方式中的任何一种。成品预制混凝土构件的成品价应该包括模板、钢筋、混凝土等形成的出厂价,同时还考虑运杂费等所有费用计入综合单价中。

如果设计图纸(含设计变更)与招标工程量清单任一项目的特征描述不符,且因此而引起该项目工程造价变化应该按照实际施工的项目特征,依据《建设工程工程量清单计价规范》(GB 50500—2013)的相关规定重新确定相应工程量清单项目的综合单价,并且调整合同价款。

如果招标工程量清单中缺项，新增分部分项工程清单项目依据《建设工程工程量清单计价规范》(GB 50500—2013)的相关规定确定其相应工程量清单项目的综合单价，并且调整合同价款。如果新增分部分项工程清单项目后，引起措施项目发生变化，应按《建设工程工程量清单计价规范》(GB 50500—2013)的相关规定调整合同价款。

4.计量单位

分部分项工程量清单项目的计量单位，应该统一按照《房屋建筑与装饰工程工程量计算规范》(GB 50854—2013)附录中规定的计量单位确定。如果建设工程项目有两个及以上计量单位，应结合拟建工程项目的实际情况，确定其中一个为计量单位。同一个工程项目的计量单位应该一致。

5.工程数量

分部分项工程量清单中所列项目的工程量，应该统一按照《房屋建筑与装饰工程工程量计算规范》(GB 50854—2013)附录中规定的分部分项工程量清单项目的工程量计算规则计算。

单价合同的计量规定：工程量必须以承包人完成合同工程应予计量的工程量确定。施工中进行工程计量，当发现招标工程量清单中出现缺项、工程量偏差，或因工程变更引起工程量增减时，应按承包人在履行合同义务中完成的工程量计算。工程量偏差过大，会对综合成本的分摊带来影响，如果工程量偏差≤15%，可只进行工程量调整；如果工程量偏差>15%，在调整工程量的同时，还应该调整该工程的综合单价。当工程量增加>15%时，增加部分的工程量综合单价应予调低；当工程量减少>15%时，减少后剩余部分的工程量综合单价应予调高。如果工程量偏差调整引起措施项目费发生变化，按系数或单一总价方式计价者，工程量增加的措施项目费调增，工程量减少的措施项目费调减。

总价合同的计量规定：采用工程量清单方式招标形成的总价合同，其工程量确定的方法与单价合同的计量方法一致。采用定额计价模式发包形成的总价合同，除按照工程变更规定的工程量增减外，总价合同各项的工程量应为承包人用于结算的最终工程量。

工程计量时，每一项目汇总的有效位数应该遵循下列规定：

(1)以“t”为单位，应保留小数点后三位数字，第四位四舍五入。

(2)以“m”“m^2”“m^3”“kg”为单位，应保留小数点后两位数字，第三位四舍五入。

(3)以“个”“件”“根”“组”等为单位，应取整数。

招标人将分部分项工程量清单项目的信息填入表8-1中。

分部分项工程量清单表　　表8-1

工程名称：　　　　标段：　　　　第　页 共　页

序　号	项目编码	项目名称	项目特征描述	计量单位	工程数量

续上表

序　　号	项 目 编 码	项 目 名 称	项目特征描述	计 量 单 位	工 程 数 量

(二)措施项目清单的编制

1.措施项目的概念

措施项目指为完成工程项目施工,发生于该工程施工准备和施工过程中技术、生活、安全等方面的项目。分为单价措施项目和总价措施项目。

2.措施项目清单的编制

措施项目清单应根据拟建工程的实际情况列项。

单价措施项目应按《房屋建筑与装饰工程工程量计算规范》(GB 50854—2013)附录中规定的项目,并考虑拟建工程的实际情况选择列项,编制单价措施项目时,必须列出项目编码、项目名称、项目特征、计量单位和按照计算规则计算的工程数量,并将结果填入表8-2中。

单价措施项目清单表

表8-2

工程名称:　　　　　　　　标段:　　　　　　　　第　页共　页

序　　号	项 目 编 码	项 目 名 称	项目特征描述	计 量 单 位	工 程 数 量

总价措施项目应按《房屋建筑与装饰工程工程量计算规范》(GB 50854—2013)附录中规定的项目,并考虑拟建工程的实际情况选择列项。编制总价措施项目时,仅列出项目编码、项目名称确定清单项目,并将结果填入表8-3中。

总价措施项目清单表

表 8-3

工程名称：　　　　　　　　　　　　标段：　　　　　　　　　　第　页共　页

序　号	项 目 编 码	项 目 名 称	备　注

若出现《房屋建筑与装饰工程工程量计算规范》(GB 50854—2013)附录中未列的措施项目,可根据工程实际情况补充。补充的单价措施项目的项目编码由《房屋建筑与装饰工程工程量计算规范》(GB 50854—2013)的代码 01 与 B 和三位阿拉伯数字组成。同一招标工程的工程项目不得重码。补充的单价措施项目需附有补充项目的名称、项目特征、计量单位、工程量计算规则、工程内容。总价措施项目,只需附有补充的总价措施项目的项目名称、工程内容及包含范围即可。

措施项目是工程招投标活动中最具竞争力的部分,也是工程实际施工过程中最能体现承包人管理水平、技术水平的部分,合理确定的措施项目是保证拟建工程的进度、质量、成本等三项工程项目管理目标实现的最佳途径。

(三)其他项目清单的编制

其他项目清单应按照下列内容列项,并将结果填入表 8-4 中。

(1)暂列金额;

(2)暂估价,包括材料暂估单价、工程设备暂估价、专业工程暂估价;

(3)计日工;

(4)总承包服务费。

其他项目清单表

表 8-4

工程名称：　　　　　　　　　　　　标段：　　　　　　　　　　第　页共　页

序　号	项 目 名 称	计量单位	数　量	备　注

暂列金额是指招标人在工程量清单中暂定并包括在合同价款中的一笔款项。用于施工合同签订时尚未确定或者不可预见的所需材料、设备、服务的采购,施工中可能发生的工程变更、合同约定调整因素出现时的工程价款调整以及发生的索赔、现场签证确认等的费用。招标人将结果填入表 8-5 中。

暂列金额明细表

表 8-5

工程名称:　　　　　　　　　　标段:　　　　　　　　　　第　页 共　页

序　号	项目名称	计量单位	暂定金额(元)	备　注

暂估价是指招标人在工程量清单中提供的用于支付必然发生但暂时不能确定价格的材料、工程设备的单价以及专业工程金额。暂估价中的材料、工程设备的暂估单价应根据工程造价信息或参照市场价格估算,列出明细表;专业工程暂估价应分不同的专业,按有关计价规定估算,列出明细表。招标人将材料暂估单价和专业工程暂估价结果分别填入表 8-6 和表 8-7中。

材料暂估单价表

表 8-6

工程名称:　　　　　　　　　　标段:　　　　　　　　　　第　页 共　页

序　号	材料名称、规格、型号	计量单位	数　量	暂估单价(元)	备　注

专业工程暂估价表

表 8-7

工程名称:　　　　　　　　　　标段:　　　　　　　　　　第　页 共　页

序　号	工程名称	工程内容	暂估金额(元)	备注

计日工是指在施工过程中,承包人完成发包人提出的施工合同范围以外的零星项目或工作,按合同中约定的单价计价的一种方式。招标人应列出的项目名称、计量单位和暂估数量等信息填入表 8-8 中。

计 日 工 表

表 8-8

工程名称：　　　　　　　　　　标段：　　　　　　　　　　第　页 共　页

编　号	项 目 名 称	计 量 单 位	暂 定 数 量
一	人　工		
二	材　料		
三	施 工 机 械		

总承包服务费是指总承包人为配合协调发包人进行的专业工程发包，对发包人自行采购的工程设备、材料等进行管理以及施工现场管理、竣工资料汇总整理等服务所需的费用。招标人将总承包服务费的项目名称、项目价值、服务内容填入表 8-9 中。

总承包服务费表

表 8-9

工程名称：　　　　　　　　　　标段：　　　　　　　　　　第　页 共　页

序　号	项 目 名 称	项目价值(元)	服 务 内 容

(四)规费、税金项目清单的编制

(1)规费项目清单应按照下列内容列项：

①社会保障费：包括养老保险费、失业保险费、医疗保险费、工伤保险费、生育保险费；

②住房公积金；

③工程排污费。

规费项目清单出现上述内容中未列的规费项目，应根据省级政府或省级有关权力部门的规定列项。

(2)税金项目清单应包括下列内容：

①增值税：增值税是以商品(含应税劳务)在流转过程中产生的增值额作为计税依据而征收的一种流转税。建筑、安装工程增值税税率为 11% 。

②附加税：附加税包括城市维护建设税、教育费附加及地方教育费附加。税率分别依据纳税地点在市区、在县或镇、在市区或县或镇之外等 3 种情况确定。

税金项目清单出现上述内容中未列的税金项目，应根据国家税务部门的规定列项。招标人将规费、税金项目清单的内容填入表 8-10 中。

规费、税金项目清单表

表 8-10

工程名称:　　　　　　　　　　　　标段:　　　　　　　　　　　第　页 共　页

序　号	项 目 名 称	计 算 基 础
1	规费	
1.1	社会保障费	
(1)	养老保险费	
(2)	失业保险费	
(3)	医疗保险费	
(4)	工伤保险费	
(5)	生育保险费	
1.2	住房公积金	
1.3	工程排污费	
2	税金	
2.1	增值税税额	
2.2	附加税税额	

【例 8-1】 已知:某工程有底面尺寸为 1200mm×1200mm 的现浇钢筋混凝土柱下独立基础 J-1 共 8 个,钢筋混凝土基础的强度等级为 C20,基础下有 C10 的混凝土垫层,垫层每边比基础底边宽出 100mm,其厚度为 100mm,垫层底面标高为−2.1m,室内外高差为 0.3 m。施工现场土壤为三类土,土方开挖后堆放于距开挖地点 300m 的空场地上,要求按照《房屋建筑与装饰工程工程量计算规范》(GB 50854—2013)的计算规则计算独立基础 J-1 的挖基础土方工程,并且汇总于分部分项工程量清单表内。

解:(1)独立基础 J-1 的土方开挖清单工程为:

$V=(1.2+0.1\times2)\times(1.2+0.1\times2)\times(2.1-0.3)\times8=28.22\quad(m^3)$

(2)分部分项工程量清单表的汇总,见表 8-11。

分部分项工程量清单表

表 8-11

工程名称:单层社区活动中心　　　　　　　　标段:土建工程　第 1 页　共 18 页

序号	项 目 编 码	项 目 名 称	计 量 单 位	工 程 数 量
1	010101004001	挖 J-1 独立基础土方 土壤为三类土 C20 钢筋混凝土独立基础 C10 混凝土垫层底面尺寸为:1400mm×1400mm 挖土深度:1.8 m　弃土运距:300m	m^3	28.22

第三节　工程量清单报价的编制

一 工程量清单计价概述

(一)工程量清单计价的概念、组成

工程量清单计价是指按照建设工程工程量清单计价规范的规定,依据工程量清单和综合

单价法，由市场竞争形成工程造价的计价模式与方法。工程量清单计价文件按照不同用途分为工程量清单招标控制价文件、工程量清单投标报价文件和工程结算文件。

采用工程量清单计价，建设工程造价由分部分项工程费、措施项目费、其他项目费和规费、税金组成。

(二)工程量清单计价的一般性规定

(1)分部分项工程量清单应采用综合单价计价。

(2)招标文件中的工程量清单标明的工程量是投标人投标报价的共同基础，竣工结算的工程量按发、承包双方在合同中约定应予计量且按照实际完成的工程量确定。

(3)措施项目清单计价应根据拟建工程的施工组织设计，可以计算工程量的措施项目，应按分部分项工程量清单的方式采用综合单价计价；其余的措施项目可以"项"为单位的方式计价，应包括除规费、税金外的全部费用。

(4)措施项目清单中的安全文明施工费应按照国家或省级、行业建设主管部门的规定计价，不得作为竞争性费用。

(5)其他项目清单应根据工程特点和《建设工程工程量清单计价规范》(GB 50500—2013)中的规定计价。

(6)招标人在工程量清单中提供了暂估价的材料和专业工程属于依法必须招标的，由承包人和招标人共同通过招标确定材料单价与专业工程分包价。

若材料不属于依法必须招标的，经发、承包双方协商确认单价后计价。

若专业工程不属于依法必须招标的，由发包人、总承包人与分包人按有关计价依据进计价。

(7)规费和税金应按国家或省级、行业建设主管部门的规定计算，不得作为竞争性费用。

(8)采用工程量清单计价的工程，应在招标文件或合同中明确风险内容及其范围(幅度)，不得采用无限风险、所有风险或类似语句规定风险内容及其范围(幅度)。

其中，上述规定中第1、2、4、7条款均为强制性条文，工程量清单计价时必须严格执行。

工程量清单计价活动应遵循客观、公平、公正的原则，应符合国家及地区有关法律、法规、标准、规范及规范性文件的规定。

二 工程量清单招标控制价文件的编制

(一)一般规定

(1)国有资金投资的建设工程招标，招标人必须编制招标控制价。

(2)招标控制价应由具有编制能力的招标人或受其委托具有相应资质的工程造价咨询人编制和复核。

(3)工程造价咨询人接受招标人委托编制招标控制价，不得就同一工程接受投标人委托编制投标报价。

(4)招标控制价应严格按照《建设工程工程量清单计价规范》(GB 50500—2013)中的规定编制，不应上调或下浮。

(5)当招标控制价超过比准的概算,招标人应将其报原概算审批部门审核。

(6)招标人应在发布招标文件时公布招标控制价,同时应将招标控制价及其有关资料报送工程所在地或有工程管辖权的行业管理部门工程造价管理机构备查。

(二)工程量清单招标控制价编制与复核的依据

(1)《建设工程工程量清单计价规范》(GB 50500—2013);

(2)国家或省级、行业建设主管部门颁发的计价定额和计价办法;

(3)建设工程设计文件及相关资料;

(4)拟定的招标文件及招标工程量清单;

(5)与建设项目相关的标准、规范、技术资料;

(6)施工现场情况、工程特点及常规施工方案;

(7)工程造价管理机构发布的工程造价信息,当工程造价管理机构没有发布时,参照市场价;

(8)其他的相关资料。

(三)工程量清单招标控制价编制

(1)综合单价中应包括招标文件中划分的应由投标人承担的风险范围及其费用;

(2)投标总价;

(3)总说明;

(4)工程项目投标报价汇总表;

(5)单项工程投标报价汇总表;

(6)单位工程投标报价汇总表;

(7)分部分项工程量清单计价表;

(8)分部分项工程量清单综合单价分析表;

(9)单价措施项目清单计价表;

(10)总价措施项目清单计价表;

(11)其他项目清单计价汇总表;

(12)计日工表;

(13)总承包服务费计价表;

(14)规费、税金项目清单计价表。

工程量清单计价文件的内容和格式应随招标文件发送给投标人。工程量清单计价文件的格式宜采用统一格式。

三 工程量清单投标报价文件的编制

(一)工程量清单投标报价的依据

(1)《建设工程工程量清单计价规范》(GB 50500—2013);

(2)国家或省级、行业建设主管部门颁发的计价办法;

(3)企业定额，国家或省级、行业建设主管部门颁发的计价定额；
(4)招标文件、工程量清单及其补充通知、答疑纪要；
(5)建设工程设计文件及相关资料；
(6)施工现场情况、工程特点及拟定的投标施工组织设计或施工方案；
(7)与建设项目相关的标准、规范等技术资料；
(8)市场价格信息或工程造价管理机构发布的工程造价信息；
(9)招标人在招标时公布的招标控制价及相关信息；
(10)其他的相关资料。

(二)工程量清单投标报价文件的内容

(1)工程量清单计价封面；
(2)投标总价；
(3)总说明；
(4)工程项目投标报价汇总表；
(5)单项工程投标报价汇总表；
(6)单位工程投标报价汇总表；
(7)分部分项工程量清单计价表；
(8)分部分项工程量清单综合单价分析表；
(9)单价措施项目清单计价表；
(10)总价措施项目清单计价表；
(11)其他项目清单计价汇总表；
(12)计日工表；
(13)总承包服务费计价表；
(14)规费、税金项目清单计价表。

工程量清单计价文件的内容和格式应随招标文件发送给投标人。工程量清单计价文件的格式宜采用统一格式。

(三)工程量清单投标报价文件的编制

工程量清单投标报价文件应由投标人或受其委托具有相应资质的工程造价咨询人编制。除《建设工程工程量清单计价规范》(GB 50500—2013)强制性规定外，投标报价由投标人自主确定，但不得低于工程成本。投标人的投标报价高于招标控制价的应予废标。

1. 分部分项工程费的计算

分部分项工程费的确定一方面取决于工程量清单的工程数量，在实行工程量清单计价模式的工程项目中，工程量清单的工程数量由招标人提供，并为此承担风险；另一方面取决于分部分项工程量清单项目的综合单价，分部分项工程量清单项目的综合单价由投标人自主报价，并为此承担风险。

(1)工程量清单的工程数量复核

一般情况下，投标人可直接依据招标人提供的工程量清单的工程数量分析计算综合单价确定分部分项工程费,不用复核工程量。但投标人如果认为工程量清单的工程数量有不准确之处或投标人为降低投标风险,需要重新计算和复核工程量。投标人经复核工程量清单的工程数量,发现有漏项、重项、误算时,可参考《建设工程工程量清单计价规范》(GB 50500—2013)和《房屋建筑与装饰工程工程量计算规范》(GB 50854—2013)的相关规定和合同约定处理,或通过质疑的方式由清单编制人做统一的修改更正,并将修正后的工程量清单发给所有投标人。

(2)分部分项工程量清单项目的综合单价的分析计算

综合单价是指完成一个规定计量单位的分部分项工程量清单项目或措施清单项目所需的人工费、材料费、施工机械使用费和企业管理费与利润,以及一定范围内的风险费用。风险范围及其费用应该由招标人在招标文件中明确规定。

$$\text{综合单价}=\text{人工费}+\text{材料费}+\text{机械费}+\text{风险费}+\text{管理费}+\text{利润} \tag{8-1}$$

综合单价反映了投标人的收入,但它仍属于不完全单价。

完全单价也称全费用单价,其费用组成是在综合单价基础上,再计入规费和税金。即:

$$\text{完全单价}=\text{人工费}+\text{材料费}+\text{机械费}+\text{风险费}+\text{管理费}+\text{利润}+\text{规费}+\text{税金} \tag{8-2}$$

分部分项工程量清单综合单价的分析计算步骤:

①收集并熟悉工程量清单投标报价文件的编制依据。

②分析工程量清单项目的工程特征及工程内容,确定综合单价分析的计价定额项目。

分部分项工程费应依据《建设工程工程量清单计价规范》(GB 50500—2013)综合单价的组成内容,按招标文件中分部分项工程量清单项目的特征描述确定计价定额项目,进行综合单价计算。综合单价中应考虑招标文件中要求投标人承担的风险费用。

(3)计算计价定额项目的工程量

(4)分析计算计价定额项目的人工费、材料费、机械费

招标文件中提供了暂估单价的材料,按暂估的单价计入综合单价。

①套计价定额项目的人工、材料、机械台班消耗量,并根据市场人工、材料、机械台班的单价计算计价定额项目的人工费、材料费、机械费。

$$\text{计价定额项目的人工费}=\text{定额项目工程量}\times\text{定额项目单位人工消耗量}\times\text{人工工日单价} \tag{8-3}$$

$$\text{计价定额项目的材料费}=\text{定额子目工程量}\times\text{定额子目单位材料消耗量}\times\text{材料单价} \tag{8-4}$$

$$\text{计价定额项目的机械台班费}=\text{定额子目工程量}\times\text{定额子目单位机械台班消耗量}\times\text{施工机械台班单价} \tag{8-5}$$

②套与计价定额配套的地区单位估价表,分析计算计价定额项目的人工费、材料费、机械费。

$$\text{计价定额项目的人工费}=\text{定额子目工程量}\times\text{单位估价表的综合人工工日单价} \tag{8-6}$$

$$\text{计价定额项目的材料费}=\text{定额子目工程量}\times\text{单位估价表的材料单价} \tag{8-7}$$

$$\text{计价定额项目的机械台班费}=\text{定额子目工程量}\times\text{单位估价表的施工机械台班单价} \tag{8-8}$$

(5)分析计算分部分项工程量清单项目的人工费、材料费、机械费

$$\text{分部分项工程量清单项目的人工费}=\frac{\sum_{i=1}^{n}\text{组价定额项目的人工费}\,i}{\text{工程量清单项目的工程量}} \tag{8-9}$$

$$\text{分部分项工程量清单项目的材料费}=\frac{\sum_{i=1}^{n}\text{组价定额项目的材料费}\ i}{\text{工程量清单项目的工程量}} \tag{8-10}$$

$$\text{分部分项工程量清单项目的机械费}=\frac{\sum_{i=1}^{n}\text{组价定额项目的机械费}\ i}{\text{工程量清单项目的工程量}} \tag{8-11}$$

(6)分析计算分部分项工程量清单项目的管理费、利润、风险费

分部分项工程量清单项目的管理费、利润的分析计算，根据工程所在地现行的建设工程费用定额规定的计费基础和计费费率计算。分部分项工程量清单项目的风险费应该按照招标文件或建设工程合同中明确的风险内容及其范围(幅度)计算。

(7)分析计算分部分项工程量清单项目的综合单价

$$\text{分部分项工程量清单项目的综合单价}=\text{人工费}+\text{材料费}+\text{机械费}+\text{管理费}+\text{利润}+\text{风险费} \tag{8-12}$$

投标人进行综合单价分析计算时，应该按招标人提供的工程量清单内容填写。填写的项目编码、项目名称、计量单位、工程数量必须与招标人提供的一致。并将计算结果填入表8-12中。

工程量清单综合单价分析表

表 8-12

工程名称：　　　　　　　　　　　　　标段：　　　　　　　　　　　　　第　页共　页

项目编码		项目名称			计量单位			工程量			
清单综合单价组成明细											
定额编号	定额名称	定额单位	数量	单位				合计			
				人工费	材料费	机械费	管理费和利润	人工费	材料费	机械费	管理费和利润
人工单价	小计										
元/工日	未计价材料费										
清单项目综合单价											
材料费明细	主要材料名称、规格、型号					单位	数量	单价(元)	合计(元)	暂估单价(元)	暂估合计(元)
	其他材料费										
	材料费小计										

注：1. 如不使用省级或行业建设主管部门发布的计价依据，可不填定额项目、编号等。

2. 招标文件提供了暂估单价的材料，按暂估的单价填入表内"暂估单价"栏及"暂估合价"栏。

(8)分部分项工程费的计算

投标人进行分部分项工程费时，投标人应按招标人提供的工程量清单填报价格。填写的项目编码、项目名称、项目特征、计量单位、工程量必须与招标人提供的一致。并将计算结果填入表 8-13 中。

$$分部分项工程费=\sum(工程量清单项目的工程数量\times工程量清单项目的综合单价) \quad (8\text{-}13)$$

分部分项工程量清单计价表

表 8-13

工程名称：　　　　标段：　　　　第　页 共　页

序号	项目编码	项目名称	项目特征描述	计量单位	工程量	金额(元)		
						综合单价	合价	其中:暂估价
本页小计								
合　计								

【例 8-2】 已知：某工程有底面尺寸为 1200mm×1200mm 的现浇钢筋混凝土柱下踏步形独立基础 J-1 共 8 个，独立基础 J-1 共有 2 级踏步，踏步高和宽均为 200 mm，独立基础 J-1 的强度等级为 C 20。基础下有 C 10的混凝土垫层，垫层每边比基础底边宽出 100mm，其厚度为 100mm，垫层底面标高为－2.1m。按照《房屋建筑与装饰工程工程量计算规范》(GB 50854—2013)的计算规则计算的分部分项工程量清单见表 8-14。

分部分项工程量清单表

表 8-14

工程名称：社区活动中心　　　　标段：土建工程　　　　第 2 页　共 18 页

序号	项目编码	项目名称	计量单位	工程数量
1	010501003001	独立基础 C10 混凝土垫层厚度 100mm C20 混凝土独立基础 混凝土为现场搅拌	m^3	3.33

投标人经分析确定：人工单价 35 元/工日，C 20普通混凝土单价 142 元/ m^3，C 10普通混凝土 120 元/ m^3，草袋子 1.00 元/ m^2，水 2.60 元/ m^3，400L 搅拌机 105 元/台班，插入式混凝土振捣器 14 元/台班，平板式混凝土振捣器 16 元/台班，1t 机动翻斗车 102 元/台班。管理费为直接工程费的 6.9%，利润为直接工程费＋管理费的 4.2%，由于施工期较长，预

测在施工期间，全部材料价格可能上涨5%。按照《全国统一建筑工程基础定额 土建》(GJD 101—1995)进行综合单价分析计算。试分析计算投标报价时J-1独立基础的综合单价。

解：(1)按照《全国统一建筑工程基础定额 土建》计算规则计算组价项目工程量。

J-1独立基础的工程量：

$$V_1=(1.2\times1.2\times0.2+0.8\times0.8\times0.2)\times8=3.33\ (m^3)$$

C 10混凝土垫层的工程量：

$$V_2=1.4\times1.4\times0.1\times8=1.57\ (m^3)$$

(2)查定额分析计算组价项目人工费、材料费、机械费。

查定额结果见表8-15。

计价项目人工、材料、机械消耗量表 表8-15

定额编号	5-396	8-16
项目名称	混凝土独立基础	混凝土垫层
综合工日	10.58工日/10 m^3	12.25工日/10 m^3
材料数量	C 20现浇混凝土10.15 m^3/10m^3 草袋子3.26 m^2/10m^3水9.31 m^3/10m^3	C10混凝土10.10 m^3/10m^3 水5.00 m^3/10m^3
机械数量	400L混凝土搅拌机0.39台班/10m^3 插入式混凝土振捣器0.77台班/10m^3 1t机动翻斗车0.78台班/10m^3	400L混凝土搅拌机1.01台班/10m^3 平板式混凝土振捣器0.77台班/10m^3

(3)分析计算计价项目人工费、材料费、机械费，计算见表8-16。

组价项目人工费、材料费、机械费计算表 表8-16

定额编号	5-396	8-16
项目名称	混凝土独立基础	混凝土垫层
人工费	3.33×10.58×35/10=123.31(元)	1.57×12.25×35/10=67.31(元)
材料费	3.33×10.15×142/10=479.95(元) 3.33×3.26×1.00/10=1.09 (元) 3.33×9.31×2.60/10=8.06 (元) 小计489.10(元)	1.57×10.10×120/10=190.28(元) 1.57×5.00×2.60/10=2.04(元) 小计192.32元
机械费	3.33×0.39×105/10=13.64 (元) 3.33×0.77×14/10= 3.59 (元) 3.33×0.78×102/10=26.49 (元) 小计43.72 元	1.57×1.01×105/10=16.65(元) 1.57×0.77×16/10= 1.93(元) 小计18.58元
合 计	656.13 元	278.21元

(4)J-1独立基础综合单价分析计算。

J-1独立基础直接工程费=(656.13+278.21)/3.33=280.58(元/ m^3)

J-1独立基础管理费=280.58×6.9%=19.36(元/m^3)

J-1独立基础利润=(280.58+19.36)×4.2%=12.60(元/m^3)

J-1独立基础风险费=[(489.10+192.32)×5%]/3.33=10.23(元/m^3)

J-1独立基础综合单价=280.58+19.36+12.6+10.23=322.77(元/m^3)

2.措施项目费的计算

(1)措施项目的确定

投标人在措施项目费计算时,可根据工程实际情况结合施工组织设计,对招标人所列的措施项目进行增减。一般对措施项目清单中列出而实际未采用的措施不进行报价。措施项目的增减应按下列要求进行。

①根据施工组织设计确定环境保护、文明安全施工、材料的二次搬运,以及夜间施工、大型机具进出场及安拆、混凝土模板与支架、脚手架、施工排水降水、垂直运输及超高降效等项目。

②建筑工程施工规范与建筑工程验收规范要求而必须发生的技术措施项目。

③工程施工招标文件中提出的某些必须通过一定的技术措施才能实现的要求。

④设计文件中提出的某些需要通过一定的技术措施才能实现的要求。

(2)措施清单项目单价的分析计算

措施清单项目单价的分析计算一般分为以下两类:

①总价措施项目费:按费用定额的计费基础和费率计算,如安全文明施工费、夜间施工费、非夜间施工照明费、二次搬运费、冬雨季施工等措施费均是采用这类方法。其中,措施项目清单中的安全文明施工费应按照国家或省级、行业建设主管部门规定计价,不得作为竞争性费用。将计算结果填入表8-17中。

总价措施项目清单计价表

表8-17

工程名称:　　　　标段:　　　　第　页共　页

序号	项目名称	计算基础	费率(%)	金额(元)	调整费率(%)	调整后金额(元)	备注
合　计							

②单价措施项目费:以综合单价计价的措施项目,应按分部分项工程量清单的方式采用综合单价计价。如混凝土、钢筋混凝土模板及支架,脚手架,垂直运输机械等措施费均是采用这类方法。其分析计算表见表8-18。

单价措施项目清单计价表

表8-18

工程名称:　　　　标段:　　　　第　页共　页

序号	项目编码	项目名称	项目特征描述	计量单位	工程量	金额(元)	
						综合单价	合价
合　计							

3. 其他项目费的计算

其他项目费应按下列规定报价：

(1)暂列金额应按招标人在其他项目清单中列出的金额填写；

(2)材料暂估价应按招标人在其他项目清单中列出的单价计入综合单价；专业工程暂估价应按招标人在其他项目清单中列出的金额填写；

(3)计日工按招标人在其他项目清单中列出的项目和数量，自主确定综合单价并计算计日工费用，将计算结果填入表 8-19 中。

(4)总承包服务费根据招标文件中列出的内容和提出的要求自主确定。将计算结果填入表 8-20 中。

当所有其他项目费的内容均确定之后，将其他项目费汇总填入表 8-21 中。

计日工计价表

表 8-19

工程名称： 标段： 第 页 共 页

编号	项目名称	计量单位	暂定数量	实际数量	综合单价	合价(元)	
						暂定	实际
一	人 工						
人工小计							
二	材 料						
材料小计							
三	施工机械						
施工机械小计							
总 计							

总承包服务费计价表

表 8-20

工程名称： 标段： 第 页 共 页

序 号	项目名称	项目价值(元)	服务内容	计算基础	费率(%)	金额(元)
合 计						

其他项目清单计价汇总表

表 8-21

工程名称：　　　　　　　　　　标段：　　　　　　　　　　第　页共　页

序 号	项 目 名 称	金额(元)	结 算 金 额(元)	备 注
合 计				

4. 规费、税金的计算

(1)规费的计算

规费是指根据国家法律、法规规定，由省级政府或省级有关权力部门规定施工企业必须缴纳的，应计入建筑安装工程造价的费用。包括：社会保险费(包括养老保险费、失业保险费、医疗保险费、工伤保险费、生育保险费)、住房公积金、工程排污费等费用。

规费为不可竞争的费用，必须严格按照相关规定计算，计算公式如下：

$$规费=(分部分项工程费+措施项目费+其他项目费)\times规费费率 \tag{8-14}$$

(2)税金的计算

税金是指国家税法规定的应计入建筑安装工程造价内的增值税和附加税。

增值税是以商品(含应税劳务)在流转过程中产生的增值额作为计税依据而征收的一种流转税。

增值税由国家税务局负责征收，税收收入中 75%为中央财政收入，25%为地方收入。进口环节的增值税由海关负责征收，税收收入全部为中央财政收入。销项增值税计算公式如下：

$$销项增值税税额=(人工费+材料费+施工机械使用费+企业管理费+利润+规费)\times增值税税率 \tag{8-15}$$

其中，建筑、安装工程增值税税率为 11% 。

应该缴纳的增值税计算公式如下：

$$应该缴纳的增值税税额=销项增值税税额-进项增值税税额 \tag{8-16}$$

附加税是指城市维护建设税、教育费附加及地方教育费附加，税率分别依据纳税地点在市区、在县或镇、在市区或县或镇之外等 3 种情况确定。

将规费、税金的计算结果填入表 8-22 中。

规费、税金项目清单计价表

表 8-22

工程名称：　　　　　　　　　　标段：　　　　　　　　　　第　页共　页

序 号	项目名称	计 算 基 础	计算基数	费率(%)	金额(元)
1	规费				
1.1	社会保障费				
(1)	养老保险费				
(2)	失业保险费				

续上表

序　号	项目名称	计 算 基 础	计算基数	费率(%)	金额(元)
(3)	医疗保险费				
(4)	工伤保险费				
(5)	生育保险费				
1.2	住房公积金				
1.3	工程排污费				
2	税金				
合　计					

5. 单位工程造价的汇总计算

单位工程造价按表 8-23 所示计价程序计算。

单位工程造价计价程序表

表 8-23

序　号	费 用 项 目	计 算 方 法	备　注
1	分部分项工程费	∑(综合单价×工程量)	
2	措施项目费	∑(综合单价×工程量)或按“项”计	
3	其他项目费	∑(综合单价×工程量)或按“项”计	
4	规费	[(1)+(2)+(3)]×规费费率	
5	税前工程造价	(1)+(2)+(3)+(4)	
6	增值税税额	(5)×(1+11%)－进项增值税额	
7	附加税税额	(5)×附加税税率	
8	含税造价	(5)+(6)+(7)	

分部分项工程费、措施项目费、其他项目费全部分析计算完成之后，按表 8-23 所示单位工程造价计价程序计算单位工程造价并将结果填入表 8-24，然后，对所有计算数据进行复核，复核无误后，编写工程量清单计价文件的编制说明，装订成册，填写工程量清单计价文件封面，签字盖章，编制单位工程量清单计价文件工作完成。

单位工程投标报价汇总表

表 8-24

工程名称：　　　　　　　　　　　　标段：　　　　　　　　　　　第　　页 共　　页

序　号	汇 总 内 容	金 额 (元)	其中：暂估价(元)
1	分部分项工程		
2	措施项目		
3	其他项目		
4	规费		
5	税金		
合　计			

本章小节

工程量清单计价模式是国际上建筑工程计价通用的模式,在建筑市场越来越国际化的今天,编制建筑工程量清单及工程量清单计价文件是任何一个从事工程造价管理工作者必须具备的专业技能。

工程量清单文件的内容包括:工程量清单封面、填表须知、总说明、分部分项工程量清单、措施项目清单、其他项目清单、暂列金额明细、专业工程暂估价明细、计日工、总承包服务费项目、规费、税金项目清单等。工程量清单的编制包括:分部分项工程量清单的编制、措施项目清单的编制、其他项目清单的编制、规费、税金项目清单的编制。

工程量清单投标报价文件的内容包括:工程量清单计价封面、投标总价、总说明、工程项目投标报价汇总表、单项工程投标报价汇总表、单位工程投标报价汇总表、分部分项工程量清单计价表、工程量清单综合单价分析表、措施项目清单计价表、其他项目清单计价汇总表、计日工表。工程量清单计价文件的编制包括:分部分项工程费的计算、措施项目费的计算、其他项目费的计算、规费、税金的计算、单位工程造价计算。

小知识

英国RICS计价模式下的工程造价管理方法:

(1)政府采用政策、信息等方式间接管理、调控工程造价。

(2)实施承包商资质认证、按时注册制度。

(3)发展工程造价咨询业,对工程造价实施有效的专业化管理。

(4)由行业协会RICS制订一些工程建设市场行为准则,规范参与各方的行为,共同遵守。

(5)政府部门发布工程调整规定和价格指数文件,RICS对业主、承包商提供造价指数、价格信息,媒体定期发布公开招标信息。

(6)承包商依据统一的工程量计算规则、参照各种指数,自主竞标报价。业主通过招标选择承包商。

(7)建立全国联网的工程建设数据库,会员共享。

(8)实行工程造价动态的、全过程的管理和控制。

附　录

框架结构办公楼土建图纸

建筑设计总说明

一、本设计为生物科技有限公司办公楼建筑施工图设计，总建筑面积约为 1264.13m^2；建筑类别为丙类；耐火等级为 2 级；建筑物结构类型：框架结构；建筑合理使用年限为 50 年。

二、本设计以室内地坪为±0.000，室内外高差 450mm，标高基准结合永久性道路标高。图中尺寸单位除另有注明外，标高以 m 计，其他以 mm 计。各层平面、剖面图所注楼（地）面标高均为建筑标高，室内卫生间标高比室内标高低 400mm，内走廊标高比室内标高低 30mm。

三、本工程质量标准及构配件做法除特殊说明及绘有大样外，均按设计注明的有关通用建筑设计标准图集施工。

四、施工单位施工前必须认真会审各专业图纸，施工中凡与设备专业有关的部位，必须参照设备专业施工图施工。孔、洞、沟、井和预埋件应事先预留，不得施工完后随意开槽打洞，影响工程质量。施工过程中如建设单位需要变更设计或发现设计疑问时，应事先与我单位有关设计人员研究处理，并出具修改通知单后方可施工。

五、本工程所选用建筑材料必须是符合国家有关部门检验合格的产品，所有防火材料和设备必须提供检验报告，部分需行二次装修的室内装修项目，装修施工时应保证原有结构体系，确保安全可靠。

六、本工程施工具体做法如下：

1.屋面工程：①本工程按Ⅲ级防水设防。做法详见国标 03J201-2。其中：不上人平屋面 G1，架空隔热层构造详 G18-1(B-1)，女儿墙压顶及泛水 G13，女儿墙压顶板 G8-2。见建筑详图（一）。屋面水落口构造详 G16-1，屋面检修口 G24-1。②屋面采用有组织排水，屋面内天沟纵坡按 $i=1\%$ 设计，在水漏斗周围 500mm 范围内坡度应不小于 5%。雨水管采用 UPVC 管明敷设，接口严密。具体位置详见平面图。③凡凸出屋面的构件（女儿墙、检修口等）与屋面连接处，以及天沟、屋脊等转角处，均做半径为 50mm 的圆角或钝角，再做泛水。屋面女儿墙采用 240 砖墙，并间隔 3.6m 设钢筋混凝土构造柱和圈梁拉接，做法详结构施工图。

2.墙体工程：①本工程墙体所用的砖、砌块和砂浆强度等级以及各承重柱，构造柱做法均详结施图，建施图仅作示意。②本工程墙体在-0.060mm 标高处做 30 厚 1∶2.5 水泥砂浆掺 5%防水剂防潮层。③门洞和经常易碰撞部位的阳角，除图注和装修采取一般保护性措施外，一律用1∶2.5 水泥砂浆粉 1.8m高，边宽 50mm 作隐形保护角，面层粉刷同附近墙面。④外墙装修：15 厚 1∶3 水泥砂浆打底，5 厚 1∶2.5 水泥砂浆光面掺占水泥用量 5%的防水粉防潮。室外地坪至窗台处外墙面贴深色糙面花岗岩，做法详见建筑详图（二），其余外墙面刷高级外墙漆，做法详见建筑详图（三）。⑤内墙装修：除卫生间外，均为 14 厚 1∶1∶6 水泥石灰砂浆打底，刮仿瓷涂料三遍，做法详见建筑详图（四）；卫生间四周墙脚做 240×240 的素混凝土以便防水，墙面采用 12 厚 1∶3 水泥砂浆打底拉毛，6 厚 1∶0.1∶2.5 水泥石灰膏砂浆结合层（并掺入 3%防水剂），面层贴陶瓷墙地砖胶黏剂粘贴 5 厚瓷砖（200mm×300mm），稀白水泥浆擦缝；其高度至楼板底，做法详见建筑详图（五）。

3.楼地面工程：①凡设有地漏房间地面应做防水层，图中未注明整个房间找坡度者，均在地漏周围 1m 范围内做 1%~2%坡度坡向地漏；经常有水、油或其他液体用房的楼地面应低于相邻房间 20mm 或做挡水门槛，卫生间比同层楼（地）面低 50mm。②楼（地）面做法：详见国标 01J304-43-28。其中楼梯踏步、室外台阶、卫生间面层彩釉砖规格为 300mm×300mm，其余楼地面的彩釉砖的规格为 600mm×600mm。做法详图六和图七。③踢脚线高 150mm 做法同楼（地）面。④建筑物四周设 800mm 宽混凝土散水，散水做法详图八，室外台阶采用混凝土台阶，做法详图九。回车道、挡土墙做法详赣；回车道路面做法详图十。

4.门窗工程：①本设计木门为木夹板门；木门靠墙、入墙木砖须刷防腐热沥青一道。②铝合金门窗采用银白色铝材，白色透明玻璃。玻璃厚度按分割大小经有关计算后再定。玻璃幕墙、地弹门应采用安全玻璃。玻璃幕墙由专业厂家按国家现行规范设计审定后方可施工，尺寸详见门窗表。窗台小于 900mm 的外墙窗，应设≥1050mm 高防护栏杆。具体参照建施大样。③门窗安装时应在砌筑墙体时根据产品要求预埋铁件或预留孔，不得事后打洞，影响工程质量。门窗表中所示尺寸仅为建筑设计所需洞口尺寸，施工时请以现场实测洞口尺寸为准进行制作安装。各类门窗及五金配件均应符合国家现行有关质量标准和有关图集要求。

5.楼梯：楼梯采用不锈钢栏杆（高度为 1100mm），做法详见国标：99SJ403-16-9。做法详见图十一。所有铁件必须先除锈，然后刷一道防锈漆，再刷黑色调和漆两道。

6.天棚：钢筋混凝土板底用 25 号胶泥打底，刮仿瓷涂料三遍，天棚处按电施图中吊扇位置须预埋 1ϕ12 钢筋吊钩。如需吊顶则另行设计。

7.油漆：木门、楼梯木扶手均漆树脂漆两道，面色栗色。配电箱、消火栓箱及所有外露铁件均油红丹底调和漆，配电箱、消火栓箱及所有外露铁件均油红丹底调和漆，面颜色与墙体构件相同。具体位置见设备图。

8.其他：①小便斗及蹲位，详见建筑详图十二；②所有女儿墙压顶板、窗台、线脚、雨篷等凸出部位，其上部1∶2水泥砂浆并找 1%排水坡，其下部 1∶1∶6 混合砂浆 15 厚，刷白一度，并做滴水线。所有防护栏杆均应满足安全和牢固要求。③所有木构件与砖、混凝土连接处均刷热沥青二度，所有埋入砖及混凝土内的金属构件均刷红丹一度防腐。

9.其他另见图纸标注，未尽事宜，请严格按照国家有关规范、规程执行。施工中请注意各专业间的协调，若有疑问及时与有关人员联系，以便妥善解决。除以上说明外，如有高档装修要求，请另行设计。

××××××建筑设计所		建设单位	生物科技有限公司	编号	
		工程名称	办公楼	图号	
所长	审定	建筑设计总说明		比例	1:100
总工	校对			图别	建施
专业负责人	设计			图	第1页
工程负责人	描图			页	总12页
设计证号：	142002-Sb			日期	2005.11

门窗统计表

门窗名称		洞口尺寸 宽×高(mm)	门窗数量 樘	备注
门	M1	5400×3000	1	地弹簧铝合金门(见大样图)
	M2	1500×2700	2	三扇带亮不带纱 平开木夹板门
	M3	1200×2100	2	双扇不带亮不带纱 平开木夹板门
	M4	1000×2100	19	单扇不带亮不带纱 平开木夹板门
	M5	800×2100	6	单扇不带亮不带纱 平开木夹板门
	M6	2100×2100	1	铝合金推拉门（见大样图）
	M7	1200×2100	2	铝合金推拉门（见大样图）
窗	C1	1800×2100	12	三角带亮不带纱 90系列铝合金推拉窗 窗台高900
	C2	1800×1800	24	三角带亮不带纱 90系列铝合金推拉窗 窗台高900
	C3	5400×3000	2	落地窗（见大样图）
	C4	1800×9600	2	落窗（由专业人员制作）
	C5	2100×3000	4	弧形落地窗
	C6	1200×1500	3	高窗，窗台高1200
	C7	5300×2400	1	内廓铝合金窗（详见大样）窗台高900
	C8	5400×2400	1	
	C9	4000×2400	2	
	C10	2300×2400	1	
	C11	1800×2400	1	
	C12	5400×2100	1	
	C13	2300×2100	1	
	C14	4000×2100	2	
	C15	5100×2100	1	
	C16	1800×2100	1	
	C17	1700×2100	1	

注：若窗台高低于900mm，需加护窗栏杆，玻璃须为安全玻璃

图纸目录

序号	图别	图号	图幅	图纸名称
1	建施	1/12	A1	建筑设计总说明
2	建施	2/12	A2	建筑详图 门窗统计表 图纸目录
3	建施	3/12	A2	一层平面图
4	建施	4/12	A2	二层平面图
5	建施	5/12	A2	三层平面图
6	建施	6/12	A2	屋顶平面图
7	建施	7/12	A2	①~⑩轴立面图
8	建施	8/12	A2	⑩~①轴立面图
9	建施	9/12	A2	Ⓐ~Ⓔ轴立面图 Ⓔ—Ⓐ轴立面图
10	建施	10/12	A2	1~1 剖面图 ① ② ③大样图
11	建施	11/12	A2	楼梯详图 卫生间详图 弧形雨篷剖面大样图
12	建施	12/12	A2	门窗详图

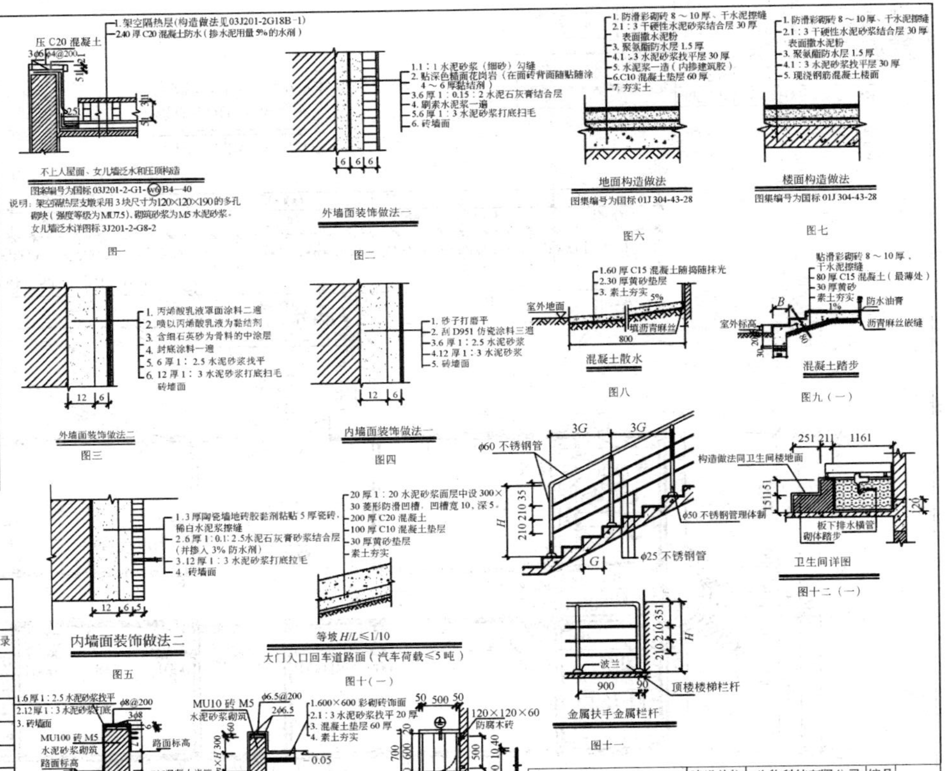

××××××建筑设计所				建设单位	生物科技有限公司	编号	
				工程名称	办公楼	图号	
所长		审定		建筑详图 门窗统计表 图纸目录		比例	1:100
总工		校对				图别	建施
专业负责人		设计				图	第2页
工程负责人		描图				页	总12页
设计证号：	142002-Sb					日期	2005.11

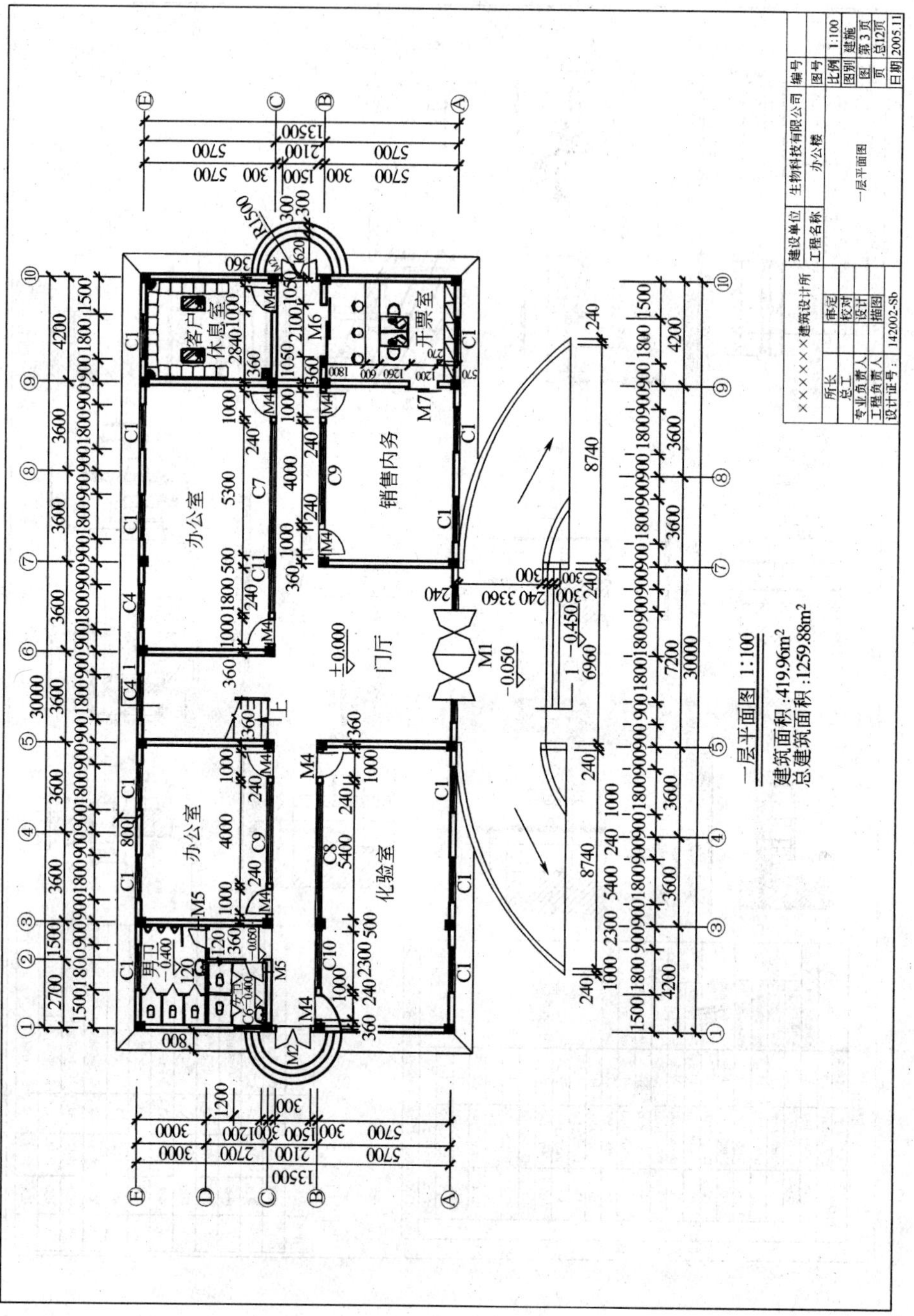
一层平面图 1:100
建筑面积:419.96m²
总建筑面积:1259.88m²
办公室
化验室
门厅
销售内务
开票室
客户休息室
男卫
女卫
××××××建筑设计所
建设单位 生物科技有限公司
工程名称 办公楼
一层平面图
比例 1:100
图别 建施
图 第3页
页 总12页
日期 2005.11
设计证号: 142002-Sb

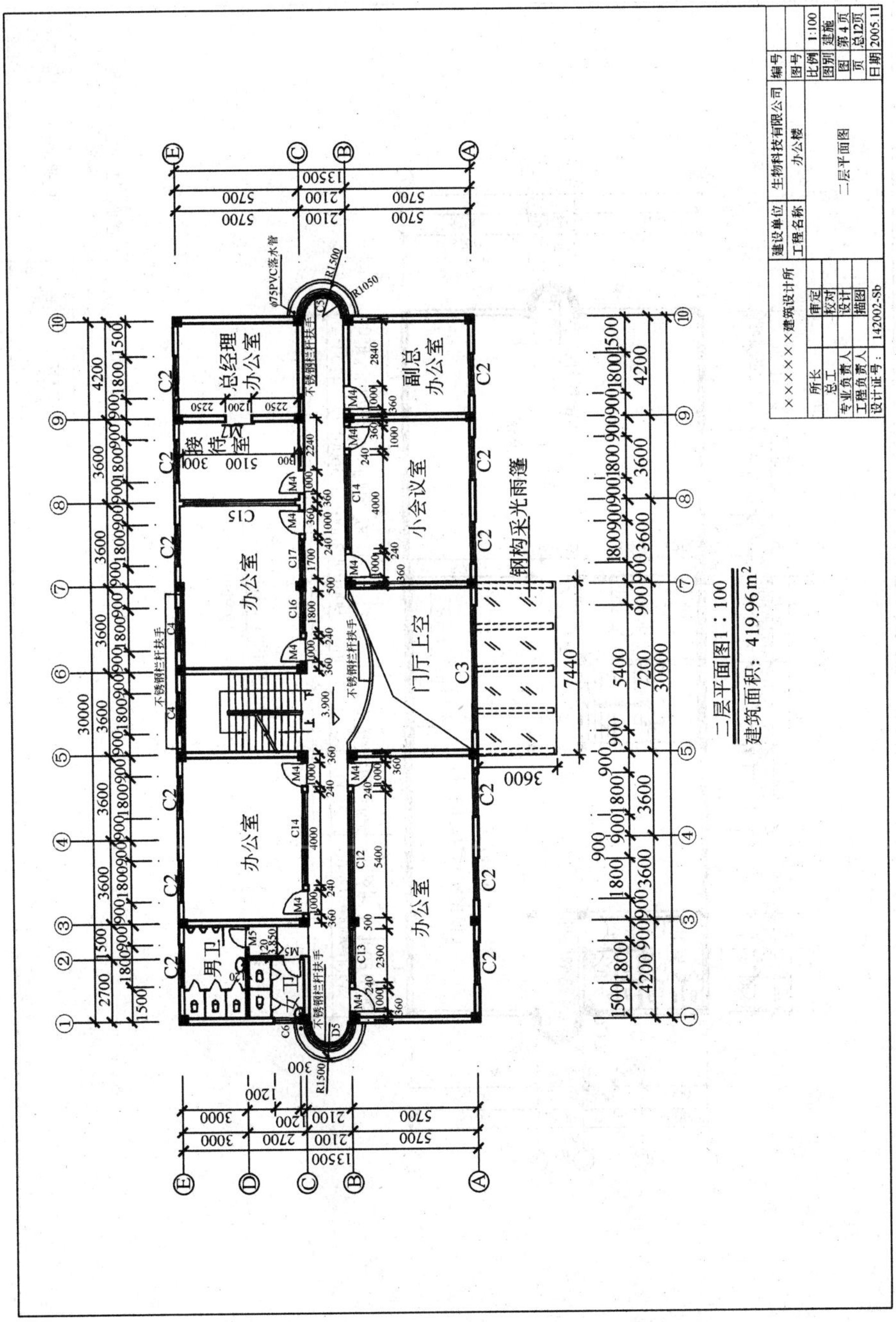
二层平面图1：100
建筑面积：419.96m²
总经理办公室
接待室
办公室
小会议室
副总办公室
门厅上空
男卫
女卫
钢构采光雨篷
不锈钢栏杆扶手
φ75PVC落水管
建设单位 生物科技有限公司
工程名称 办公楼
二层平面图
××××××建筑设计所
比例 1:100
图别 建施
图 第4页
页 总12页
日期 2005.11
设计证号：142002-Sb

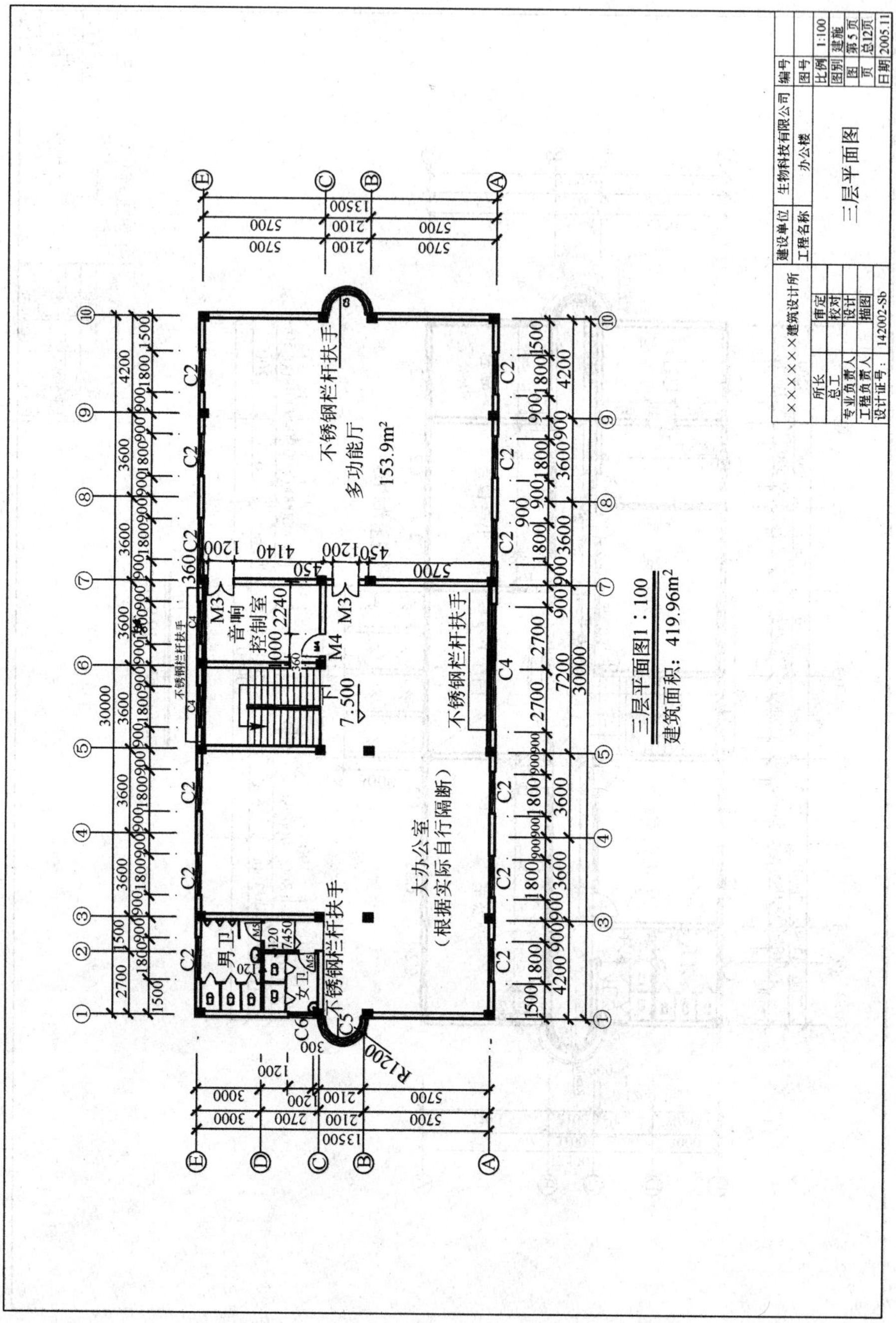

不锈钢栏杆扶手
多功能厅
153.9m²
大办公室
（根据实际自行隔断）
音响控制室
男卫
女卫
三层平面图1:100
建筑面积：419.96m²
××××××建筑设计所
建设单位 生物科技有限公司
工程名称 办公楼
三层平面图
比例 1:100
图别 建施
图 第5页
页 总12页
日期 2005.11
设计证号：142002-Sb

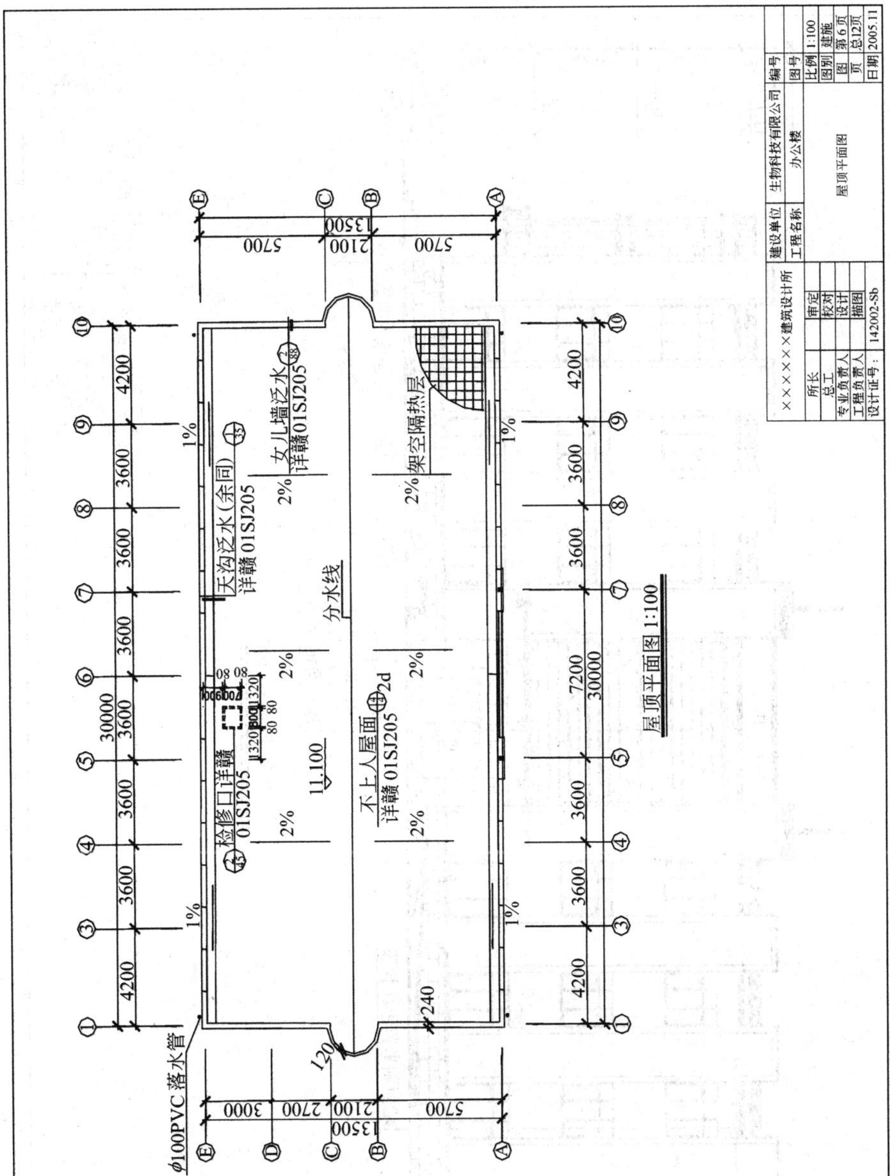
屋顶平面图 1:100
天沟泛水(余同)
详赣 01SJ205
女儿墙泛水
详赣 01SJ205
架空隔热层
分水线
不上人屋面
详赣 01SJ205
检修口详赣
01SJ205
11.100
ϕ100PVC落水管
××××××建筑设计所
建设单位
生物科技有限公司
工程名称
办公楼
屋顶平面图
比例 1:100
图别 建施
日期 2005.11
设计证号：142002-Sb

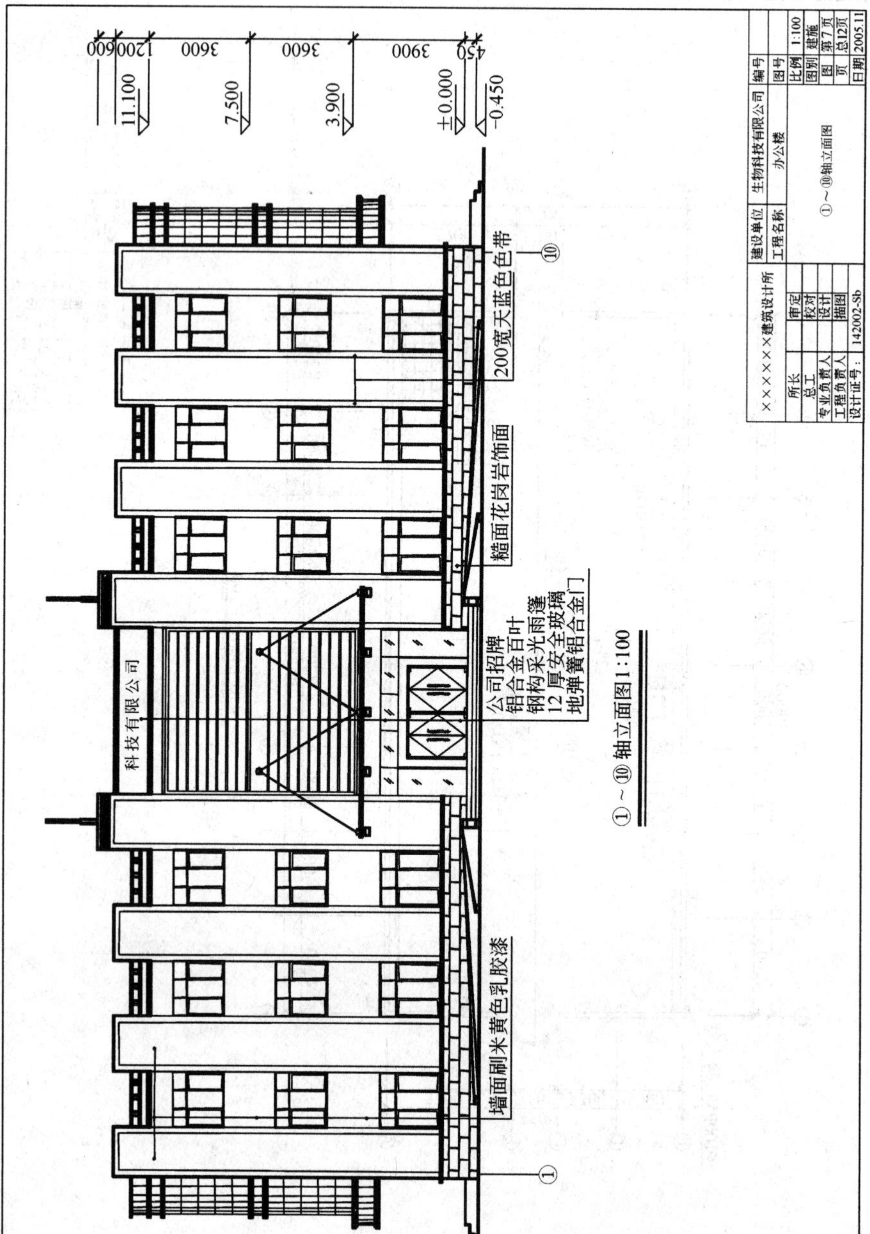

11.100
7.500
3.900
±0.000
-0.450
600
1200
3600
3600
3900
450
墙面刷米黄色乳胶漆
糙面花岗岩饰面
200宽天蓝色色带
科技有限公司
公司招牌
铝合金百叶
钢构采光雨篷
12厚安全玻璃
地弹簧铝合金门
①～⑩轴立面图 1:100
××××××建筑设计所
建设单位 生物科技有限公司
工程名称 办公楼
①～⑩轴立面图
比例 1:100
图别 建施
日期 2005.11
设计证号：142002-Sb

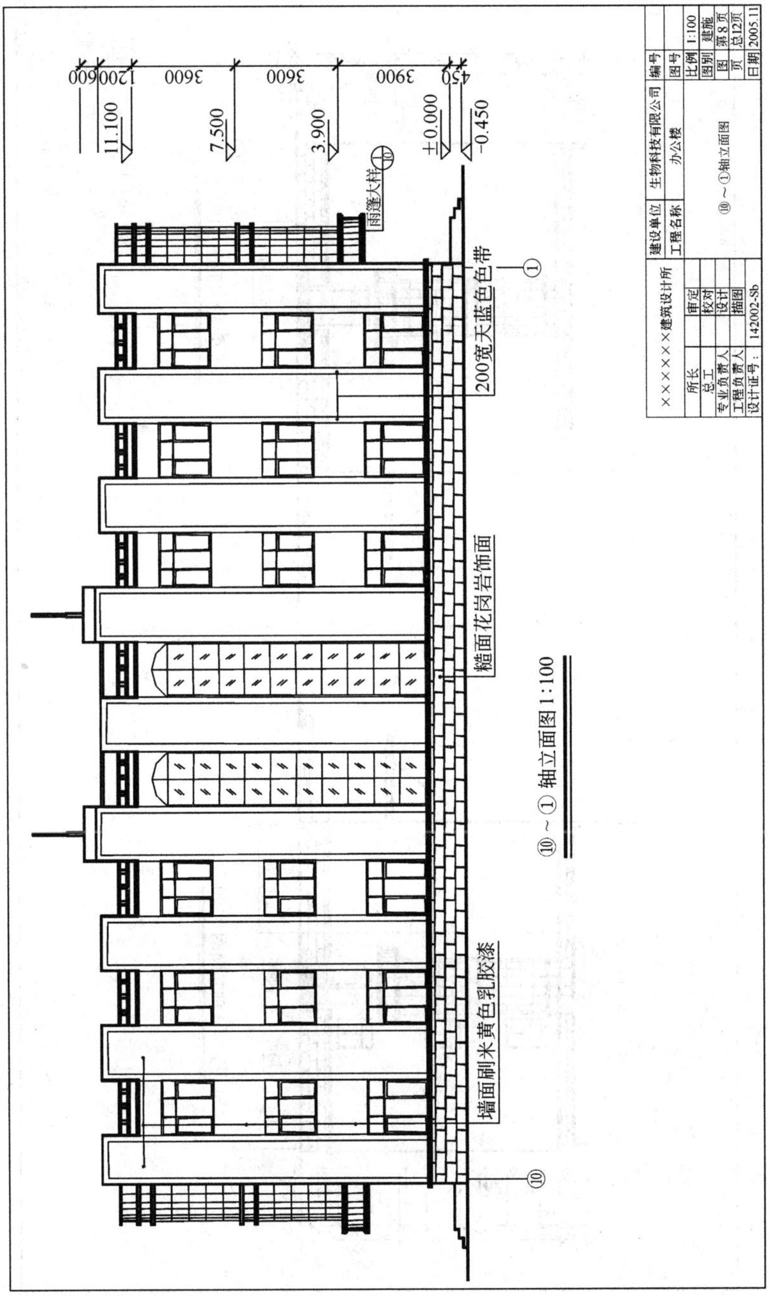
⑩～① 轴立面图 1:100
墙面刷米黄色乳胶漆
糙面花岗岩饰面
200宽天蓝色色带
雨篷大样
11.100
7.500
3.900
±0.000
-0.450
600
1200
3600
3600
3900
450
××××××建筑设计所
所长
审定
总工
校对
专业负责人
设计
工程负责人
描图
设计证号：
142002-Sb
建设单位
生物科技有限公司
工程名称
办公楼
⑩～①轴立面图
编号
图号
比例
1:100
图别
建施
图
第8页
页
总12页
日期
2005.11

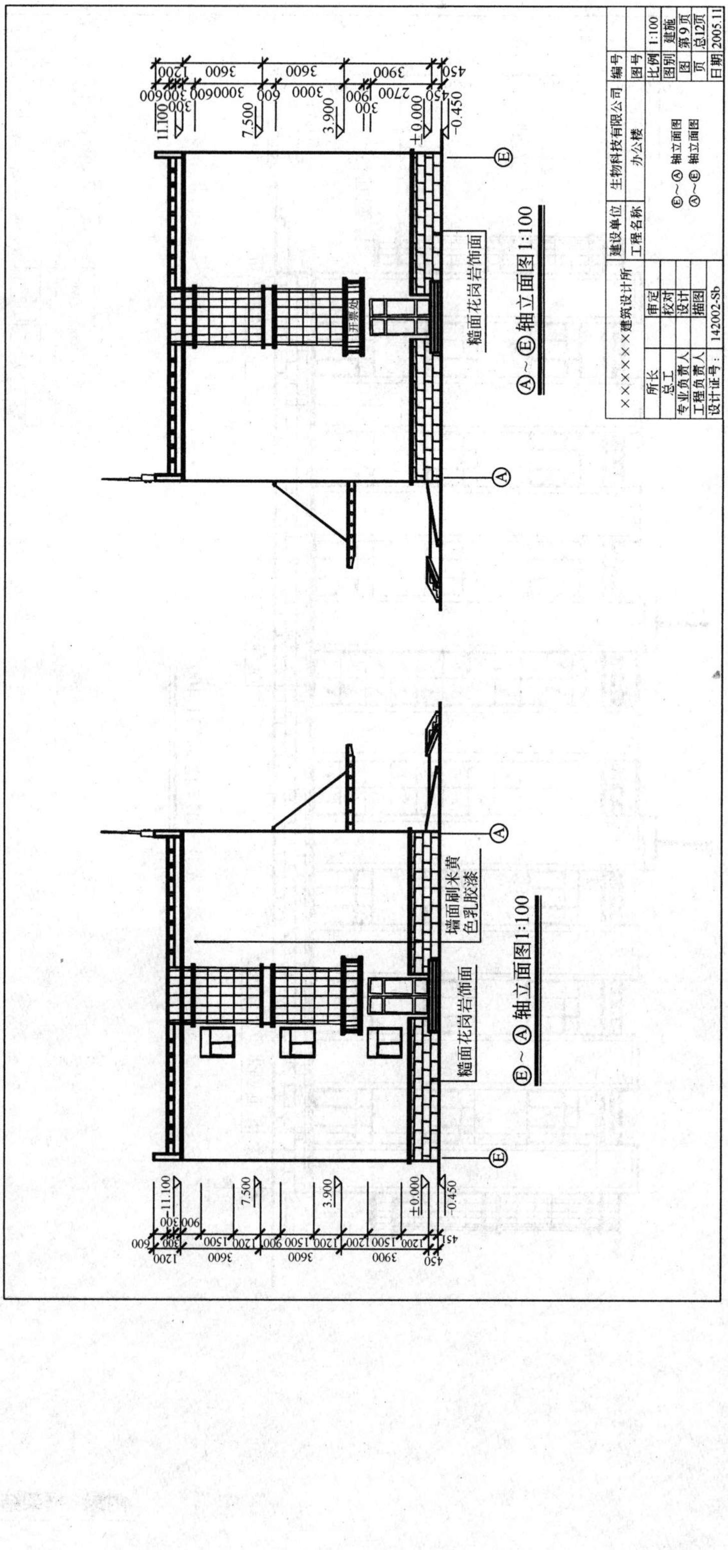
Ⓐ~Ⓔ轴立面图1:100
Ⓔ~Ⓐ轴立面图1:100
墙面花岗岩饰面
墙面刷米黄色乳胶漆
××××××建筑设计所
所长
审定
总工
校对
专业负责人
设计
工程负责人
描图
设计证号：142002-Sb
建设单位
生物科技有限公司
工程名称
办公楼
编号
图号
比例 1:100
图别 建施
图 第9页
页 总12页
日期 2005.11

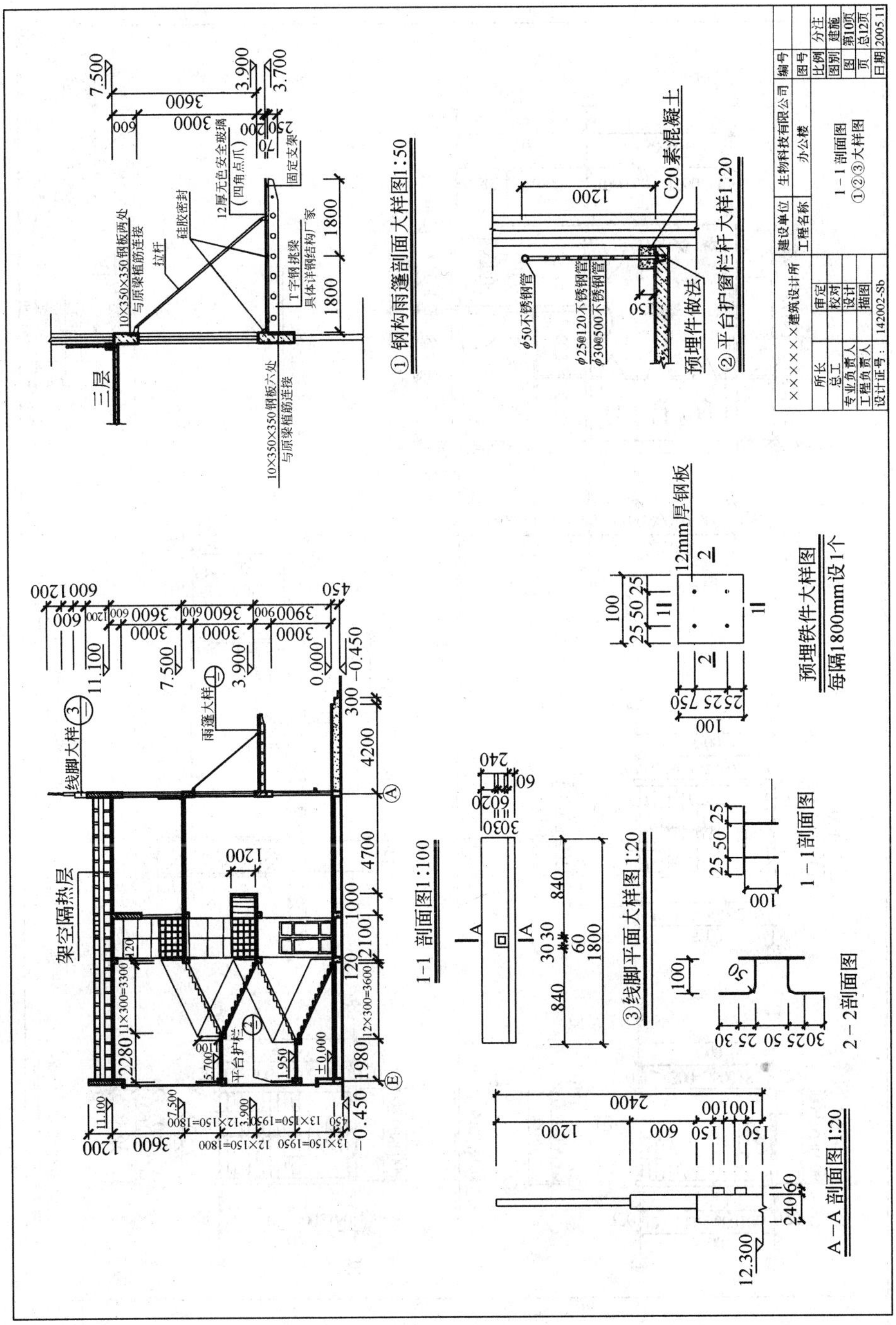
1-1 剖面图1:100
架空隔热层
线脚大样
雨篷大样
平台护栏
③线脚平面大样图1:20
1-1剖面图
2-2剖面图
A-A剖面图1:20
预埋铁件大样图
每隔1800mm设1个
12mm厚钢板
① 钢构雨篷剖面大样图1:50
三层
10×350×350钢板两处
与原梁植筋连接
拉杆
硅胶密封
12厚无色安全玻璃
(四角点爪)
T字钢挑梁
具体详钢结构厂家
固定支架
10×350×350钢板六处
与原梁植筋连接
ϕ50不锈钢管
ϕ25@120不锈钢管
ϕ30@500不锈钢管
C20素混凝土
预埋件做法
② 平台护窗栏杆大样1:20
××××××建筑设计所
建设单位
生物科技有限公司
工程名称
办公楼
1-1剖面图
①②③大样图
所长
总工
专业负责人
工程负责人
审定
校对
设计
描图
设计证号：
142002-Sb
编号
图号
比例
图别
建施
图
第10页
页
总12页
日期
2005.11

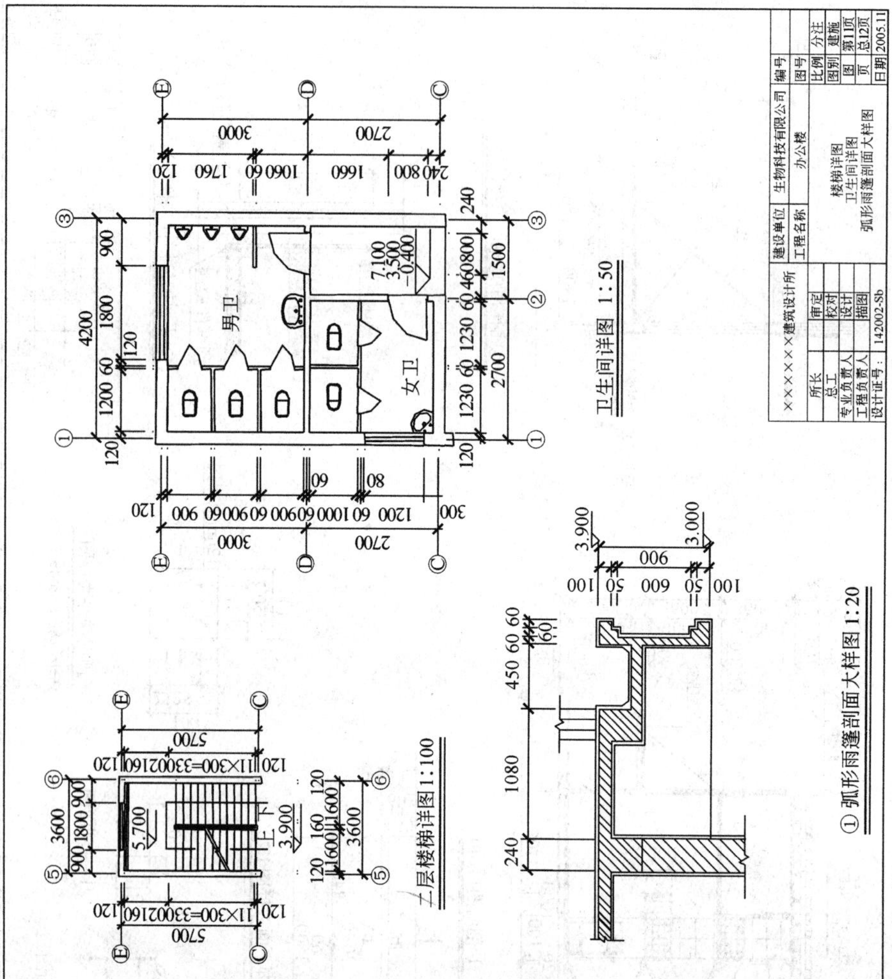
卫生间详图 1:50
男卫
女卫
①弧形雨篷剖面大样图 1:20
一层楼梯详图 1:100
二层楼梯详图 1:100
顶层楼梯详图 1:100
××××××建筑设计所
建设单位 生物科技有限公司
工程名称 办公楼
楼梯详图
卫生间详图
弧形雨篷剖面大样图
所长
总工
专业负责人
工程负责人
设计证号：142002-Sb
审定
校对
设计
描图
编号
图号
比例 分注
图别 建施
图 第11页
页 总12页
日期 2005.11

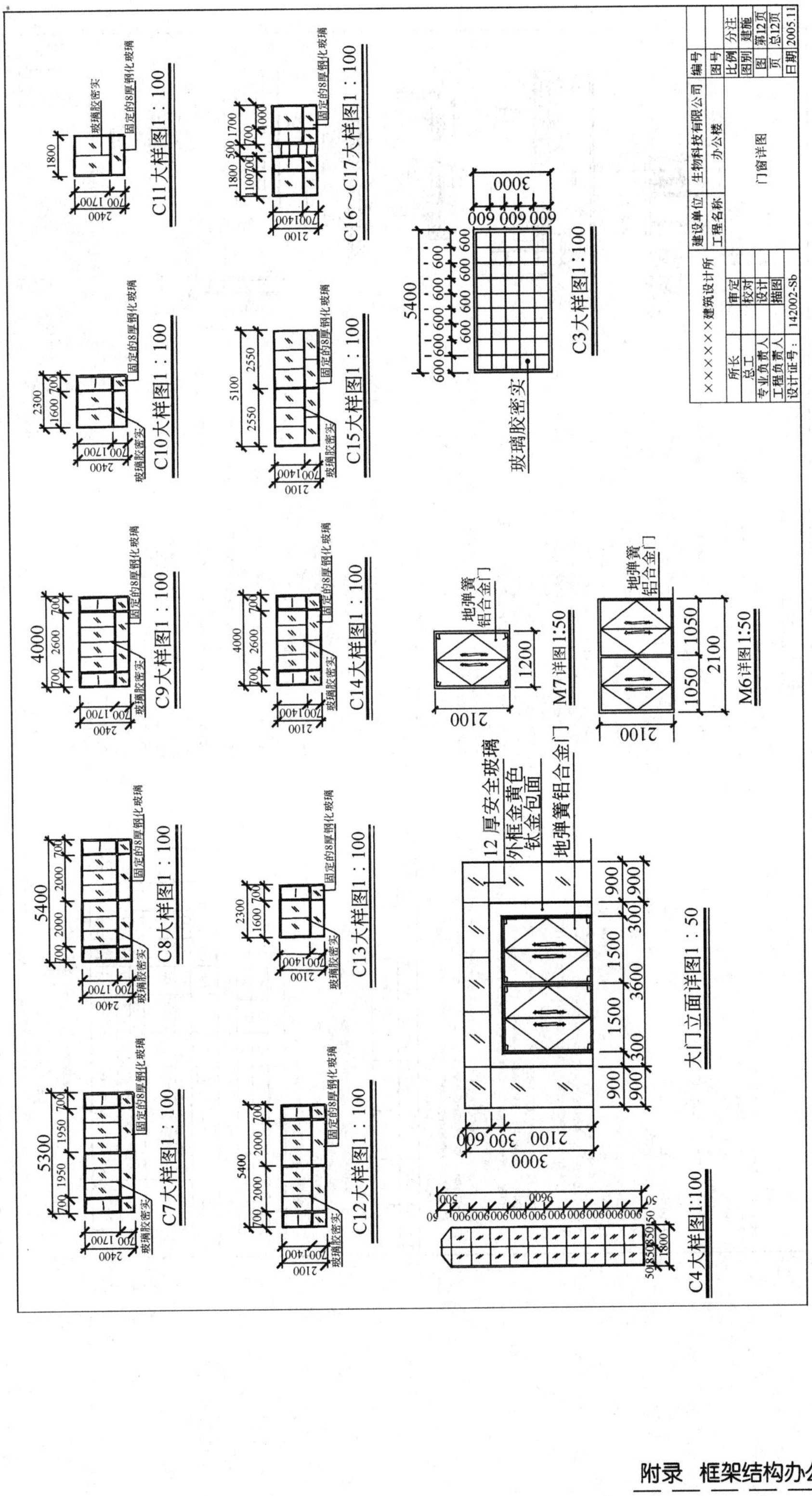
C7大样图1:100
C8大样图1:100
C9大样图1:100
C10大样图1:100
C11大样图1:100
C12大样图1:100
C13大样图1:100
C14大样图1:100
C15大样图1:100
C16~C17大样图1:100
C3大样图1:100
C4大样图1:100
大门立面详图1:50
M7详图1:50
M6详图1:50
玻璃胶密实
固定的8厚钢化玻璃
12厚安全玻璃
外框金黄色钛金包面
地弹簧铝合金门
××××××建筑设计所
建设单位
生物科技有限公司
工程名称
办公楼
门窗详图
编号
所长
审定
总工
校对
专业负责人
设计
工程负责人
描图
设计证号：
142002-Sb
比例
分注
图别
建施
第12页
总12页
日期
2005.11

结构设计说明

一、一般说明

1. 本设计为生物科技有限公司办公楼，结构形式为框架结构。
2. 全部尺寸单位除注明外，均以毫米（mm）为单位，标高则以米（m）为单位。
3. 本说明仅对本工程而言。
4. 设计使用年限：50 年。
5. 安全等级：二级砌体部分施工控制等级为 B 级。

二、设计依据

1.《建筑结构可靠度设计统一标准》 GB 50068
2.《混凝土结构设计规范》 GB 50010
3.《砌体结构设计规范》 GB 50003
4.《建筑结构荷载规范》 GB 50009
5.《建筑抗震设计规范》 GB 50011
6.《建筑地基基础设计规范》 GB 50007
7.《混凝土结构施工图平面整体表示法制图规则和构造详图》 03G101
8. 广东省建筑设计研究院编制的广厦多层及高层建筑结构三维分析与设计软件

三、抗震设计

1. 建筑抗震设防类别为丙类，建筑结构安全等级为二级，所在地区的抗震设防烈度为 6 度，设计基本地震加速度 0.05g，设计地震分组：第 1 组；场地类别：二类；特征周期 T_g=0.35s，建筑类别调整后用于结构抗震验算的烈度 6 度；按建筑类别及场地调整后用于确定抗震等级的烈度 6 度；建筑结构的阻尼比取；框架抗震等级四级。
2. 50 年一遇的基本风压：0.45kN/m^2，基本雪压：0.45kN/m^2，地面粗糙度：C 类，风载体型系数 1.3
3. 楼面和屋面活荷载：按《建筑结构荷载规范》(GB 50009) 取值，具体数值〔标准值〕如下表所示；楼层房间应按照建筑图中注明内容使用，未经设计单位同意，不得任意更改使用用途，不得在楼层梁和板上增设建筑图中未标注的隔墙。

楼面用途	办公室	小会议室	宿舍	楼梯间	不上人屋面	多功能厅	走廊	卫生间
活荷载 (kN/m^2)	2.0	2.5		2.5	0.5	4	2.5	2.5

四、地基及基础

1. 本工程采用柱下独立基础，地基及基础说明详结施。
2. 本工程地基基础设计等级为丙级，基础安全等级为二级。

五、钢筋混凝土结构部分

1. 结构构件主筋保护层厚度〔已注明者除外〕

位置	地下	地上		
构件名称	柱基	板	梁	柱
厚度（mm）	40	15	25	30

2. 纵向受拉钢筋的最小锚固长度 $L_a=a(f_y/f_t)d$ 和抗震锚固长度 L

钢筋种类 \ 混凝土强度等级				C20	C25	C30	C35	≥C40
光面钢筋	HPB235 即 I 级钢筋	用于四级抗震等级和非抗震 $L_E=L_a$	d=6～25	31d	27d	24d	22d	20d
		用于三级抗震等级 $L_E=1.05L_a$	d=6～25	33d	28d	25d	23d	21d
带肋钢筋	HRB335 即 II 级钢筋	用于四级抗震等级和抗震 $L_E=L_a$	d≤25	39d	33d	30d	27d	25d
			d>25	42d	37d	33d	30d	28d
		用于三级抗震等级 $L_E=1.05L_a$	d≤25	41d	35d	31d	29d	26d
			d>25	45d	39d	34d	31d	29d

注 1. 所有锚固长度均应≥250mm。

2. HPB235 钢筋（I 级钢筋）两端必须加弯钩。

3. 现浇结构各部件设计用料

1) 混凝土：基础垫层采用 C10 素混凝土，其余均为 C25。
2) 钢筋：钢筋强度设计值：钢筋 HPB235，其抗拉强度为 f_y=210N/mm^2；钢筋 HRB335 级，其抗拉强度为 f_y=300N/mm^2。

4. 楼板

1) 板分布筋，除结构图中注明外，均为 ϕ6@200。
2) 所有受力或非受力筋其搭接部位：正筋于支座处，负筋于跨中 $L/3$ 范围内。在同一截面内搭接的钢筋截面面积不得超过钢筋总截面面积的 25%。
3) 跨度大于 4m 的板，要求板跨中起拱 $L/400$。
4) 开洞接板除注明做法外，当洞宽 <300 时不设附加筋，板筋绕过洞边，不需切断当楼板孔洞 300<D（B）<800 时，孔洞周边加强筋布置详图一
5) 除注明外，所有 D<150(或 B<150) 的板上的孔洞均需按设备图纸或建施图纸预留，不得后凿。（土建预埋管径应满足水施要求）。

5. 梁（有关构造要求详 03G101）

1) 梁内箍筋采用封闭式，梁上集中荷载处附加箍筋的形状及肢数，均与梁内箍筋相同，未注明时，在次梁每侧别加二组。
2) 吊筋及悬臂梁内的抗剪鸭筋，其端部直线长度为 20d，鸭筋伸入梁柱的长度为 45d。
3) 弯起筋的弯折角度：当梁高 h<800 或 h=800 时为 45° 当梁高 h>800 时为 60°。
4) 架立钢筋与受力钢筋的搭接长度，对次梁为 36d，对框架为 48d（d 为架立钢筋直径）。
5) 梁跨大于 4m 时，模板应按跨度的 0.3% 起拱，悬臂构件均应按跨度的 0.5% 起拱，且起拱高度不小于 20mm。
6) 设备管线需要在梁侧开洞或设预埋件时，应严格按结施图纸要求设置，在浇灌混凝土之前经检查符合设计要求后方可施工，孔洞不得后凿。
7) 钢筋混凝土圈梁设置详结构平面，配筋详结施图，纵向搭接长度为 5d，在转角丁字交叉处，加设连结钢筋，详图二。
8) 圈梁宜连续设在同一水平面上，并形成封闭状；当圈梁被门窗洞口截断时，应在洞口上都增设相同截面的附加圈梁。附加圈梁与圈梁的搭接长度不应小于其中到中垂直间距的 2 倍，且不得小于 1000。
9) 钢筋混凝土构造柱，须先砌墙后浇柱，砌墙时沿墙高每隔 500 设 2ϕ6 钢筋，埋入墙内 600，并与柱连结，墙体与柱接触面应留马牙槎（详图三），构造柱型式及配筋详结施图。
10) 构造柱支承于钢筋混凝土梁或基础上时，钢筋锚入梁内或基础内 39d，钢筋可以在梁面或基础面处搭接，但有条件时昼不搭接，做法详图四。

六、砌体部分

1. 本工程墙体 ±0.000 以上均采用 MU10 烧结多孔砖，M5 混合砂浆砌筑 ±0.000 以下均采用 MU10 烧结多孔砖，M10.0 水泥砂浆砌筑，砖孔内灌满 1：3 的水泥砂浆。
2. 墙体与混凝土柱可靠拉结，沿柱高每隔 500 用 2ϕ6 钢筋与柱拉接，拉结筋锚入柱内 200，伸入墙内不小于 1000，若墙垛长度不足上述长度，则伸至墙垛长度，面末端须弯直钩。
3. 砌体墙中的门，窗洞及设备预留孔洞，其洞项均需设钢筋混凝土过梁，过梁除图中另有注明外，一般按如下规定处理（L 为洞口净宽）。

a. 当 L≤1500 时，过梁宽度同墙厚，梁高取 180，梁底放 2ϕ12 钢筋，梁面配 2ϕ8 架立钢筋，箍筋 ϕ6@200，梁支座长度不小于 240mm。

b. 当 1500<L≤2400 时，过梁梁宽同墙厚，梁高取 240 梁底筋：当 L<1800 时，用 2ϕ12：当 L>1800 时，2 用 ϕ12。架立筋均用 2ϕ12，箍筋 ϕ8@200，梁支座长度不小于 240。

c. 当洞边为混凝土柱时，须在过梁求高处的柱内预埋过梁钢筋，待施工过梁时，将过梁底筋及架立筋与之焊接。

d. 当洞顶与结构梁（或板）底的距离小于上述各类过梁高度时，过梁须与结构梁浇成整体，梁宽同墙厚，如图五。

4. 填充墙应在主体结构全部施工完毕后由下面上逐层砌筑，以防下层梁承受上层墙重，填充墙砌至板梁附近后，应待砌体沉实，再用固定件把砌体与板梁卡紧，做法详见 CG329(一)-19 页（9）（10）。
5. 凡墙与墙交角处，沿墙高每 500 设 2 根 ϕ6 接接筋，每边伸入墙内长度为 1000mm。

七、其他

1. 结构标高为建筑标高-0.03。
2. 凡本图未尽事宜请遵照国家有关现行规范执行。
3. 如有疑问与设计人员联系处理。

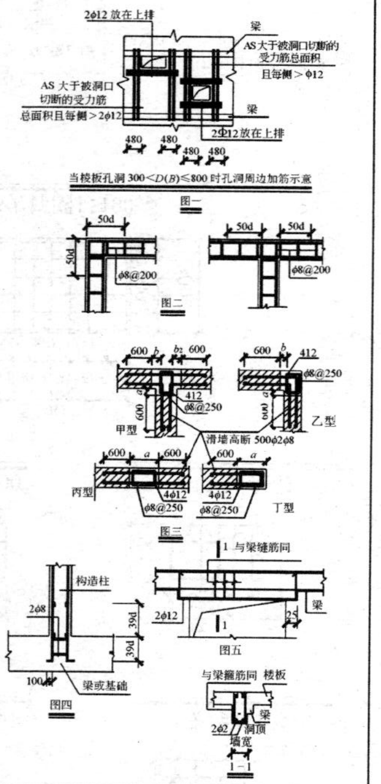

××××××建筑设计所				建设单位	生物科技有限公司	编号	
				工程名称	办公楼	图号	A2
所长		审定		设计说明		比例	1:100
总工		校对				图别	结施
专业负责人		设计				图页	第 1 页
工程负责人		描图				页	总 9 页
设计证号：	142002-Sb					日期	2005.11

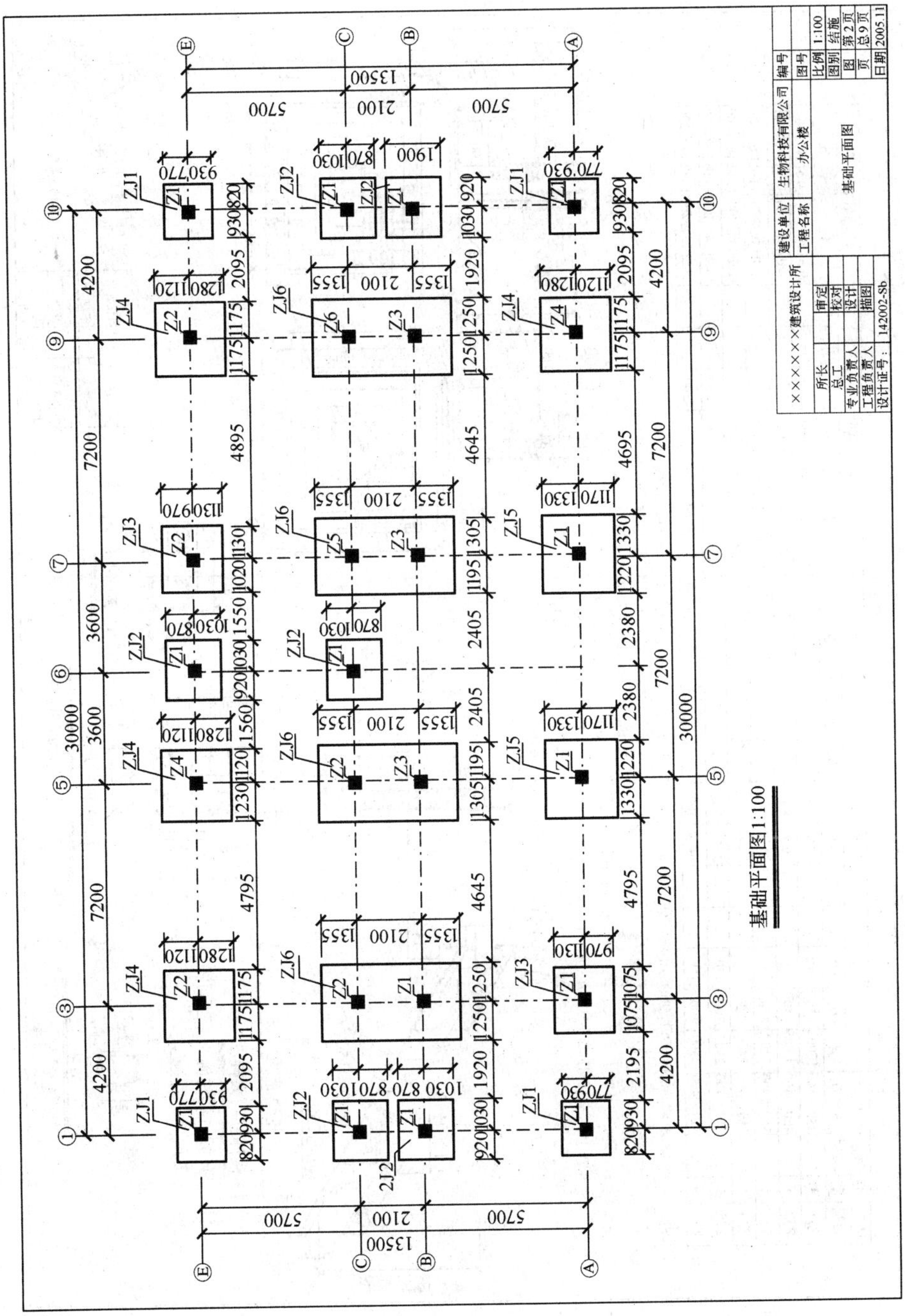
基础平面图1:100

基础编号	类型	柱编号	柱断面 $b\times h$	基础平面尺寸 A	a_1	a_2	a_3	a_4	B	b_1	b_2	b_3	b_4	b_5	C	基础高度 H	H_1	H_0	h_1	h_2	h_3	h_4	基础底板配筋 ④	⑤
ZJ1	Ⅰ		350×400	1700	650				1750	700						1200	400	800	400				9ϕ12@200	9ϕ12@200
ZJ2	Ⅰ		350×400	1900	750				1950	800						1200	400	800	400				10Φ12@200	10Φ12@200
ZJ3	Ⅰ		350×400	2100	850				2150	900						1200	500	700	500				11Φ14@200	11Φ14@200
ZJ4	Ⅰ		350×400	2400	1000				2350	1000						1200	500	700	500				12Φ14@200	13Φ14@200
ZJ5	Ⅰ		350×400	2500	300	750			2550	300	800					1200	600	600	300	300			13Φ14@200	13Φ14@200
ZJ6	Ⅱ		350×400	2500	300	750			4810	300			800	800	1860	1200	600	600	300	300			25Φ14@200	13Φ14@200

说明：1. 本工程基础是根据甲方提供的岩土地质勘探报告而设计的，将粉质黏土层作为基础持力层，地基承载力特征值 =180kN/m²。

2. 当基础底边长度 A 或 B 大于 2.5 m时，该方向的钢筋长度可缩短 10%，并交错放置，与柱 h 方向平行的基础底板钢筋放在下层。

3. 本工程基础的混凝土用 C25，钢筋用 HRB335 级，

4. 预留柱的箍筋密度及其型式和底层柱的箍筋相同。

5. 基础底板的钢筋保护层厚度为 40。

6. 垫层用 C10 混凝土，厚度为 100。

7. 内外地台高差为 450。

8. 本表尺寸单位为mm，标高为m。

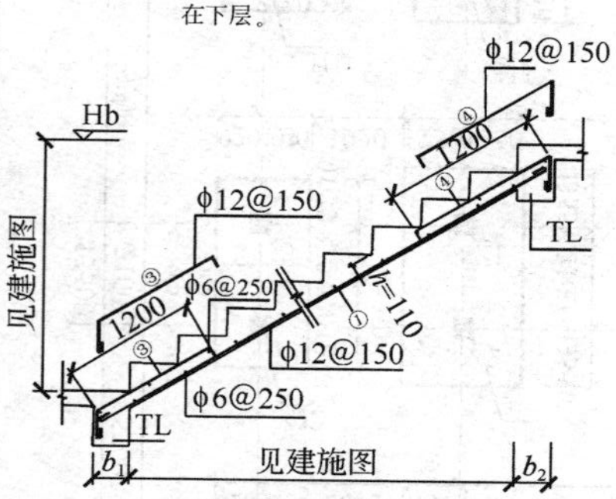

楼梯梯段大样图

注：TB 编号详建施 1-1 剖面图

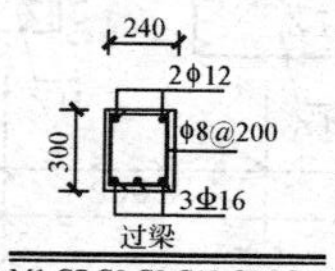

M1,C7,C8,C9,C12,C14,C15
梁长见建施图

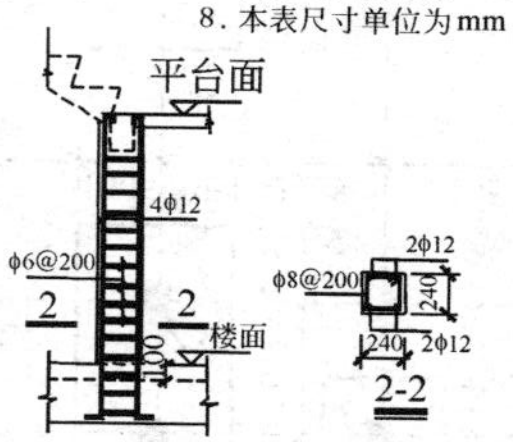

TZ 大样

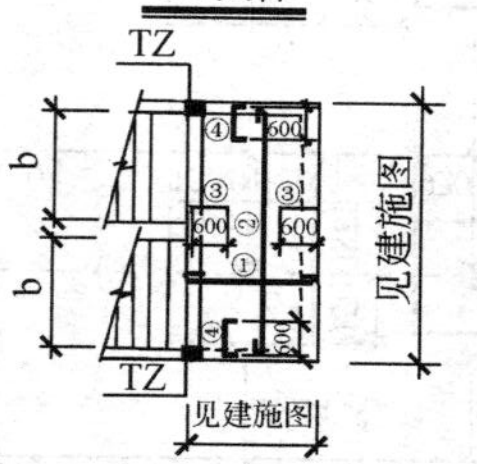

楼梯平台大样

图中 1.2.3.4 配筋均为 ϕ8@200

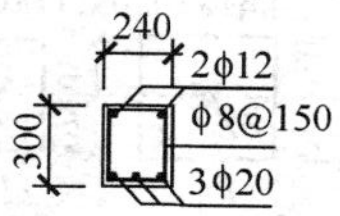

TL 配筋图

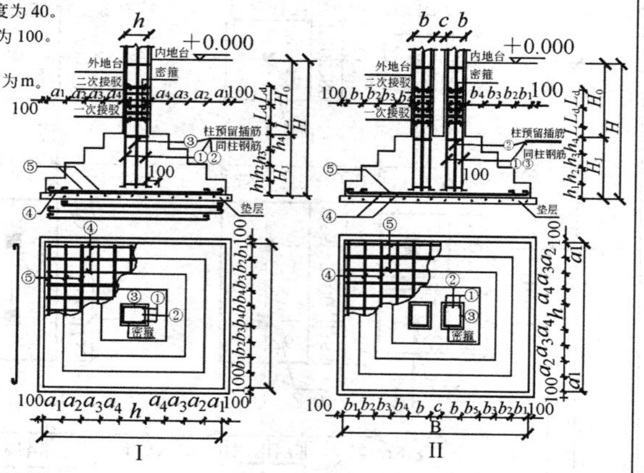

××××××建筑设计所		建设单位	生物科技有限公司	编号	
		工程名称	办公楼	图号	
所长	审定	基础配筋图		比例	1:100
总工	校对			图别	结施
专业负责人	设计			图	第3页
工程负责人	描图			页	总9页
设计证号：	142002-Sb			日期	2005.11

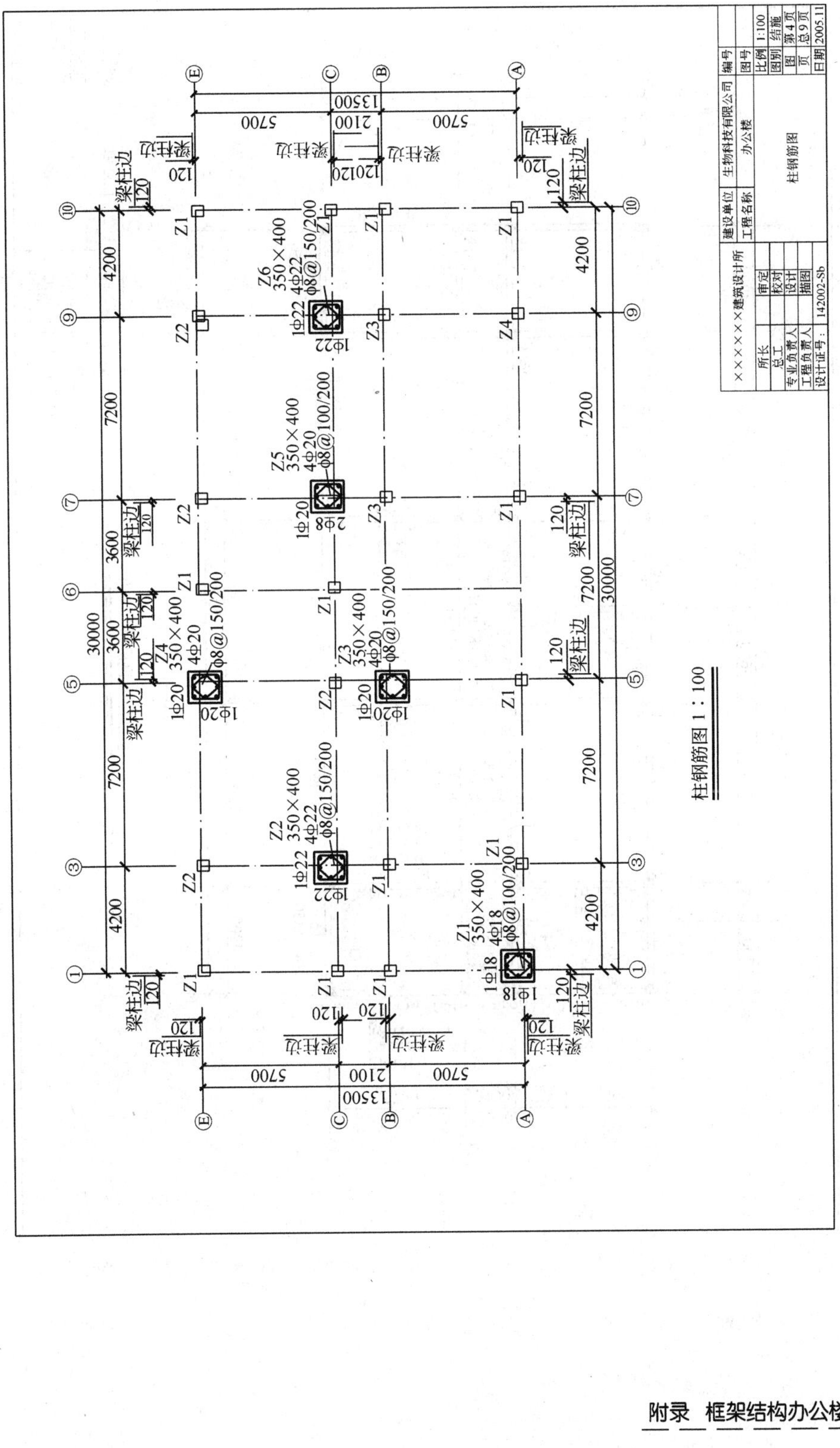
柱钢筋图 1：100
××××××建筑设计所
建设单位 生物科技有限公司
工程名称 办公楼
柱钢筋图
编号
图号
比例 1:100
图别 结施
图 第4页
页 总9页
日期 2005.11
所长
审定
总工
校对
专业负责人
设计
工程负责人
描图
设计证号：142002-Sb
Z1 350×400 4Φ18 Φ8@100/200
Z2 350×400 4Φ22 Φ8@150/200
Z3 350×400 4Φ20 Φ8@150/200
Z4 350×400 4Φ20 Φ8@150/200
Z5 350×400 4Φ20 Φ8@100/200
Z6 350×400 4Φ22 Φ8@150/200
梁柱边
30000
13500

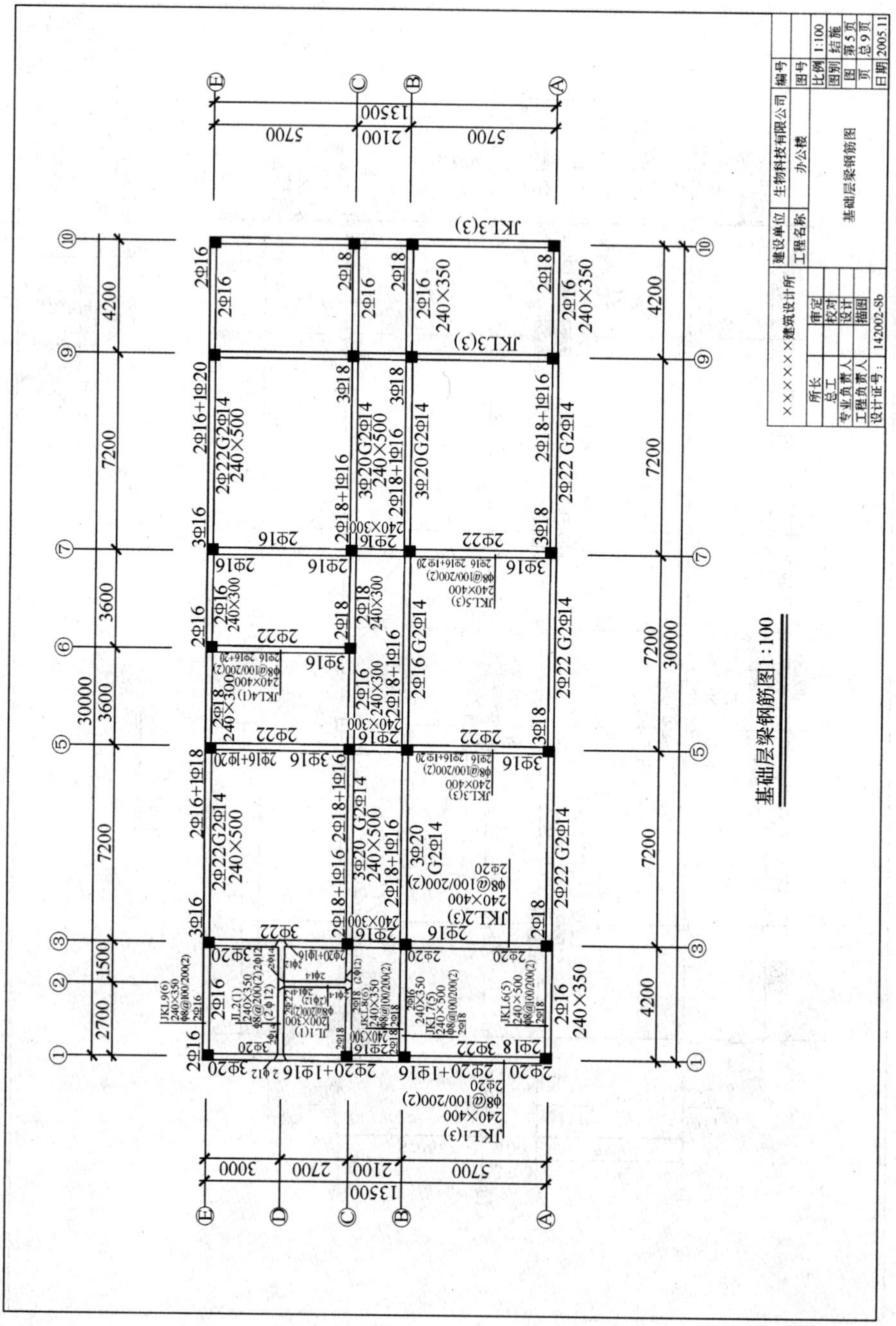
基础层梁钢筋图1:100

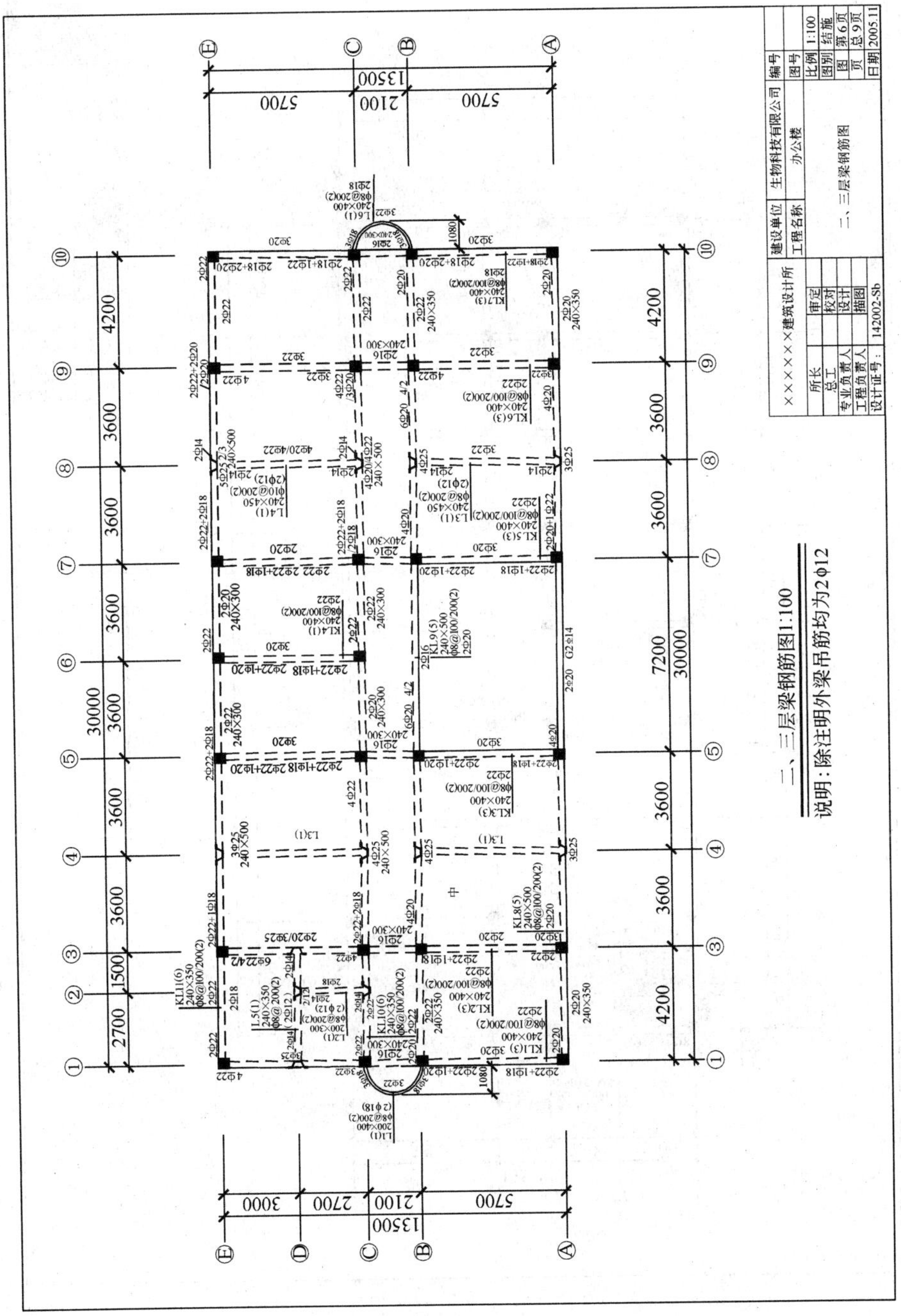

二、三层梁钢筋图1:100
说明：除注明外梁吊筋均为2φ12
××××××建筑设计所
建设单位 生物科技有限公司
工程名称 办公楼
二、三层梁钢筋图
比例 1:100
图别 结施
图 第6页
页 总9页
日期 2005.11
142002-Sb

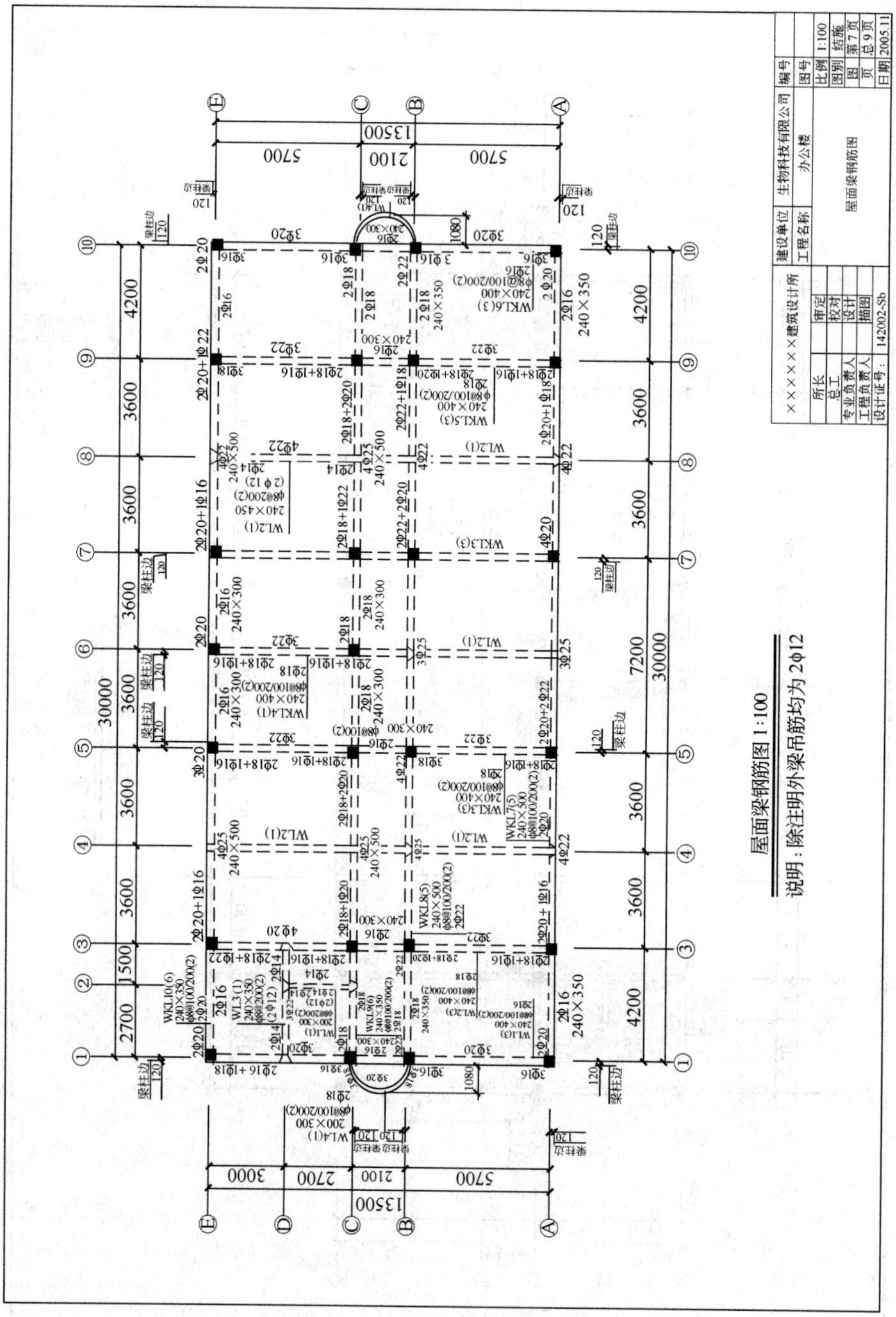
××××××建筑设计所
建设单位 生物科技有限公司
工程名称 办公楼
屋面梁钢筋图
所长 审定
总工 校对
专业负责人 设计
工程负责人 描图
设计证号：142002-Sb
编号
图号
比例 1:100
图别 结施
图 第7页
页 总9页
日期 2005.11
屋面梁钢筋图 1:100
说明：除注明外梁吊筋均为2Φ12

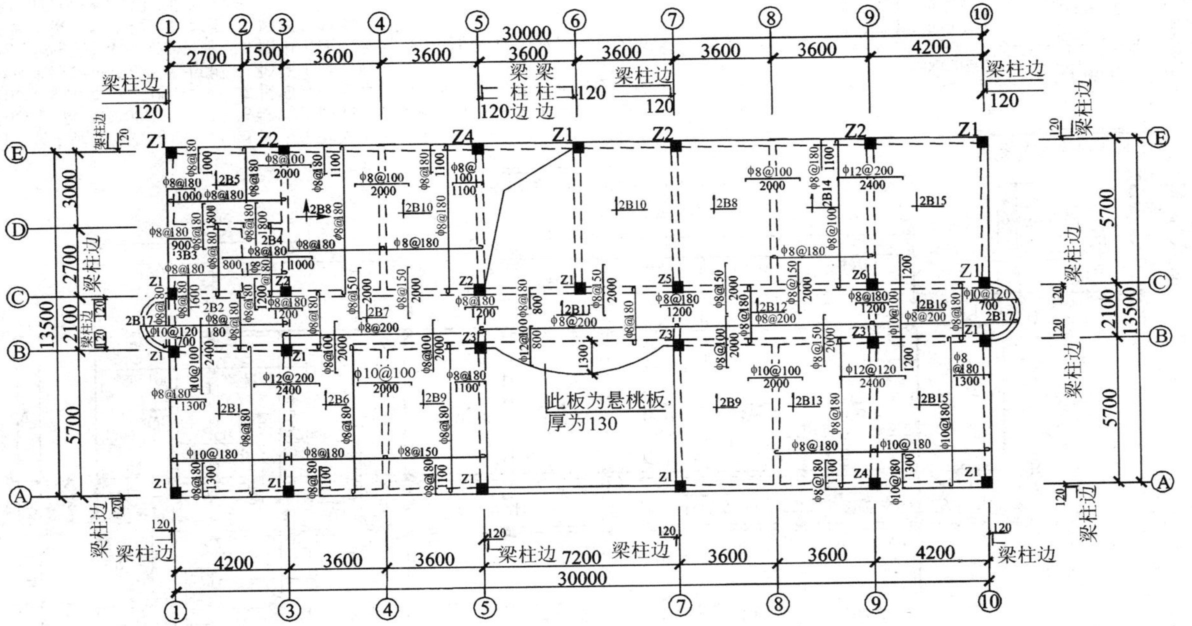

二、三层板钢筋图 100

说明：

1. 楼面混凝土强度等级为C25。
2. 图中K8表示φ8@ 200。
3. 图中K10表示φ10@200。
4. 图中凡未注明钢筋的小跨度板，支座筋和底筋按K6构造配筋，面筋伸入板长度为短跨$L/4$(当短跨$L<1500$mm时，则拉通)。
5. 图中未注明者板厚为100mm。
6. 底筋相同的相邻跨板施工时其底筋可以连通。
7. 板面标高相差不超过50mm时其间面筋连通设置但施工时需做成。
8. 图中未注明者板面和梁顶标高为H，单位为m。二、三楼层楼板面建筑标高H分别为3.90m、7.50m。

××××××建筑设计所		建设单位	生物科技有限公司	编号	
		工程名称	办公楼	图号	
所长	审定	二、三层板钢筋图		比例	1:100
总工	校对			图别	结施
专业负责人	设计			图	第8页
工程负责人	描图			页	总9页
设计证号：	142002-Sb			日期	2005.11

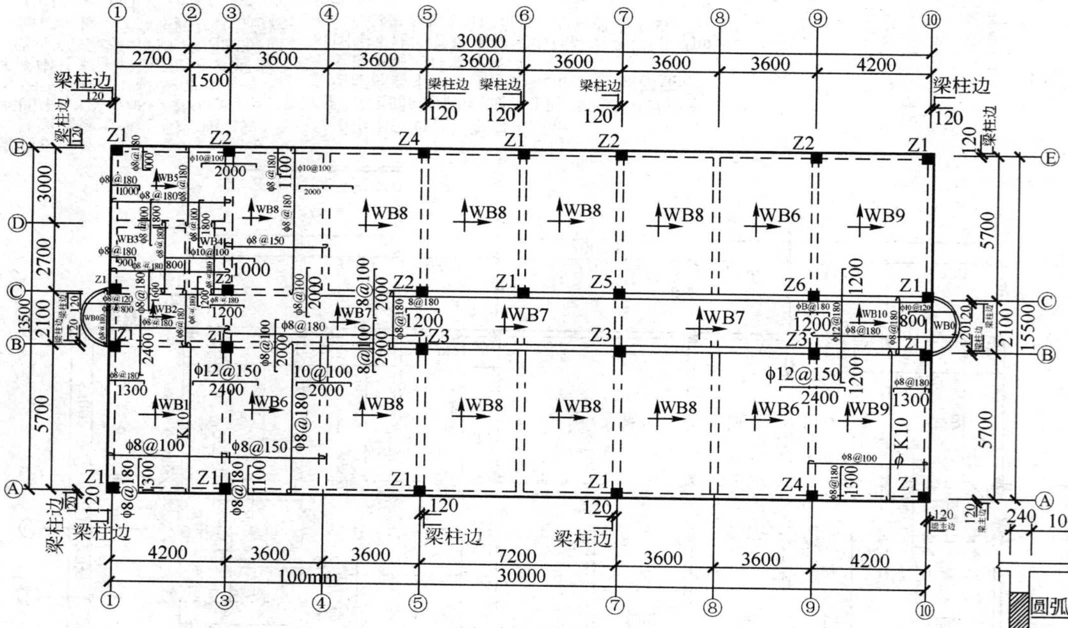

屋面板钢筋图1∶100

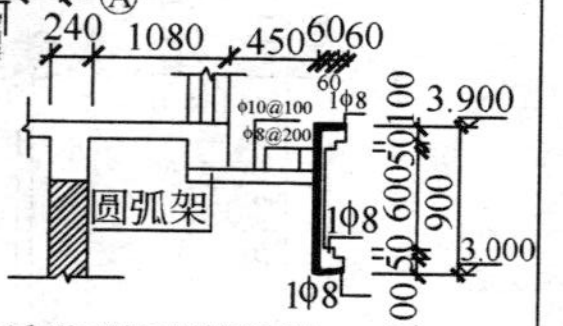

①弧形雨篷配筋样图1∶20

说明：

1.楼面混凝土强度等级为C25。

2.图中K8表示φ8@200。

3.图中K10表示 φ10@200。

4.图中凡未注明钢筋的小跨度板支座筋和底筋按K6构造配筋，面筋伸入板长度为短跨L/4(当短跨L<1500mm时，则拉通)。

5.图中未注明者板厚为100mm。

6.底筋相同的相邻跨板施工时其底筋可以连通。

7.板面标高相差不超过50mm时其间面筋连通设置但施工时需做成。

8.图中未注明者板面和梁顶标高为H，单位为m，屋面建筑标高H为11.10m。

××××××建筑设计所		建设单位	生物科技有限公司	编号	
		工程名称	办公楼	图号	
所长	审定	屋面板钢筋面		比例	1:100
总工	校对			图别	结施
专业负责人	设计			图	第9页
工程负责人	描图			页	总9页
设计证号：	142002-Sb			日期	2005.11

参考文献

[1] 中华人民共和国住房和城乡建设部. GB 50500—2013 建设工程工程量清单计价规范[S]. 北京：中国计划出版社，2013.

[2] 中华人民共和国建设部标准定额司. GJD 101—1995 全国统一建筑工程基础定额(土建)[S]. 北京：中国计划出版社，1995.

[3] 中华人民共和国建设部标准定额司. GJDGZ 101—1995 全国统一建筑工程预算工程量计算规则[S]. 北京：中国计划出版社，1995.

[4] 中国建筑标准设计研究院. 11G 101—1 混凝土结构施工图平面整体表示方法制图规则和构造详图[S]. 北京：中国计划出版设，2011.

[5] 中华人民共和国建设部. GB/T 50353—2013 建筑工程面积计算规范[S]. 北京：中国计划出版社，2005.

[6] 全国造价工程师职业资格考试培训教材编审委员会. 工程造价计价与控制[M]. 北京：中国计划出版社，2010.

[7] 阎文周，李芊. 工程造价基础理论[M]. 西安：陕西科学技术出版社，2002.

[8] 廖天平. 建筑工程定额与预算[M]. 北京：高等教育出版社，2002.

[9] 龚伟. 建筑制图与识图[M]. 西安. 陕西科学技术出版社，2002.

[10] 高竞，高韶明，高韶萍，等. 平法制图的钢筋加工下料计算[M]. 北京：中国建筑工业出版社，2005.

高职高专土建类专业规划教材图书目录

序号	书号 978-7-114-	书 名	著译者	定价(元)
1	12631-4	建筑材料与检测(第三版)	宋岩丽	42.00
2	16618-1	建筑工程计量与计价(第 4 版)	蒋晓燕	58.00
3	08462-1	建筑工程施工图实例图集	蒋晓燕	38.00
4	12637-6	建筑法规(第三版)	马文婷、隋灵灵	42.00
5	10018-5	建筑法规学习指导	隋灵灵	28.00
6	14863-7	建筑识图与构造	董罗燕	42.00
7	13098-4	建筑识图与构造技能训练手册(第二版)	金梅珍	38.00
8	12663-5	地基与基础(第三版)	王秀兰	38.00
9	12644-4	建筑工程质量与安全管理	程红艳	36.00
10	12920-9	建设工程监理概论(第三版)	杨峰俊	35.00
11	13880-5	建筑工程技术资料管理(第三版)	李媛	40.00
12	13913-0	新平法识图与钢筋计算(第二版)	肖明和	43.00
13	13672-6	建筑装饰装修工程预算(第三版)	吴锐	43.00
14	13558-3	建筑装饰装修工程预算习题集与实训指导(第三版)	吴锐	30.00
15	13648-1	园林绿化工程预算	吴锐	38.00
16	13979-6	建筑构造与识图(第三版)	张艳芳	48.00
17	13687-0	建筑构造与识图习题与实训(第三版)	张艳芳	26.00
18	13311-4	建筑工程预算(第三版)	王晓薇	38.00
19	13157-8	建筑工程预算实训指导书与习题集(第三版)	程颢 罗淑兰	25.00
20	13220-9	建筑结构(第二版)	盛一芳 刘敏	52.00
21	08947-3	建筑工程 CAD(第二版)	张小平	36.00
22	09269-5	建筑施工技术(第二版)	危道军	49.00
23	10863-1	工程测量	王晓平	39.00
24	09684-6	建筑工程质量事故分析与处理(第二版)	余斌	39.00
25	09174-2	钢结构制作与安装	盛一芳	33.00
26	08496-6	钢结构构造与识图	马瑞强	35.00
27	06885-0	建筑制图习题集	夏文杰	38.00
28	07379-3	建筑施工图识读与钢筋翻样	张细权	56.00
29	10026-0	建筑工程量电算化鲁班软件教程	温风军	58.00
30	08602-1	广联达工程造价类软件实训教程—案例图集(第二版)	广联达公司	25.00
31	08579-6	广联达工程造价类软件实训教程—图形软件篇(第二版)	广联达公司	20.00
32	08580-2	广联达工程造价类软件实训教程—钢筋软件篇(第二版)	广联达公司	15.00
33	08453-9	工程建设法规与合同管理	宁先平	36.00
34	11353-6	土力学及地基基础	王雪浪	38.00